DCS控制系统运行与维护

DCS Kongzhi Xitong Yunxing Yu Weihu

谢 彤 主编
贺正龙 副主编

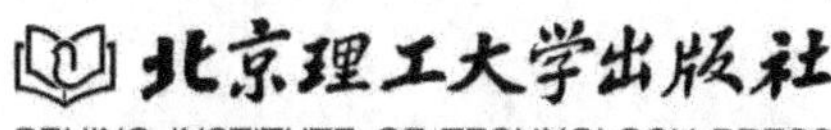
BEIJING INSTITUTE OF TECHNOLOGY PRESS

图书在版编目(CIP)数据

DCS 控制系统运行与维护/谢彤主编．—北京：北京理工大学出版社，2012.7
(2021.1 重印)
ISBN 978-7-5640-6299-6

Ⅰ．①D…　Ⅱ．①谢…　Ⅲ．①分布控制-控制系统-系统设计-高等学校-教材
Ⅳ．①TP273

中国版本图书馆 CIP 数据核字(2012)第 159229 号

出版发行 /北京理工大学出版社
社　　址 /北京市海淀区中关村南大街 5 号
邮　　编 /100081
电　　话 /(010)68914775(总编室)　68944990(批销中心)　68911084(读者服务部)
网　　址 /http://www.bitpress.com.cn
经　　销 /全国各地新华书店
印　　刷 /北京虎彩文化传播有限公司
开　　本 /787 毫米×1092 毫米　1/16
印　　张 /15.5
字　　数 /358 千字
版　　次 /2012 年 7 月第 1 版　2021 年 1 月第 5 次印刷　　责任编辑 /张慧峰
印　　数 /4501~5000 册　　责任校对 /陈玉梅
定　　价 /45.00 元　　责任印制 /王美丽

前　言

近年来，随着流程工业自动化技术的迅速发展和工厂对自动化设备投入的逐年加大，计算机控制系统成为大多数流程工厂的不二选择。随着高等教育教学理念和教学实践的推进，计算机控制系统应用技术作为生产过程自动化专业的重要专业课，越来越多地受到了重视。因此，编写一本真正能够以工作过程为导向，以项目式教学为基础的计算机控制系统应用教材迫在眉睫。

本教材采用项目式教学法组织课程内容，重视培养学生的实践动手能力，强调交流与合作，突出多种教学方式交替使用，提倡教师是学生学习过程的组织者和对话伙伴。通过构建基于真实方案的 DCS 系统设计组态和安装调试环境来串接知识体系，基本体现了计算机控制系统运行维护岗位所需要的基础知识和基本能力要求，为学生创设了真实的系统硬件环境和便于课堂教学的虚拟工艺环境。学生通过项目工作过程完成工作任务，培养了学生学习专业知识的兴趣，提升了学生学习专业技术的能力和解决实际问题的能力。

由于计算机控制系统的组态和运行维护涉及较多的计算机知识，因此教材的建设既要体现其实践性和应用性，又要体现一定的基础理论性。本书为实现这一目标，在采用项目式的前提下，增加了基础理论的篇章，在项目 1 前安排了计算机控制系统基础理论的内容，介绍了计算机控制系统的发展、类型和网络基本知识等内容。在项目式的内容组织上由三个具体的项目组成，每个项目由若干个部分构成，每个项目均采用了项目需求、相关知识、项目实施、知识拓展和问题思考等几大环节，每个环节所涉及的理论介绍均以项目中是否需要为原则，以达到应用目标为技术深度控制的标准。项目中各个环节的设置体现了系统性和独立性，尽量符合专业课教学中常规的 2 学时连续教学的特点。

本教材由贺正龙编写基础理论部分，谢彤编写项目一和项目二，黎洪坤编写项目三。全书由谢彤统稿。本书在编写过程中曾广泛参考有关单位编著的各种书刊资料，在此，谨向他们表示深切的谢意。

由于编者水平所限，书中肯定存在不少缺点和错误，殷切希望使用本书的师生和读者批评和指正，以便修订时改进。如读者在使用本书的过程中有意见或建议，恳请向编者(hxsx123@163.com)踊跃提出宝贵意见。

编 者

目　　录

0　DCS 控制系统基础知识 ………………………………………………………………… 1

0.1　计算机控制系统基础知识 ……………………………………………………………… 1

0.1.1　计算机控制系统的基本概念及组成 ……………………………………………… 1

0.1.2　计算机控制系统的分类 ……………………………………………………………… 2

0.1.3　计算机控制系统的发展状况与趋势 ……………………………………………… 5

0.2　DCS 系统基础知识 ……………………………………………………………………… 6

0.2.1　集散控制系统概述 …………………………………………………………………… 6

0.2.2　集散控制系统的体系结构 …………………………………………………………… 6

0.2.3　集散控制系统的硬件结构 …………………………………………………………… 8

0.2.4　集散控制系统的软件体系……………………………………………………………… 10

0.3　DCS 系统网络技术………………………………………………………………………… 12

0.3.1　数据通信原理…………………………………………………………………………… 12

0.3.2　通信网络………………………………………………………………………………… 15

0.3.3　通信协议………………………………………………………………………………… 18

0.4　问题讨论……………………………………………………………………………………… 21

项目 1　采用 JX－300XPDCS 构建加热炉控制系统 ………………………………………… 22

任务 1.1　加热炉 DCS 控制系统硬件选型 ……………………………………………………… 27

1.1.1　任务目标………………………………………………………………………………… 27

1.1.2　任务分析………………………………………………………………………………… 27

1.1.3　相关知识：浙江中控 JX－300XP DCS 系统硬件知识 ………………………………… 28

1.1.4　任务实施：加热炉控制系统硬件选型…………………………………………………… 38

1.1.5　知识进阶：控制站卡件知识……………………………………………………………… 40

1.1.6　问题讨论………………………………………………………………………………… 59

任务 1.2　建立组态文件及用户授权配置 ………………………………………………………… 59

1.2.1　任务目标………………………………………………………………………………… 59

1.2.2　任务分析………………………………………………………………………………… 60

1.2.3　相关知识：浙江中控 AdvanTrol－Pro 软件操作 ……………………………………… 60

1.2.4　任务实施：加热炉控制系统组态建立及用户授权配置………………………………… 68

1.2.5 知识进阶：浙江中控 AdvanTrol - Pro 软件构成 …… 77
1.2.6 问题讨论 …… 86
任务 1.3 加热炉系统控制站组态 …… 86
1.3.1 任务目标 …… 86
1.3.2 任务分析 …… 86
1.3.3 相关知识：常规控制方案的组态 …… 87
1.3.4 任务实施：加热炉系统控制站组态 …… 91
1.3.5 知识进阶：自定义控制方案的组态 …… 104
1.3.6 问题讨论 …… 119
任务 1.4 加热炉系统操作站组态 …… 120
1.4.1 任务目标 …… 120
1.4.2 任务分析 …… 120
1.4.3 相关知识：流程图制作软件的使用 …… 121
1.4.4 任务实施：加热炉系统操作站组态 …… 128
1.4.5 知识进阶：报表和自定义键的组态 …… 143
1.4.6 问题讨论 …… 155

项目 2 JX - 300XP DCS 系统运行与维护 …… 156

任务 2.1 JX - 300XP DCS 系统安装 …… 157
2.1.1 任务目标 …… 157
2.1.2 任务分析 …… 157
2.1.3 相关知识：DCS 控制系统布线与标识规范 …… 158
2.1.4 任务实施：加热炉控制系统硬件安装 …… 165
2.1.5 知识进阶：DCS 控制系统接地与防雷 …… 171
2.1.6 问题讨论 …… 178
任务 2.2 JX - 300XP DCS 系统实时监控操作 …… 179
2.2.1 任务目标 …… 179
2.2.2 任务分析 …… 179
2.2.3 相关知识：实时监控软件操作说明 …… 179
2.2.4 任务实施：加热炉操作站监控下载、传送 …… 190
2.2.5 知识进阶：系统监控管理功能 …… 193
2.2.6 问题讨论 …… 200
任务 2.3 DCS 系统维护 …… 200
2.3.1 任务目标 …… 200
2.3.2 任务分析 …… 201
2.3.3 相关知识：DCS 系统维护的内容 …… 201
2.3.4 任务实施：JX - 300XPDCS 系统故障处理 …… 207
2.3.5 知识进阶：DCS 系统点检 …… 210
2.3.6 问题讨论 …… 214

项目3　JX－300XP DCS系统组态实训 …… 215

任务3.1　工业锅炉DCS系统组态 …… 215

3.1.1　任务简介 …… 215

3.1.2　系统配置 …… 216

3.1.3　用户授权设置 …… 216

3.1.4　测点清单 …… 216

3.1.5　控制方案 …… 223

3.1.6　操作站设置 …… 223

3.1.7　实训报告表格 …… 228

任务3.2　甲醛工段DCS系统组态 …… 230

3.2.1　工艺简介 …… 230

3.2.2　系统配置 …… 230

3.2.3　用户授权设置 …… 231

3.2.4　测点清单 …… 231

3.2.5　控制方案 …… 236

3.2.6　操作站设置 …… 236

0　DCS控制系统基础知识

0.1　计算机控制系统基础知识

0.1.1　计算机控制系统的基本概念及组成

随着科学技术的进步，人们越来越多地用计算机来实现控制系统。近几年来，计算机技术、自动控制技术、检测与传感技术、CRT显示技术、通信与网络技术、微电子技术的高速发展，促进了计算机控制技术水平的提高。

计算机控制系统是指用计算机（通常称为工业控制计算机）来实现工业过程控制的系统，它是在常规仪表控制系统的基础上发展起来的。常规仪表控制系统原理参见图0－1－1，计算机控制系统原理参见图0－1－2。

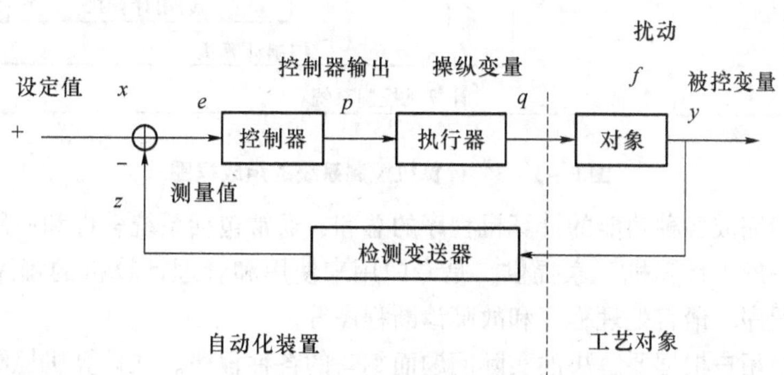

图0－1－1　常规仪表控制系统原理框图

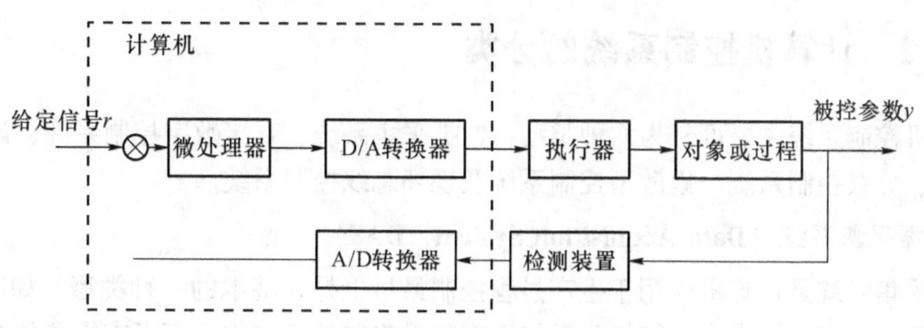

图0－1－2　计算机控制系统原理框图

计算机控制系统的工作原理为：

（1）实时数据采集：对来自测量变送装置的被控量的瞬时值进行检测和输入。

（2）实时控制决策：对采集到的被控量进行分析和处理，并按已定的控制规律，决定将要采取的控制行为。

（3）实时控制输出：根据控制决策，适时地对执行机构发出控制信号，完成控制任务。

上述过程不断重复，使整个系统按照一定的品质指标进行工作，并对被控变量和设备本身的异常现象及时作出处理。

虽然工业生产过程形式多种多样，但是计算机过程控制系统的组成却基本一致，都是由计算机控制器和生产过程组成，而计算机控制器则由硬件系统和软件系统两部分组成。其硬件系统如图 0－1－3 所示，包括主机、过程输入、输出接口、人机接口、外部存储器等。

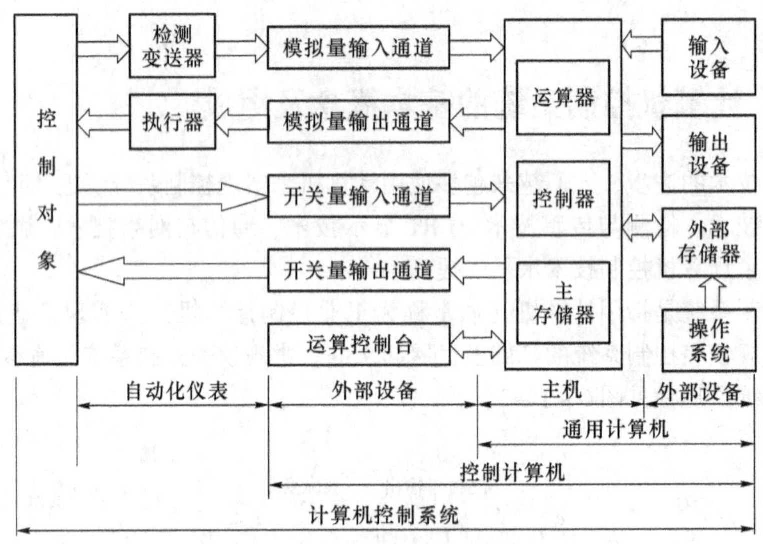

图 0－1－3　计算机控制系统的组成框图

软件是指能完成各种功能的计算机程序的总和，通常包括系统软件和应用软件。

系统软件一般由计算机厂家提供，是专门用来使用和管理计算机的程序，包括操作系统、监控管理程序、语言处理程序和故障诊断程序等。

应用软件是用户根据要解决的实际问题而编写的各种程序。在计算机控制系统中，每个被控对象或控制任务都有相应的控制程序，以满足相应的控制要求。

0.1.2　计算机控制系统的分类

计算机控制系统主要可分为六种类型：数据采集系统、直接数字控制系统、计算机监督控制系统、分级控制系统、集散型控制系统及现场总线控制系统。

1. 数据采集系统（Data Acquisition System，DAS）

数据采集系统是计算机应用于生产过程控制最早也是最基本的一种类型，如图 0－1－4 所示。在数据采集系统中，计算机只承担数据的采集和处理工作，而不直接参与控制。数据采集系统对生产过程各种工艺变量进行巡回检测、处理、记录以及变量的超限报警，同时对这些变量进行累计分析和实时分析，得出各种趋势分析，为操作人员提供参考。

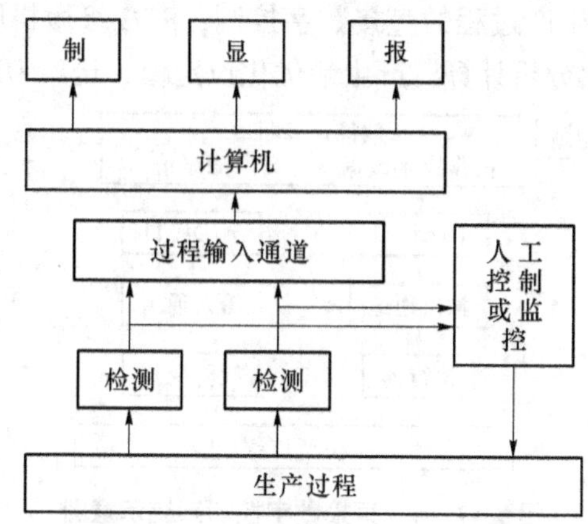

图 0-1-4　数据采集系统示意图

2. 操作指导控制系统（Operation Guide Control，OGC）

操作指导控制系统的结构如图 0-1-5 所示。在操作指导控制系统中，计算机对工艺变量进行采集，然后根据一定的控制算法计算出供操作人员参考、选择的操作方法、最佳设定值等，再由操作人员直接作用于生产过程。

该系统属于开环控制结构，即自动检测加人工调节。结构简单，控制灵活、安全，尤其适用于被控对象的数学模型不明确或试验新的控制系统。但仍需要人工参与操作，效率不高，不能同时控制多个对象。

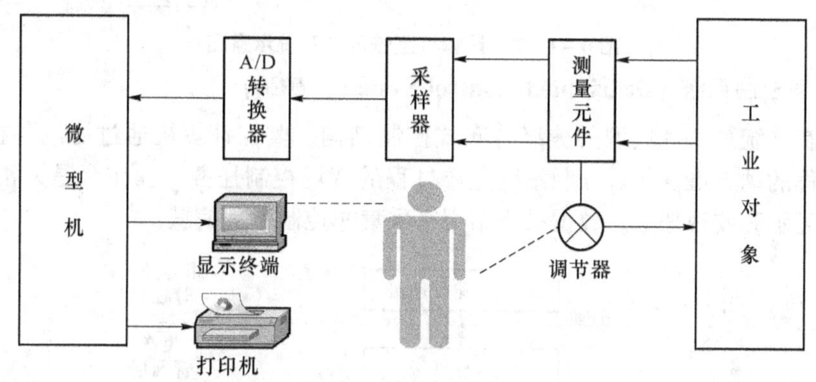

图 0-1-5　操作指导控制系统

3. 直接数字控制系统（Direct Digital Control，DDC）

直接数字控制系统的构成如图 0-1-6 所示。计算机通过过程输入通道对控制对象的变量作巡回检测，根据测得的变量，按照一定的控制规律进行运算，计算机运算的结果经过过程输出通道，作用到控制对象，使被控变量符合要求的性能指标。

由于 DDC 系统中的计算机直接承担控制任务，所以要求实时性好、可靠性高和适应性强。一台计算机通常要控制几个或几十个回路。

4. 计算机监督控制系统（Supervisory Computer Control，SCC）

监督计算机控制系统结构如图 0-1-7 所示。SCC 系统是一种两级微型计算机控制系统，其中 DDC 级微机完成生产过程的直接数字控制；SCC 级微机则根据生产过程的工况和已定的数学模型，进行优化分析计算，产生最优化设定值，送给 DDC 级执行。

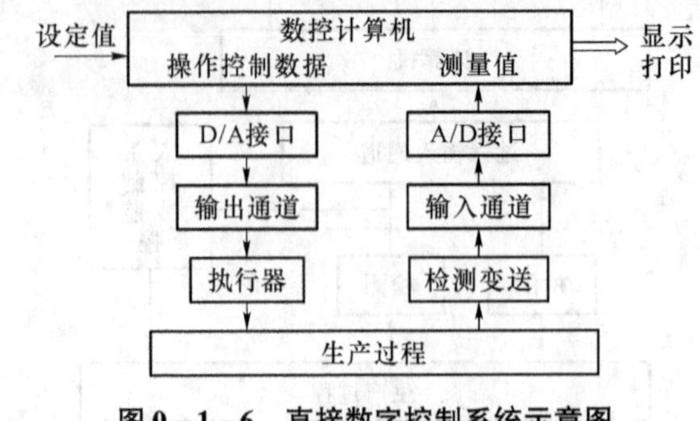

图 0－1－6　直接数字控制系统示意图

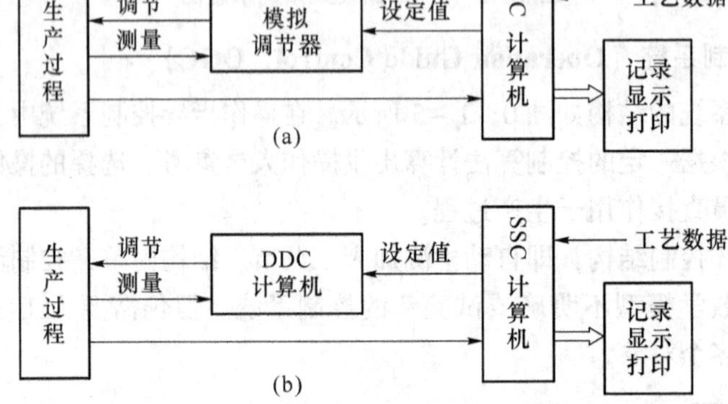

图 0－1－7　计算机监督控制系统示意图

5. 集散型控制系统（Distributed Control System，DCS）

集散控制系统是一种典型的分级分布式控制结构。监控计算机通过协调各控制站的工作，达到过程的动态最优化。控制站则完成过程的现场控制任务。操作台是人机接口装置，完成操作、显示和监视任务。数据采集站用来采集非控制过程信息。

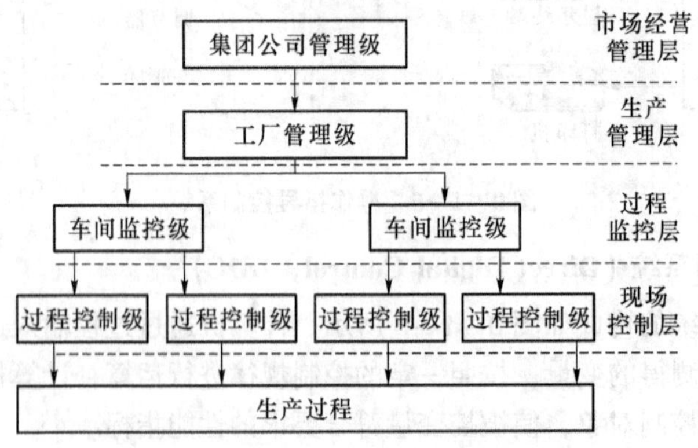

图 0－1－8　集散控制系统结构图

6. 现场总线控制系统（Fieldbus Control System，FCS）

现场总线控制系统是新一代分布式控制系统，结构如图 0－1－9 所示。国际标准统一后，它可实现真正的开放式互连体系结构。

现场总线是连接工业现场仪表和控制装置之间的全数字化、双向、多站点的串行通信网络。现场总线被称为 21 世纪的工业控制网络标准。

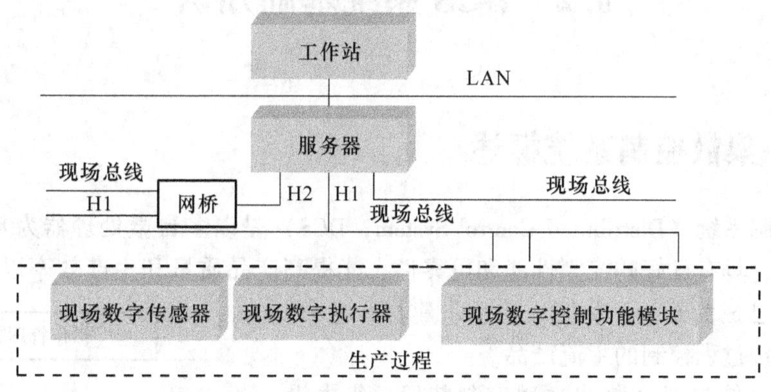

图 0－1－9　现场总线控制系统示意图

0.1.3　计算机控制系统的发展状况与趋势

1. 发展状况

（1）20 世纪 50 年代的起步期。1946 年美国生产出了世界上第一台电子计算机。1959 年，世界上第一套工业过程计算机控制系统在美国德州的一个炼油厂正式投运。

（2）60 年代的试验期。英国帝国化学工业公司，1962 年实现了一个 DDC 系统，它包括了 244 个数据采集量，计算机输出直接控制 129 个阀门。

（3）70 年代的推广期。在 70 年代大规模集成电路技术快速发展，1972 年生产出了微型计算机（Microcomputer）。微型计算机运算速度快、体积小，可靠性高且价格便宜。一方面使得很小的控制任务采用微型计算机进行控制成为可能；另一方面使计算机控制系统的结构形式发生了变化——从传统的集中控制为主的系统渐渐变为集散系统。1975 年世界上几个主要计算机和仪表公司，如美国的 Honeywell 公司，日本的横河公司等几乎同时推出了各自的 DCS 产品，并得到了广泛的工业应用。

（4）80 年代的成熟期。80 年代中后期推出了现场总线控制系统。

（5）90 年代的进一步发展期。

2. 计算机控制系统的发展趋势

（1）集散控制系统（DCS）。分散控制，集中管理，使 DCS 实现了生产过程的全局优化。

（2）可编程序控制器（PLC）。PLC 是灵活、可靠、易变更的控制器，随着其数据处理、故障诊断、PID 运算、联网功能的增强，作用将越来越大。

（3）计算机集成制造系统（CIMS）。计算机集成制造系统 CIMS 是在自动化技术、信息技术及制造技术基础上，通过计算机及其软件，将制造工厂全部生产环节所需使用的各种分散的自动化系统有机的集成起来，实现多品种、中小批量生产的智能制造系统。

（4）智能控制系统。用机器代替人类从事各种劳动，把生产力发展到更高水平，进入信息时代。

0.2 DCS 系统基础知识

0.2.1 集散控制系统概述

集散型控制系统（Distributed Control System，DCS）是以多台微处理器为基础的集中分散型控制系统，具有良好的控制性能和可靠性、能提高产品质量和生产效率以及降低物耗、能耗等特点，已成为石油、化工、冶金、建材、电力、制药等行业实现过程控制的主流产品。

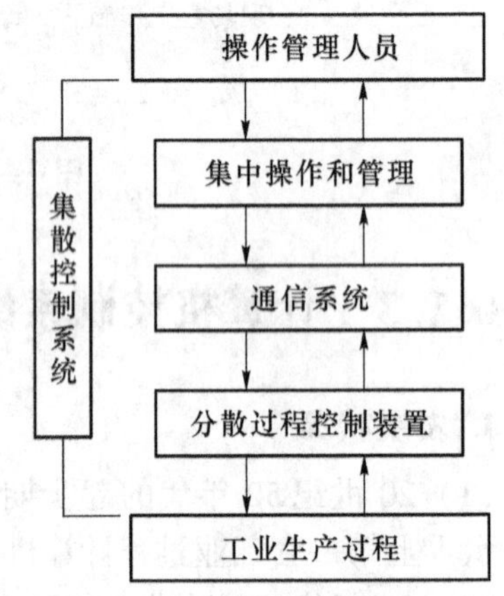

图 0-2-1 集散控制系统组成示意图

集散控制系统包括分散的过程控制装置、集中操作管理系统和通信系统三个部分，如图0-2-1 所示。

分散过程控制装置部分由多回路控制器、单回路控制器、多功能控制器、可编程序逻辑控制器（PLC）及数据采集装置等组成，它相当于现场控制级和过程控制装置级。

集中操作和管理部分由操作站、管理机和外部设备（如打印机、拷贝机）等组成，相当于车间操作管理级和全厂优化、调度管理级，实现人机接口。

每级之间以及每级内的计算机或微处理器则由通信系统进行数据通信，数据通信系统是 DCS 的基本和核心，实现综合、管理分散信息的功能。

0.2.2 集散控制系统的体系结构

按照 DCS 各组成部分的功能分布，所有设备分别处于四个不同的层次，自下而上分别是现场控制级、过程控制级、过程管理级和经营管理级。

1. 现场控制级

典型的现场控制级设备是各类传感器、变送器和执行器。

现场控制级设备的任务主要有：

（1）完成过程数据采集与处理。

（2）直接输出操作命令、实现分散控制。

（3）完成与上级设备的数据通信，实现网络数据库共享。

（4）完成对现场控制级智能设备的监测、诊断和组态等。

现场网络的信息传递有三种方式：

（1）传统的模拟信号（如 4 ~ 20 mA DC 或者其他类型的模拟量信号）传输方式。

（2）全数字信号（现场总线信号）传输方式。

（3）混合信号（在 4 ~ 20 mA DC 模拟量信号上，叠加调制后的数字量信号）传输方式。

2. 过程控制级

过程控制级主要由过程控制站、数据采集站和现场总线接口等构成。

过程控制级的主要功能：

（1）采集过程数据，进行数据转换与处理。

（2）对生产过程进行监测和控制，输出控制信号，实现反馈控制、逻辑控制、顺序控制和批量控制功能。

（3）现场设备及 I/O 卡件的自诊断。

（4）与过程操作管理级进行数据通信。

3. 过程管理级

过程管理级的主要设备有操作站、工程师站和监控计算机等。

操作站是操作人员与 DCS 相互交换信息的人机接口设备，是 DCS 的核心显示、操作和管理装置。

工程师站是为了控制工程师对 DCS 进行配置、组态、调试、维护所设置的工作站。工程师站的另一个作用是对各种设计文件进行归类和管理，形成各种设计、组态文件，如各种图样、表格等。

监控计算机的主要任务是实现对生产过程的监督控制，如机组运行优化和性能计算，先进控制策略的实现等。

4. 经营管理级

经营管理级是全厂自动化系统的最高层。

经营管理级所面向的使用者是厂长、经理、总工程师等行政管理或运行管理人员。

集散控制体系结构如图 0－2－2 所示。

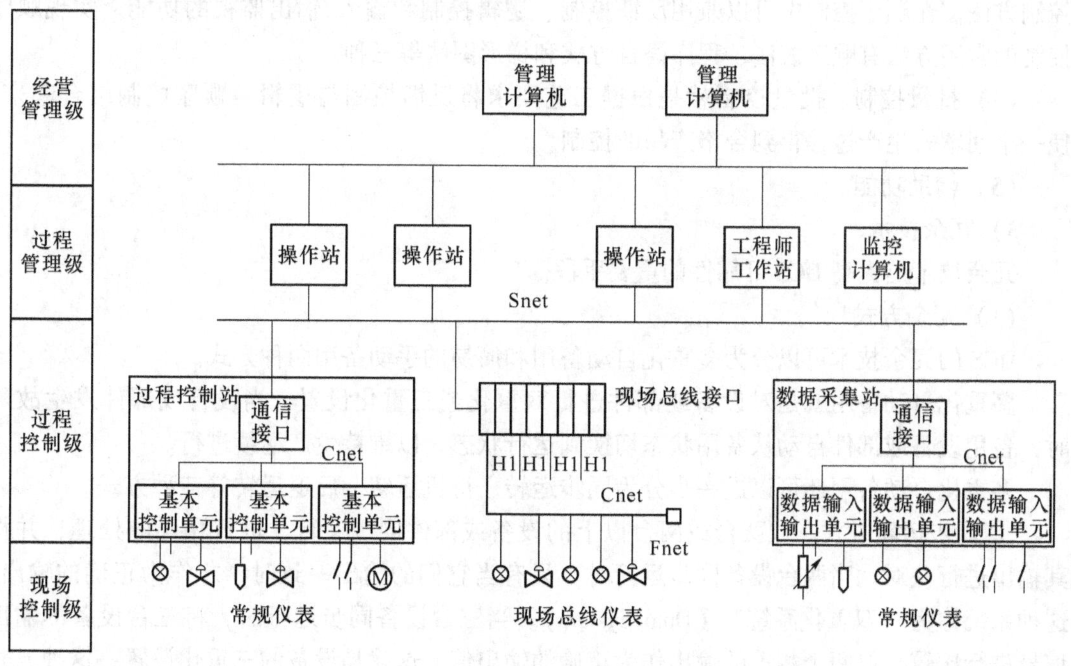

图 0－2－2　集散控制系统的体系结构

0.2.3 集散控制系统的硬件结构

1. 集散控制系统现场控制站

1）现场控制站的组成

分散过程控制装置主要包括现场控制站、数据采集站、顺序逻辑控制站和批量控制站等，其中现场控制站功能最为齐全，是 DCS 与生产过程之间的接口，是 DCS 的核心。

（1）机柜。现场控制站机柜内部均装有多层机架，以便安装各种模块和电源。

（2）电源。现场控制站电源（交流电源和直流电源）必须稳定、可靠，才能确保现场控制站正常工作。

（3）控制计算机。控制计算机是现场控制站的核心部件，一般由 CPU、存储器、输入/输出通道等组成。

2）现场控制站的基本功能

包括反馈控制、逻辑控制、顺序控制、批量控制、数据采集与处理和数据通信等功能。

（1）反馈控制。现场控制站的反馈控制功能主要包括输入信号处理、报警处理、控制运算、控制回路组态和输出信号处理等。

（2）逻辑控制。逻辑控制是根据输入变量的状态按照逻辑关系进行的控制。在 DCS 中，由逻辑功能模块实现逻辑控制功能。逻辑运算包括与（ AND ）、或（ OR ）、非（ NOT ）、异或（ XOR ）、连接（ LINK ）、进行延时（ ON DELAY ）、停止延时（ OFF DELAY ）、触发器（ FLIP - FLOP）、脉冲（ PULSE ）等。

（3）顺序控制。顺序控制就是按预定的动作顺序或逻辑，依次执行各阶段动作程序的控制方法。在顺序控制中可以兼用反馈控制、逻辑控制和输入/输出监视的功能。实现顺序控制的常用方法有顺序表法、程序语言方式和梯形图法等三种。

（4）批量控制。批量控制就是根据工艺要求将反馈控制与逻辑、顺序控制结合起来，使一个间歇式生产过程得到合格产品的控制。

（5）辅助功能。

3）冗余技术

冗余技术是提高 DCS 可靠性的重要手段。

（1）冗余方式

DCS 的冗余技术可以分为多重化自动备用和简易的手动备用两种方式。

多重化自动备用就是对设备或部件进行双重化或三重化设置，当设备或部件发生故障时，备用设备或部件自动从备用状态切换到运行状态，以维持生产继续进行。

多重化自动备用还可以进一步分为同步运转、待机运转、后退运转等三种方式。

① 同步运转方式。让两台或两台以上的设备或部件同步运行，进行相同的处理，并将其输出进行核对。当两台设备同步运行时，只有当它们的输出一致时，才作为正确的输出，这种系统称为“双重化系统”（Dual System）。当三台设备同步运行时，将三台设备的输出信号进行比较，取两个相等的输出作为正确的输出值，这就是设备的三重化设置，这种方式具有很高的可靠性，但投入也比较大。

② 待机运转方式。使一台设备处于待机备用状态，当工作设备发生故障时，启动待机设备来保证系统正常运行。这种方式称为 1:1 的备用方式，这种类型的系统称为“双工系统”（Duplex System）。类似地，对于 N 台同样设备，采用一台待机设备的备用方式就称为 N:1 备用。在 DCS 中一般对局部的设备采用 1:1 备用方式，对整个系统则采用 N:1 的备用方式。它是 DCS 中主要采用的冗余技术。

③ 后退运转方式。多台设备正常运行时，各自分担不同功能，当其中之一发生故障时，其他设备放弃其中一些不重要的功能，进行互相备用。这种方式显然是最经济的，但相互之间必然存在公用部分，而且软件编制也相当复杂。

（2）冗余措施

DCS 的冗余包括通信网络的冗余、操作站的冗余、现场控制站的冗余、电源的冗余、输入/输出模块的冗余等。通常将工作冗余称为“热备用”，而将后备冗余称为“冷备用”。

除了硬件冗余外，DCS 还采用了信息冗余技术，就是在发送信息的末尾增加多余的信息位，以提供检错及纠错的能力。

2. 集散控制系统操作站

1）操作站的组成

一般分为操作员站和工程师站两种类型。操作站由以下几部分组成。

（1）操作台。

（2）微处理机系统。

（3）外部存储设备。

（4）图形显示设备。

（5）操作站键盘。

① 操作员键盘。操作员键盘一般都采用具有防水、防尘能力、有明确图案或标志的薄膜键盘。这种键盘从键的分配和布置上都充分考虑到操作直观、方便，外表美观，并且在键体内装有电子蜂鸣器，以提示报警信息和操作响应。

② 工程师键盘。工程师键盘一般为常用的击打式键盘，主要用来进行编程和组态。现代 DCS 操作站已采用了通用 PC 机系统，因此，无论是操作员键盘还是工程师键盘都使用通用标准键盘。

（6）打印输出设备。

2）操作站的基本功能

操作站的基本功能主要表现为显示、操作、报警、组态、系统维护和报告生成、自诊断功能等方面。

（1）显示。DCS 能将系统信息集中地反映在屏幕上，并自动地对信息进行分析、判断和综合。

（2）操作。操作站可对全系统每个控制回路进行操作，对设定值、控制输出值、控制算式中的常数值、顺控条件值和操作值进行调整，对控制回路中的各种操作方式（如手动、自动、串级、计算机、顺序手动等）进行切换。对报警限值、顺控定时器及计数器的设定值进行修改和再设定。为了保证生产的安全，还可以采取紧急操作措施。

（3）报警。操作站以画面方式、色彩（或闪光）方式、模拟方式、数字方式及音响信号方式对各种变量的越限和设备状态异常进行各种类型的报警。

(4) 系统组态。DCS 实际应用于生产过程控制时，需要根据设计要求，预先将硬件设备和各种软件功能模块组织起来，以使系统按特定的状态运行，这就是系统组态。

(5) 系统维护。DCS 的各装置具有较强的自诊断功能，当系统中的某设备发生故障时，一方面立刻切换到备用设备，另一方面经通信网络传输报警信息，在操作站上显示故障信息，蜂鸣器等发出音响信号，督促工作人员及时处理故障。

(6) 报告生成。根据生产管理需要，操作站可以打印各种班报、日报、操作日记及历史记录，还可以拷贝流程图画面等。

(7) 自诊断功能。为了提高 DCS 的可靠性，延长系统的平均故障间隔时间（MTBF）和缩短平均故障修复时间（MTTR），集散控制系统的各装置具有较强的自诊断功能。在系统投运前，用离线诊断程序检查各部分工作状态；系统运行中，各设备不断执行在线自诊断程序，一旦发现错误，立即切换到备用设备；同时经过通信网络在显示器上显示出故障代码，等待及时处理。通常故障代码可以定位到卡件板，用户只需及时更换卡件。

0.2.4 集散控制系统的软件体系

1. 集散控制系统的系统软件

集散控制系统的系统软件是由实时多任务操作系统、面向过程的编程语言和工具软件等部分组成。

在实时工业计算机系统中，应用程序用来完成功能规范中所规定的功能，而操作系统则是控制计算机自身运行的系统软件。

2. 集散控制系统的组态软件

DCS 组态是指根据实际生产过程控制的需要，利用 DCS 所提供的硬件和软件资源，预先将这些硬件设备和软件功能模块组织起来，以完成特定的任务。这种设计过程习惯上称作组态或组态设计。从大的方面讲，DCS 的组态功能主要包括硬件组态（又叫配置）和软件组态两个方面。

1) 常用组态软件及其特点

(1) 组态的概念

组态（Configuration）是指集散控制系统实际应用于生产过程控制时，需要根据设计要求，预先将硬件设备和各种软件功能模块组织起来，以使系统按特定的状态运行。具体讲，就是用集散控制系统所提供的功能模块、组态编辑软件以及组态语言，组成所需的系统结构和操作画面，完成所需的功能。集散控制系统的组态包括系统组态、画面组态和控制组态。

(2) 常用组态软件

① InTouch。它是美国 Wonderware 公司率先推出的 16 位 Windows 环境下的组态软件，InTouch 软件图形功能比较丰富，使用方便，I/O 硬件驱动丰富，工作稳定，在国际上获得较高的市场占有率，在中国市场也受到普遍好评。

② FIX 系列。这是美国 Intellution 公司开发的一系列组态软件，包括 DOS 版、16 位 Windows 版、32 位 Windows 版、OS/2 版和其他一些版本。功能较强，但实时性欠佳。最新

推出的 iFIX 全新模式的组态软件，体系结构新，功能更完善，但由于过分庞大，对于系统资源耗费非常严重。

③ WinCC。德国西门子公司针对西门子硬件设备开发的组态软件 WinCC，是一款比较先进的软件产品，但在网络结构和数据管理方面要比 InTouch 和 iFIX 差。若用户选择其他公司的硬件，则需开发相应的 I/O 驱动程序。

④ MCGS。北京昆仑通态公司开发的 MCGS 组态软件，设计思想比较独特，有很多特殊的概念和使用方式，有较大的市场占有率。在网络方面有独到之处，但效率和稳定性还有待提高。

⑤ 组态王。该软件以 Windows98/Windows NT4.0 中文操作系统为平台，充分利用了 Windows 图形功能的特点，用户界面友好，易学易用，该软件是由北京亚控公司开发、国内出现较早的组态软件。

⑥ ForceControl（力控）。大庆三维公司的 ForceControl 也是国内较早出现的组态软件之一，在结构体系上具有明显的先进性，最大的特征之一就是其基于真正意义的分布式实时数据库的三层结构，且实时数据库为可组态的“活结构”。

⑦ SCKey。浙大中控技术有限公司开发、用于为其 JX 系列 DCS 进行组态的基本组态软件 SCKey，采用简明的下拉菜单和弹出式对话框，以及分类的树状结构管理组态信息，用户界面友好，易学易用。

（3）组态信息的输入

各制造商的产品虽然有所不同，归纳起来，组态信息的输入方法有两种：

① 功能表格或功能图法。功能表格是由制造商提供的用于组态的表格，早期常采用与机器码或助记符相类似的方法，而现在则采用菜单方式，逐行填入相应参数；功能图主要用于表示连接关系，模块内的各种参数则通过填表法或建立数据库等方法输入。

② 编制程序法。采用厂商提供的编程语言或者允许采用的高级语言，编制程序输入组态信息。在顺序逻辑控制组态或复杂控制系统组态时常采用编制程序法。

（4）组态软件的特点

尽管各种组态软件的具体功能各不相同，但它们具有共同的特点：

① 实时多任务。在实际工业控制中，同一台计算机往往需要同时进行实时数据的采集、处理、存储、检索、管理、输出，算法的调用，实现图形和图表的显示，完成报警输出，实时通信等多个任务，这是组态软件的一个重要特点。

② 接口开放。组态软件大量采用“标准化技术”，在实际应用中，用户可以根据自己的需要进行二次开发，例如使用 VB、C + + 等编程工具自行编制所需的设备构件，装入设备工具箱，不断充实设备工具箱。

③ 强大数据库。配有实时数据库，可存储各种数据，完成与外围设备的数据交换。

④ 可扩展性强。用户在不改变原有系统的前提下，具有向系统内增加新功能的能力。

⑤ 可靠性、安全性高。由于组态软件需要在工业现场使用，因而可靠性是必须保证的。组态软件提供了能够自由组态控制菜单、按钮和退出系统的操作权限，例如工程师权限、操作员权限等，当具有某些权限时才能对某些功能进行操作，防止意外地或非法地进入系统修改参数或关闭系统。

2）组态软件的功能与使用

（1）组态软件主要解决的问题

① 如何与控制设备之间进行数据交换，并将来自设备的数据与计算机图形画面上的各元素关联起来。

② 处理数据报警和系统报警。

③ 存储历史数据和支持历史数据的查询。

④ 各类报表的生成和打印输出。

⑤ 具有与第三方程序的接口，方便数据共享。

⑥ 为用户提供灵活多变的组态工具，以适应不同应用领域的需求。

（2）基于组态软件的工业控制系统的一般组建过程

① 组态软件的安装。按照要求正确安装组态软件，并将外围设备的驱动程序、通信协议等安装就绪。

② 工程项目系统分析。首先要了解控制系统的构成和工艺流程，弄清被控对象的特征，明确技术要求，然后再进行工程的整体规划，包括系统应实现哪些功能、需要怎样的用户界面窗口和哪些动态数据显示、数据库中如何定义及定义哪些数据变量等。

③ 设计用户操作菜单。为便于控制和监视系统的运行，通常应根据实际需要建立用户自己的菜单以方便操作，例如设立一按钮来控制电动机的起/停。

④ 画面设计与编辑。画面设计分为画面建立、画面编辑和动画编辑与链接几个步骤。画面由用户根据实际工艺流程编辑制作，然后将画面与已定义的变量关联起来，使画面上的内容随生产过程的运行而实时变化。

⑤ 编写程序进行调试。用户编写好程序之后需进行调试，调试前一般要借助于一些模拟手段进行初调，检查工艺流程、动态数据、动画效果等是否正确。

⑥ 综合调试。对系统进行全面的调试后，经验收方可投入试运行，在运行过程中及时完善系统的设计。

0.3 DCS 系统网络技术

0.3.1 数据通信原理

1. 数据通信系统的组成

通信是指用特定的方法，通过某种介质将信息从一处传输到另一处的过程。数据通信系统由信号、发送装置、接收装置、信道和通信协议等部分组成，如图 0－3－1 所示。

（1）信号。也称报文，指需要传送的数据，由文本、数字、图片或声音等及其组合方式组成。在数据通信系统内部，信号是任何计算机能够识别的信息。

（2）发送装置。指具有作为二进制数据源的能力，任何能够产生和处理数据的设备。

（3）接收装置。指能够接收模拟或数字形式数据的任何功能的设备。

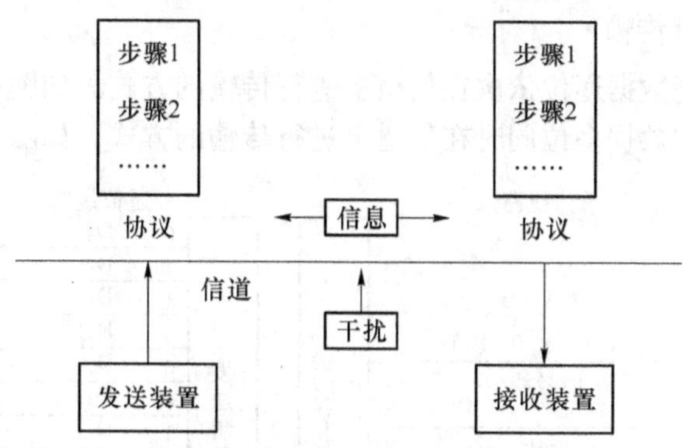

图 0-3-1　通信系统模型

（4）信道。信道是指发送装置与接收装置之间的信息传输通道，包括传输介质和有关的中间设备，它用来实现数据的传送。常用的传输介质是双绞线、同轴电缆、光缆、无线电波、微波等。

（5）通信协议。通信协议是控制数据通信的一组规则、约定与标准，它定义了通信的内容、格式，通信如何进行、何时进行等。

2. 通信类型

模拟通信是以连续模拟信号传输信息的通信方式。

数字通信是将数字信号进行传输的通信方式。

数据信息是具有一定编码、格式和字长的数字信息。

3. 传输方式

信息按其在信道中的传输方向分为单工、半双工和全双工三种通信传输方式，如图 0-3-2 所示。

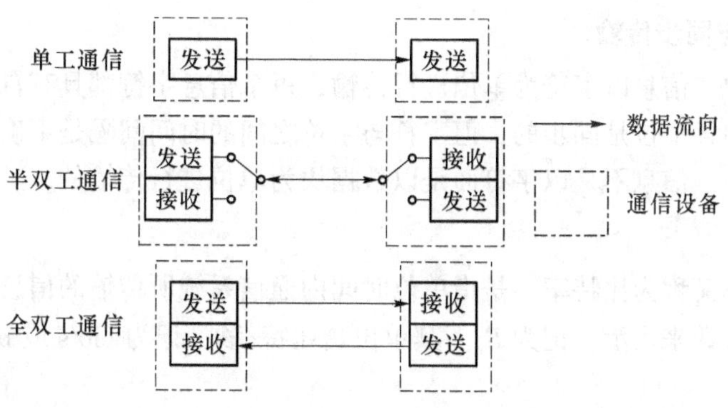

图 0-3-2　信息传输方式

（1）单工方式。信息只能沿一个方向传输，而不能沿相反方向传输的通信方式称为单工方式。

（2）半双工方式。信息可以沿着两个方向传输，但在指定时刻，信息只能沿一个方向传输的通信方式称为半双工方式。

（3）全双工方式。信息可以同时沿着两个方向传输的通信方式称为全双工方式。

4. 串行传输与并行传输

（1）串行传输是把数据逐位依次在信道上进行传输的方式，如图 0－3－3（a）所示。

（2）并行传输是把数据多位同时在信道上进行传输的方式，如图 0－3－3（b）所示。

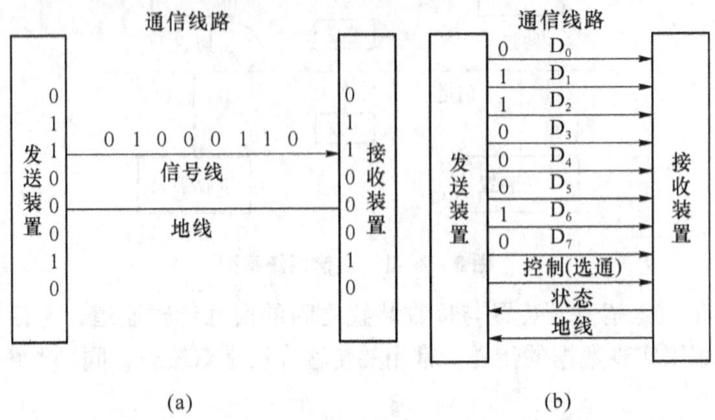

图 0－3－3　串行传输与并行传输

在 DCS 中，数据通信网络几乎全部采用串行传输方式。

5. 基带传输与宽带传输

（1）基带传输。所谓基带，是指电信号所固有的频带。基带传输就是直接将代表数字信号的电脉冲信号原样进行传输。

（2）宽带传输。在信道上传输调制信号，就是载带传输。如果要在一条信道上同时传送多路信号，各路信号可以以不同的载波频率加以区别，每路信号以载波频率为中心占据一定的频带宽度，而整个信道的带宽为各路载波信号所分享，实现多路信号同时传输，这就是宽带传输。

6. 异步传输与同步传输

在异步传输中，信息以字符为单位进行传输，每个信息字符都具有自己的起始位和停止位，一个字符中的各个位是同步的，但字符与字符之间的时间间隔是不确定的。

在同步传输中，信息不是以字符而是以数据块为单位进行传输的。

7. 传输速率

信息传输速率又称为比特率，是指单位时间内通信系统所传输的信息量。一般以每秒钟所能够传输的比特数来表示，记为 R_b。其单位是比特/秒，记为 bit/s 或 bps。

8. 信息编码

用模拟信号表示数字信息的编码称为数字—模拟编码。在模拟传输中，发送设备产生一个高频信号作为基波，来承载信息信号。将信息信号调制到载波信号上，这种形式的改变称为调制（移动键控），信息信号被称为调制信号。

数字信息是通过改变载波信号的一个或多个特性（振幅、频率或相位）来实现编码的。载波信号是正弦波信号，它有三个描述参数，即振幅、频率和相位，所以相应地也有三种调制方式，即调幅方式、调频方式和调相方式。常用编码方法是幅移键控（ASK）、频移键控（FSK）和相移键控（PSK），此外还有振幅与相位变化结合的正交调幅（QAM），如图 0－3－4 所示。

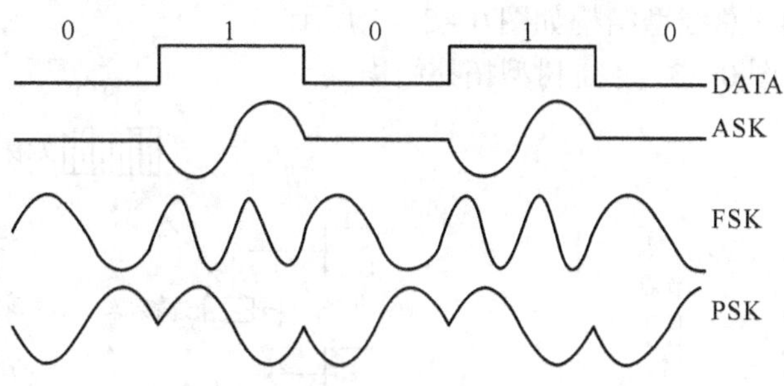

图 0-3-4 三种调制方式

（1）幅移键控法（Amplitude Shift Keying ，ASK）。它是用调制信号的振幅变化来表示二进制数的，例如用高振幅表示 1，用低振幅表示 0。

（2）频移键控法（Frequency Shift Keying ，FSK）。它是用调制信号的频率变化来表示二进制数的，例如用高频率表示 1，用低频率表示 0。

（3）相移键控法（Phase Shift Keying ，PSK ）。它是用调制信号的相位变化来表示二进制数的，例如用 0°相位表示 0，用 180°相位表示 1。

9. 数据交换方式

（1）线路交换方式。

（2）报文交换方式。

（3）报文分组交换方式。

0.3.2 通信网络

1. 局部网络的概念

局部区域网络（Local Area Network，LAN），简称为局部网络或局域网，是一种分布在有限区域内的计算机网络，是利用通信介质将分布在不同地理位置上的多个具有独立工作能力的计算机系统连接起来，并配置了网络软件的一种网络，用户能够共享网络中的所有硬件、软件和数据等资源。

2. 局部网络拓扑结构

（1）星型结构。星型结构如图 0-3-5 所示。

（2）环型结构。环型结构如图 0-3-6 所示。

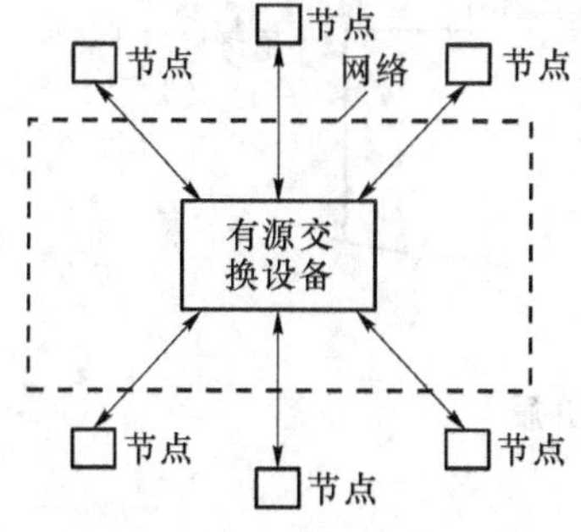

图 0-3-5 星型拓扑结构

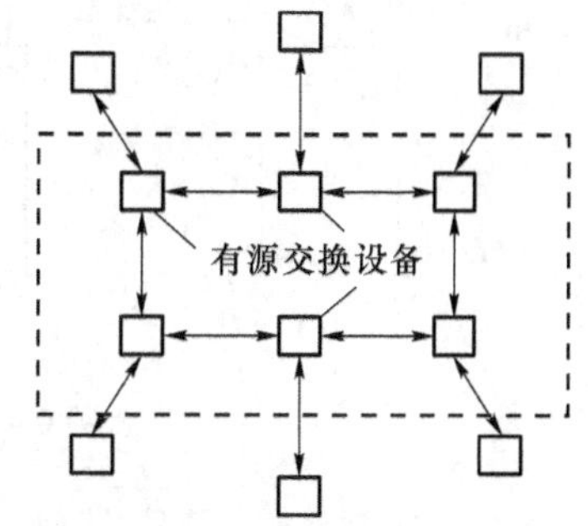

图 0-3-6 环型拓扑结构

（3）总线型结构。总线型结构如图 0－3－7 所示。

（4）树型结构。图 0－3－8 是树型拓扑结构。

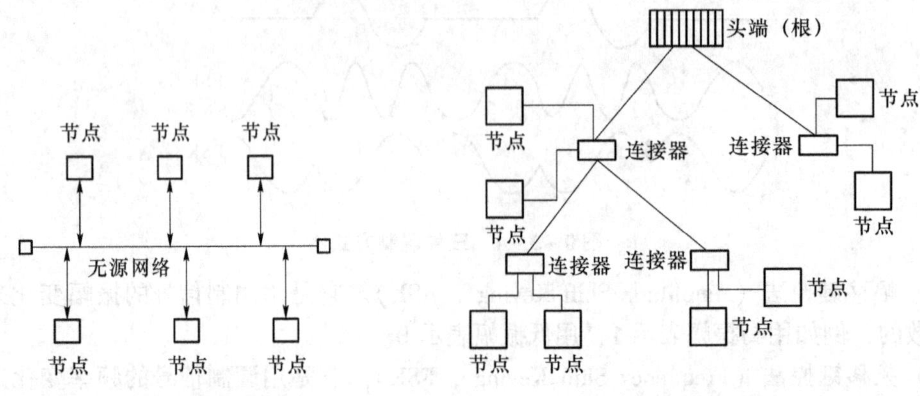

图 0－3－7　总线型拓扑结构　　**图 0－3－8　树型拓扑结构**

（5）菊花链型结构。菊花链型也称链型结构，如图 0－3－9 所示。

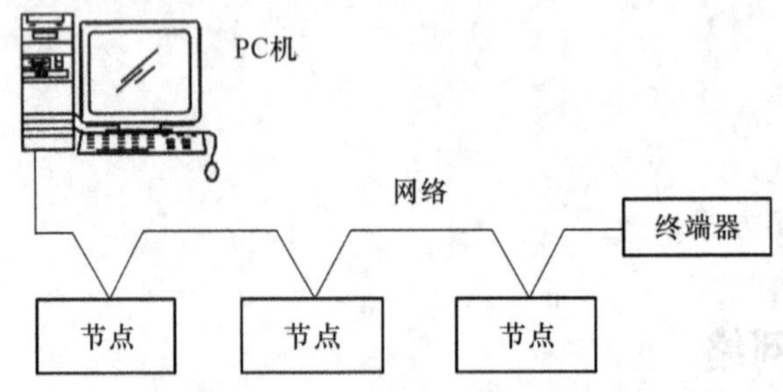

图 0－3－9　菊花链型拓扑结构

3. 传输介质

传输介质是通信网络的物质基础。常见的传输介质主要有双绞线、同轴电缆和光缆三种，如图 0－3－10 所示。传输原理如图 0－3－11 所示。

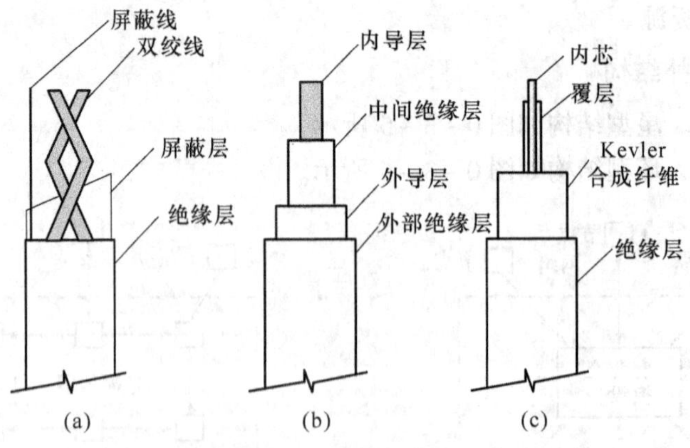

图 0－3－10　传输介质

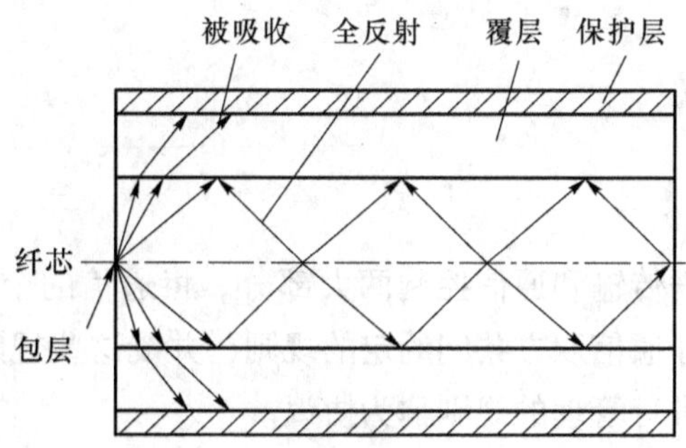

图 0-3-11 光在纤芯中的传播原理

4. 网络控制方法

（1）查询式。

（2）自由竞争式。

（3）令牌传送。

图 0-3-12 是一个令牌传送示意图。由图可见，令牌传送的次序是由用户根据需要预先确定的，而不是按节点在网络中的物理次序传送的。图中的传送次序为 A→C→F→B→D→E→A 。

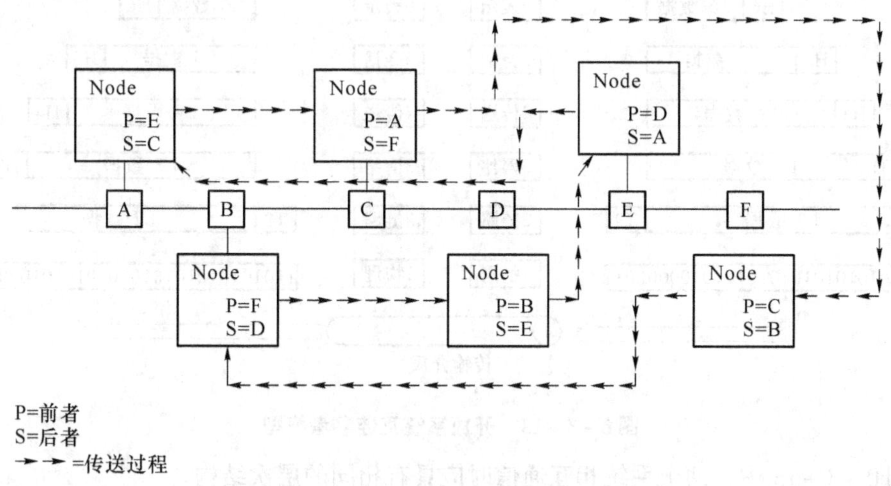

图 0-3-12 令牌传递过程示意图

（4）存储转发式。

5. 差错控制技术

（1）差错控制。

（2）传输错误及可靠性指标。

（3）反馈重发纠错方式（ARQ），又可分为：

① 奇偶检验；

② 循环冗余码校验。

0.3.3 通信协议

1. 通信协议的概念

网络通信功能包括数据传输和通信控制两大部分。将通信的全过程称为通信体系结构，一组通信控制功能应当遵守通信双方共同约定的规则，并受这些规则的约束。在计算机通信网络中，对数据传输过程进行管理的规则称为协议。

2. 开放系统互连参考模型

开放系统互连参考模型（OSI）是将开放系统的通信功能分为七层，描述了分层的意义及各层的命名和功能，如图 0-3-13 所示。

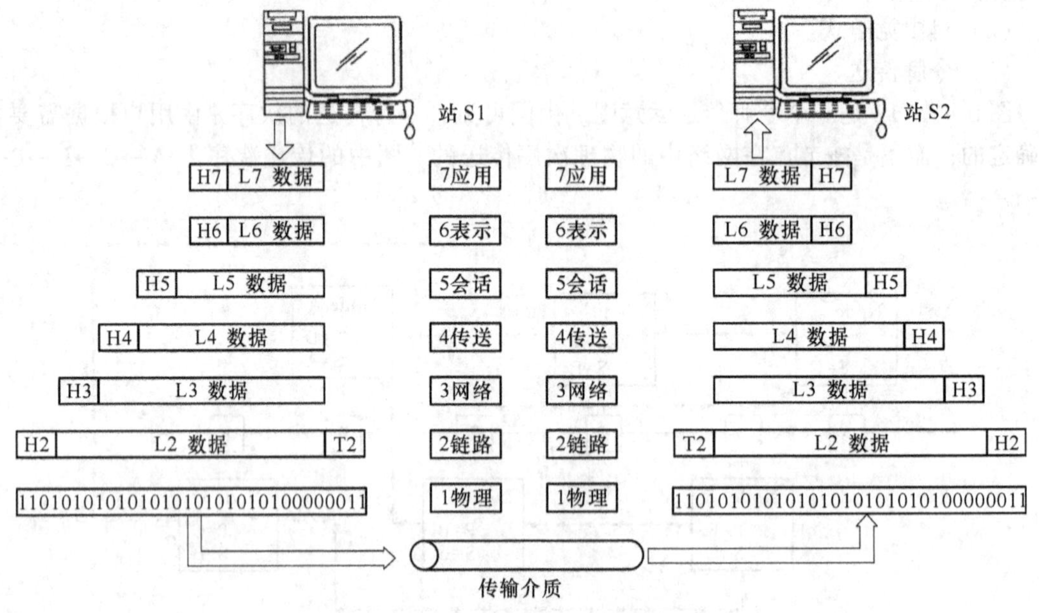

图 0-3-13 开放系统互连参考模型

在图 0-3-13 中，两个系统相互通信时应具有相同的层次结构。

总之，下面三层主要解决网络通信的细节，并为上层用户服务。上面四层解决端对端的通信，并不涉及实现传输的具体细节。

3. 现场总线简介

1）现场总线的国际标准

（1）IEC TC65（国际电工委员会第 65 技术委员会）。2003 年 IEC 通过了修订的现场总线国际标准 IEC 61158，共有 10 种类型，其内容见表 0-3-1。

表 0－3－1　IEC 61158 现场总线类型

类型编号	现场总线名称	主要支持的公司
1	FF　H1	Emerson（美）
2	Control Net	Rockwell（美）
3	Profibus	Siemens（德）
4	P－Net	Process Data（丹麦）
5	FF　HSE	Emerson（美）
6	Swift Net	Boeing（美）
7	World FIP	Alstom（法）
8	Inter Bus	PhoenixContact（德）
9	FF　FMS	Emerson（美）
10	Profi Net	Siemens（德）

（2）IEC TC17（国际电工委员会第 17 技术委员会）。IEC62026 有 4 种现场总线类型，即 AS－i（Actuator Sensor Interface，执行器传感器接口，Siemens 公司）；Device Net（设备网，Rockwell 公司）；SDS（Smart Distributed System，灵巧式分散型系统，Honeywell 公司）及 Seriplex（串联多路控制总线）。

（3）ISO11898 与 ISO11519。ISO 有一种 CAN（控制局域网）现场总线类型，即 CAN ISO11898（1Mbps）和 CAN ISO11519（125kbps），主要由德国 Robert Bosch 公司支持。

2）现场总线通信模型

基金会现场总线 FF H1 模型如图 0－3－14 的右侧一列所示。

	ISO/OSI 参考模型	FF 现场总线模型	
		用户层（程序） 功能块应用与设备描述	用户层
7	应用层	现场总线信息规范子层FMS 现场总线访问子层FAS	通信栈
6	表达层	3~6层不用	
5	会话层		
4	传输层		
3	网络层		
2	数据链路层	数据链路层	
1	物理层	物理层	物理层

图 0－3－14　FF H1 模型

3）现场总线的网络拓扑结构

基金会现场总线分高速、低速两种规范。图 0－3－15 为 FF 现场总线拓扑结构示意图。

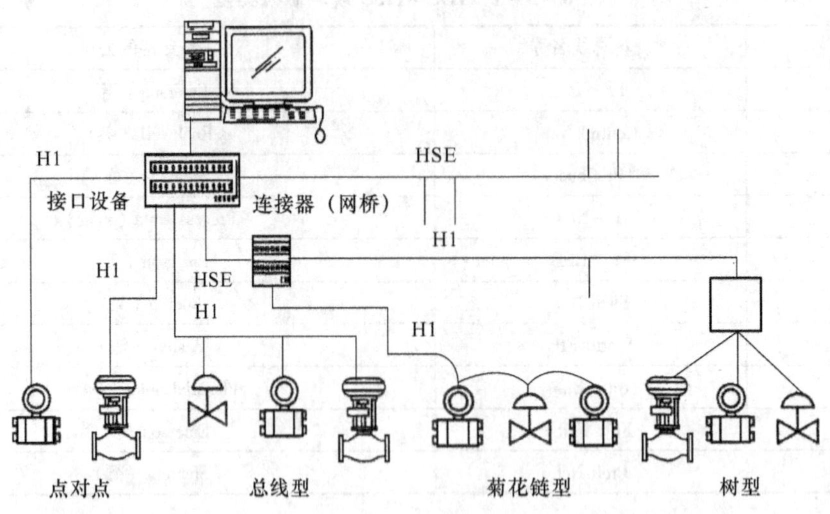

图 0-3-15　基金会现场总线的拓扑结构

4）HART 总线简介

（1）HART 编码。HART 采用基于 Bell 202 标准的频移键控（FSK）技术，将数字信号作为交流信号叠加在 4～20 mA 的直流信号上，如图 0-3-16 所示。“0”和“1”对应的位分别被编码为 2200 Hz 和 1200 Hz 的正弦波，如图 0-3-17 所示。传送时将信息比特转换为相应频率的正弦波，接收时将一定频率的正弦波转换回对应状态的信息比特。

（2）HART 信号传输。FSK 信号的传输是在电流回路上调制一个幅度大约在 0.5 mA 的交流信号。被动的设备（如多数现场仪表）是通过改变它们的电流来实现信号调制的。主动设备（像手持编程器）则可以直接发送信号。

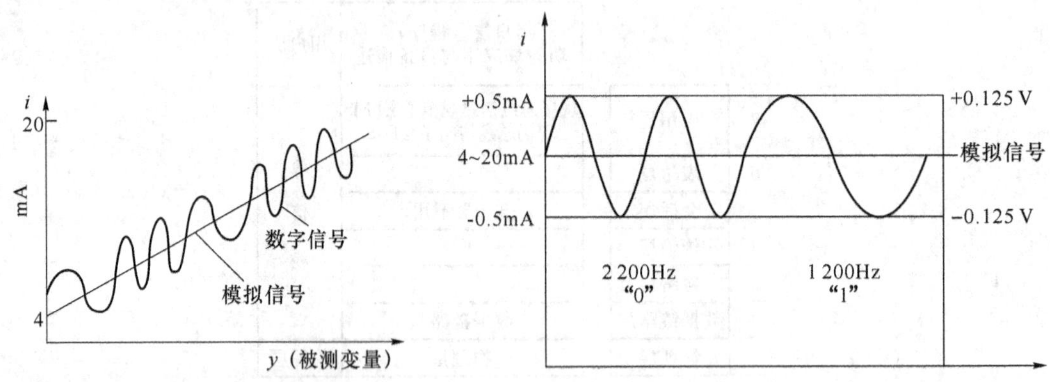

图 0-3-16　数字信号叠加在直流信号上　　图 0-3-17　Bell 202 波形

HART 协议是主从式通信协议，变送器作为从设备应答主设备的询问，连接模式有一台主机对一台变送器或一台主机对多台变送器。当一对一，即点对点通信时，智能变送器处于模拟信号与数字信号兼容状态。当多点通信时，4～20 mA DC 信号作废，只有数字信号，每台变送器的工作电流均为 4 mA DC。

（3）HART 字符。HART 使用一个异步模式来通信，这意味着数据的传输不依赖于一个时钟信号。为了保持发送和接收设备的同步，数据一次一个字节地被传送。字符从一个起始位“0”开始，其后是 8 个真实数据位，一个奇偶校验位以及一个停止位“1”，如图0－3－18所示。

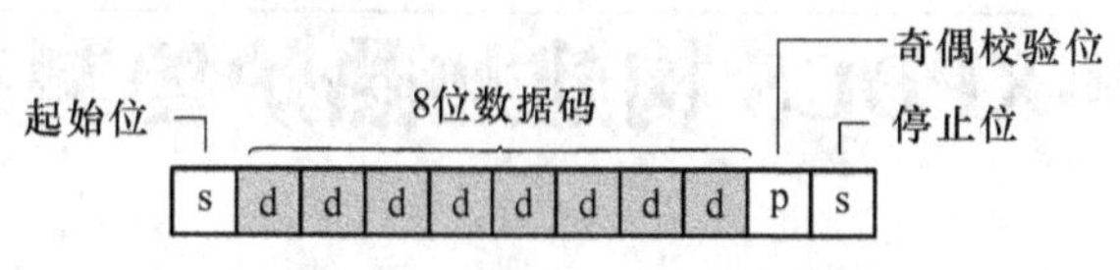

图 0－3－18　HART 字符

0.4　问题讨论

1. 什么是计算机控制系统？它由哪几部分组成？画出其原理框图。
2. 常见的计算机控制系统有哪些类型？
3. 什么是 DCS 控制系统？它的主要特点是什么？
4. DCS 的层次结构一般分为几层？并概述每层的功能。
5. 控制站的硬件主要由哪几部分组成？各部分的构成和功能是什么？
6. 什么是计算机网络？DCS 通常采用什么类型的网络形式？
7. 什么是通信协议？

项目 1

采用 JX－300XPDCS 构建加热炉控制系统

【项目工艺条件】

众所周知，加热炉是化工生产工艺中的一种常见设备。对于加热炉，工艺介质受热升温或同时进行汽化，其温度的高低会直接影响后一工序的操作工况和产品质量。当炉子温度过高时，会使物料在加热炉里分解，甚至造成结焦而产生事故，因此，一般加热炉的出口温度都需要严加控制。

现有一套加热炉装置，原料油经原料油加热炉（设备号 T101）加热后去 1 反，中间反应物经中间反应物加热炉（设备号 T102）去 2 反。工艺如图 1－0－1 所示。

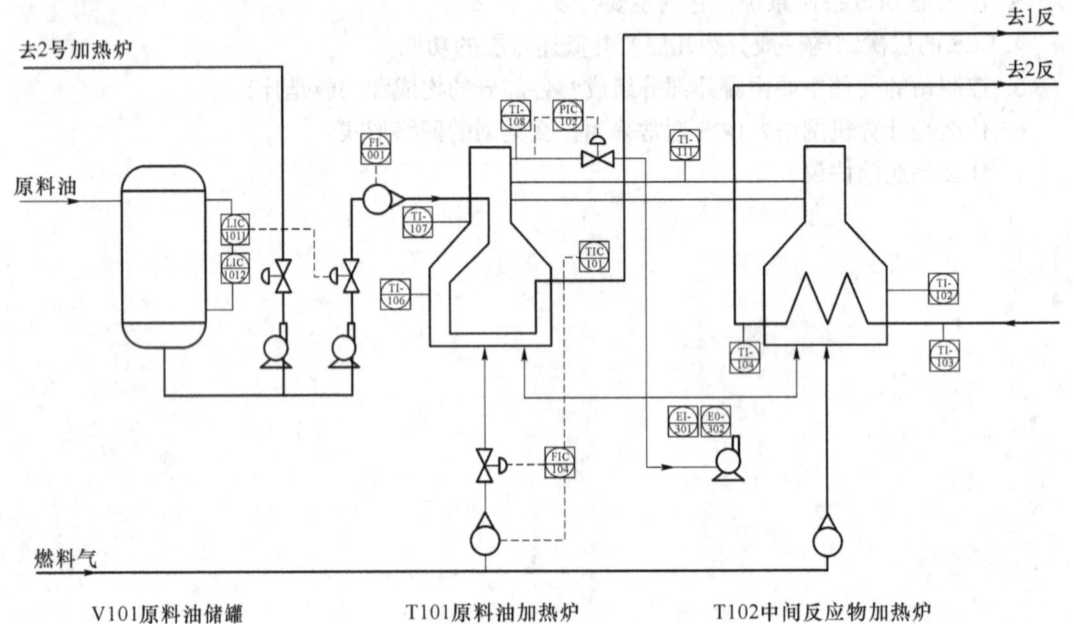

图 1－0－1　加热炉控制工艺流程图

设备详细 I/O 资料如表 1－0－1 所列。

表 1－0－1　加热炉 I/O 表

位　　号	描　　述	量　　程	备　　注
TI－101	原料油加热炉出口温度	(0～600)℃	Pt100 热电阻
TI－106	原料油加热炉炉膛温度	(0～600)℃	K 型热电偶
TI－107	原料油加热炉辐射段温度	(0～1 000)℃	K 型热电偶

续表

位　号	描　述	量　程	备　注
TI-108	原料油加热炉烟囱温度	(0~300)℃	E型热电偶
TI-111	加热炉热风道温度	(0~200)℃	E型热电偶
TI-102	反应物加热炉炉膛温度	(0~600)℃	K型热电偶
TI-103	反应物加热炉入口温度	(0~400)℃	K型热电偶
TI-104	反应物加热炉出口温度	(0~600)℃	K型热电偶
PI-102	原料油加热炉烟气压力	(-100~0) Pa	(4~20) mA
LI-101	原料油储罐液位	0~100%	(4~20) mA
FI-001	加热炉原料油流量	(0~500) M^3/h	(4~20) mA，要求配电
FI-104	加热炉燃料气流量	(0~500) M^3/h	(4~20) mA，要求配电
PV-102	加热炉烟气压力调节	输出 (4~20) mA	
FV-104	加热炉燃料气流量调节	输出 (4~20) mA	
LV-1011	液位调节1	输出 (4~20) mA	
LV-1012	液位调节2	输出 (4~20) mA	
KI-301	泵开关指示	开关量输入	干触点
KO-302	泵开关操作	开关量输出	干触点

【项目任务】

对于任何的DCS工程项目，都会有一些特定的项目要求，这一系列的要求将在项目的前期设计过程中，根据工艺的需要一一明确。对于不同的项目，提出的要求也有较大的差别，一般需要从以下几个方面来考虑：

（1）测点情况：包括测点的具体数量及参数。测点详细情况需以《测点清单》的形式反映。要求测点齐全，满足控制要求。

（2）控制要求：有无连锁、累积或其他的控制要求。如有条件需提供《控制方案图》、《连锁原理图》。控制方案或连锁方案要求合理可行。

（3）操作画面：需要什么样的操作、监控画面。

（4）报表样式：如有报表需求，则需提供报表制作要求和样式。

明确、完整的提出项目要求，为系统选型和组态设计工作提供准则和依据。本项目将根据具体的工艺要求采用浙江中控JX-300XPDCS构建一套加热炉控制系统。主要任务是加热炉控制系统的组态。

系统组态步骤框图如图1-0-2所示，其各项工作内涵如下：

（1）工程设计。工程设计包括测点清单设计、常规（或复杂）对象控制方案设计、系统控制方案设计、流程图设计、报表设计以及相关设计文档编制等。工程设计完成以后，应形成包括《测点清单》《系统配置清册》《控制柜布置图》《I/O 卡件布置图》《控制方案》等在内的技术文件。工程设计是系统组态的依据，只有在完成工程设计之后，才能动手进行系统的组态。

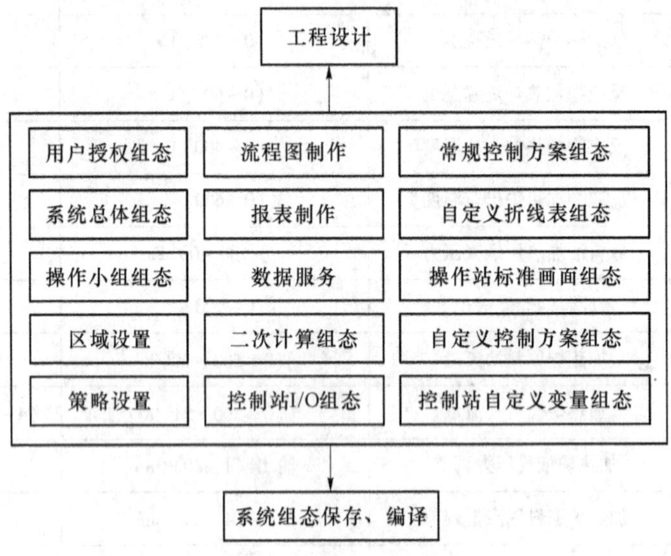

图 1-0-2　系统组态步骤框图

(2) 用户授权组态。用户授权软件主要是对用户信息进行组态，在软件中定义不同角色的权限操作，增加用户，配置其角色。设置了某种角色的用户具备该角色的所有操作权限。系统默认的用户为 admin，密码为 supcondcs。每次启动系统组态软件前都要用已经授权的用户名进行登录。

(3) 系统总体组态。系统组态总体是通过 AdvanTrol - Pro 软件来完成的。系统总体结构组态根据《系统配置清册》确定系统的控制站与操作站。

(4) 操作小组设置。对各操作站的操作小组进行设置，不同的操作小组可观察、设置、修改不同的标准画面、流程图、报表、自定义键等。操作小组的划分有利于划分操作员职责，简化操作人员的操作，突出监控重点。

(5) 区域设置。完成数据组（区）的建立工作，为 I/O 组态时位号的分组分区作好准备。

(6) 自定义折线表组态。对主控制卡管理下的自定义非线性模拟量信号进行线性化处理。

(7) 控制站 I/O 组态。根据《I/O 卡件布置图》及《测点清单》的设计要求完成 I/O 卡件及 I/O 点的组态。

(8) 控制站自定义变量组态。根据工程设计要求，定义上下位机间交流所需要的变量及自定义控制方案中所需的回路。

(9) 常规控制方案组态。对控制回路的输入输出只是 AI 和 AO 的典型控制方案进行组态。

(10) 自定义控制方案组态。利用 SCX 语言或图形化语言编程实现连锁及复杂控制等，实现系统的自动控制。

（11）二次计算组态。二次计算组态的目的是在 DCS 中实现二次计算功能、优化操作站的数据管理，支持数据的输入输出。把控制站的一部分任务由上位机来完成，既提高了控制站的工作速度和效率，又可提高系统的稳定性。二次计算组态包括：任务设置、事件设置、提取任务设置、提取输出设置等。

（12）操作站标准画面组态。系统的标准画面组态是指对系统已定义格式的标准操作画面进行组态，其中包括总貌、趋势、控制分组、数据一览等四种操作画面的组态。

（13）流程图制作。流程图制作是指绘制控制系统中最重要的监控操作界面，用于显示生产产品的工艺及被控设备对象的工作状况，并操作相关数据量。

（14）报表制作。编制可由计算机自动生成的报表以供工程技术人员进行系统状态检查或工艺分析。

（15）系统组态保存与编译。对完成的系统组态进行保存与编译。

【项目需求】

根据加热炉的工艺特点及产品工艺指标的要求，对控制系统提出以下的要求：

1. 回路控制

加热炉烟气压力 PI－102 需要进行控制，PI－102 与 PV－102 构成了一个单回路 PIC－102。如图 1－0－3 所示。

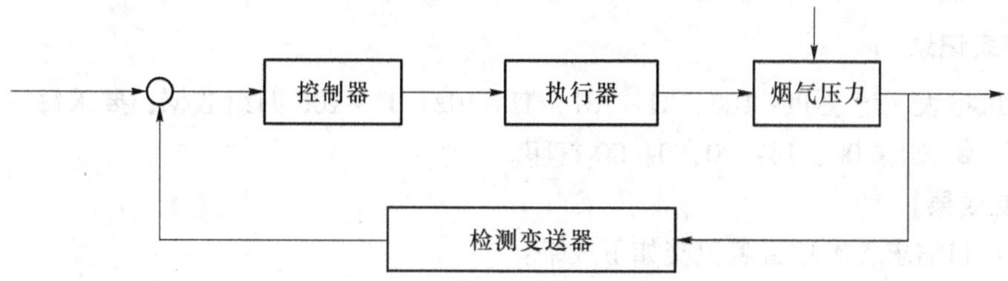

图 1－0－3　PIC－102 回路原理图

原料加热炉出口温度（TI－101）需要进行控制，由于加热炉具有较大的时间常数和纯滞后，简单的单回路控制效果不理想。在操作过程中，燃料气流量的波动是温度的主要干扰因素。因此，采用加热炉出口温度对燃料气流量的串级控制。这样控制可以在燃料气流量发生的变化尚未影响到加热炉出口温度之前，通过内环的控制作用先行调节，快速减少甚至消除燃料气流量的干扰，从而改善控制质量。其中副回路（内环）是流量控制，流量测量信号为 FI－104，输给调节阀的信号是 FV－104，回路号为 FIC－104。主回路（外环）是温度控制，温度测量位号为 TI－101，回路号为 TRC－101。仪表回路图如图 1－0－4 所示。

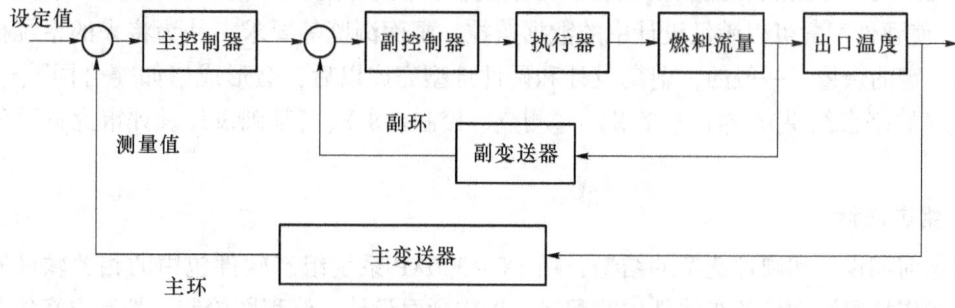

图 1－0－4　TRC－101 回路原理图

原料油储罐液位（LI－101）调节采用分程控制，回路自动时 A 阀（LV－1011）、B 阀（LV－1012）采用 B＝1.0－A 的方式调节，在手动时，A 阀、B 阀都可以分别手动调节。仪表回路图如图 1－0－5 所示。

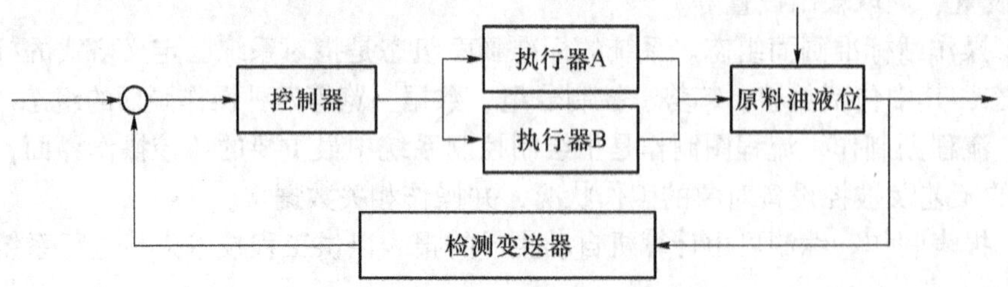

图 1－0－5　LIC－101 回路原理图

2. 累积要求

对进入原料油加热炉的原料油流量 FR－001 进行累积，一定权限的操作者可以手动将累积值清零。

3. 监控画面

根据工艺要求，绘制工艺流程图，并合理设计操作画面，方便操作使用。

4. 报表记录

制作班报表，记录 PI－102，TI－101，TI－102，TI－106 四组数据，要求每一小时记录一次数据，每天 8：00，16：00，0：00 打印。

【提交成果】

根据项目需求，本项目需提交如下成果：

1. 前期设计

一般的工程项目，在签约之前，需要进行可行性研究和项目的基础设计，以确定工艺基本要求、系统的规模、测点的数目及特性（如量程、单位、阀特性、触点的常开和常闭等）、控制要求（如连锁、常规控制、特殊控制等）、需监控的流程画面（如带测点的工艺流程图样式、操作界面的样式）、报表样式及要求、控制室的布置设计等等。明确这些要求，为下一步的选型、组态、安装、调试等工作做了准备。

2. 硬件选型

根据系统实际测点和控制情况，选择系统需要的硬件设备（机柜、机笼、卡件、操作站等），使硬件配置可以满足设计中的数据监控、画面浏览等要求，并为将来的系统扩展升级留有一定的余量。一般的，前期设计和硬件选型完成以后，会形成诸如《合同》、《技术协议》、《联络会纪要》、《工艺介绍》、《测点、控制要求》、《基础设计及评审意见》等设计文档。

3. 组态设计

根据前期设计和硬件选型的结论，用 JX－300XP 系统组态软件包中的相关软件实现控制站、操作站等硬件设备在软件中的配置、操作画面设计、流程图绘制、控制方案编写、报表制作，等等。

一般的，组态设计按照以下的步骤进行：

（1）以系统整体构架为基础，进行总体信息的组态；

（2）I/O组态（I/O设备、信号参数的设置）；

（3）控制组态（控制方案的实现）；

（4）操作组态（监控画面，如流程图等）；

（5）其他组态（如自定义键等）。

任务1.1　加热炉DCS控制系统硬件选型

1.1.1　任务目标

在明确地提出项目要求以后，接下来首先需要根据要求，进行硬件的选型。硬件选型一般按照以下的步骤进行：

（1）根据《测点清单》中测点性质确定系统I/O卡件的类型及数量（适当留有余量），对于重要的信号点要考虑是否进行冗余配置；

（2）根据I/O卡件数量和工艺要求确定控制站和操作站的个数；

（3）根据上述设备的数量配置其他设备，如机柜、机笼、电源、操作台等；

（4）对于开关量，根据其数量和性质要考虑是否选配相应的端子板、转接端子和继电器。

1.1.2　任务分析

针对上一章节中的项目要求来进行系统的硬件选型。首先对测点进行统计，得到如表1－1－1所示的结果。

表1－1－1　测点分类统计表

信号类型		参与控制的信号点数	不参与控制的信号点数	总计点数
AI	热电偶	0	7	7
	热电阻	1	0	1
	（4～20）mA配电	2	0	2
	（4～20）mA不配电	2	0	2
AO	（4～20）mA	4	0	4
DI	开入	0	1	1
DO	开出	0	1	1

对表1－1－1进行分析，得知：

（1）测点中热电偶AI点共七点，其中K型热电偶五点，E型热电偶两点，均不参与控制。对于不同类型的热电偶信号，一般建议在有条件的情况下采用不同的卡件进行采集。

（2）测点中热电阻 AI 点共一点，参与控制。

（3）测点中标准电流 AI 点（配电）共两点，参与控制。标准电流 AI 点（不配电）共两点，参与控制。考虑到信号的质量，建议配电和不配电的信号分别采用不同的卡件采集，尽量不要集中在一块卡件上。

（4）测点中 AO 点共四点，参与控制。

（5）测点中 DI 点共一点，为干触点信号。

（6）测点中 DO 点共一点，为干触点信号。

1.1.3 相关知识：浙江中控 JX－300XP DCS 系统硬件知识

1. 系统整体结构

JX－300XP 控制系统是浙江中控技术股份有限公司 SUPCON WebField 系列控制系统之一。它吸收了近年来快速发展的通信技术、微电子技术，充分应用了最新信号处理技术、高速网络通信技术、可靠的软件平台和软件设计技术以及现场总线技术，采用了高性能的微处理器和成熟的先进控制算法，全面提高了控制系统的功能和性能，同时，它实现了多种总线兼容和异构系统综合集成，各种国内外 DCS、PLC 及现场智能设备都可以接入到 JX－300XP 控制系统中，使其成为一个全数字化、结构灵活、功能完善的开放式集散控制系统，能适应更广泛更复杂的应用要求。

JX－300XP 控制系统简化了工业自动化的体系结构，增强了过程控制的功能和效率，提高了工业自动化的整体性和稳定性，最终使企业节省了为工业自动化而做出的投资，真正体现了工业基础自动化的开放性精神，使自动化系统实现了网络化、智能化、数字化，突破了传统 DCS、PLC 等控制系统的概念和功能，也实现了企业内过程控制、设备管理的合理统一。

JX－300XP 控制系统的整体结构如图 1－1－1 所示。

JX－300XP 控制系统整体结构，由控制节点（控制节点是控制站、通信接口等的统称）、操作节点（操作节点是工程师站、操作员站、服务器站、数据管理站等的统称）及通信网络（管理信息网、过程信息网、过程控制网、I/O 总线）等构成。

操作员站是由工业 PC 机、显示器、键盘、鼠标、打印机等组成的人机系统，是操作人员完成过程监控管理任务的人机界面。高性能工控机、卓越的流程图机能、多窗口画面显示功能可以方便地实现生产过程信息的集中显示、集中操作和集中管理。

工程师站是为专业工程技术人员设计的，内装有相应的组态平台、监控平台和系统维护工具。通过系统组态平台构建适合于生产工艺要求的应用系统，具体功能包括：系统生成、数据库结构定义、操作组态、流程图画面组态、报表制作等；通过监控平台可替代操作员站，实现生产过程的实时监控。而使用系统的维护工具软件可实现过程控制网络调试、故障诊断、信号调校等。

服务器站用于连接过程控制网和管理信息网，也作为采用 C/S 网络模式的过程信息网的服务器。当与管理信息网相连时，可与企业管理计算机网（ERP 或 MIS）交换信息，实现企业网络环境下的实时数据和历史数据采集，从而实现整个企业生产过程的管理、控制全集成综合自动化；当作为过程信息网的服务器时，客户端（操作员站）可通过其实现对实时数据和历史数据的查询。

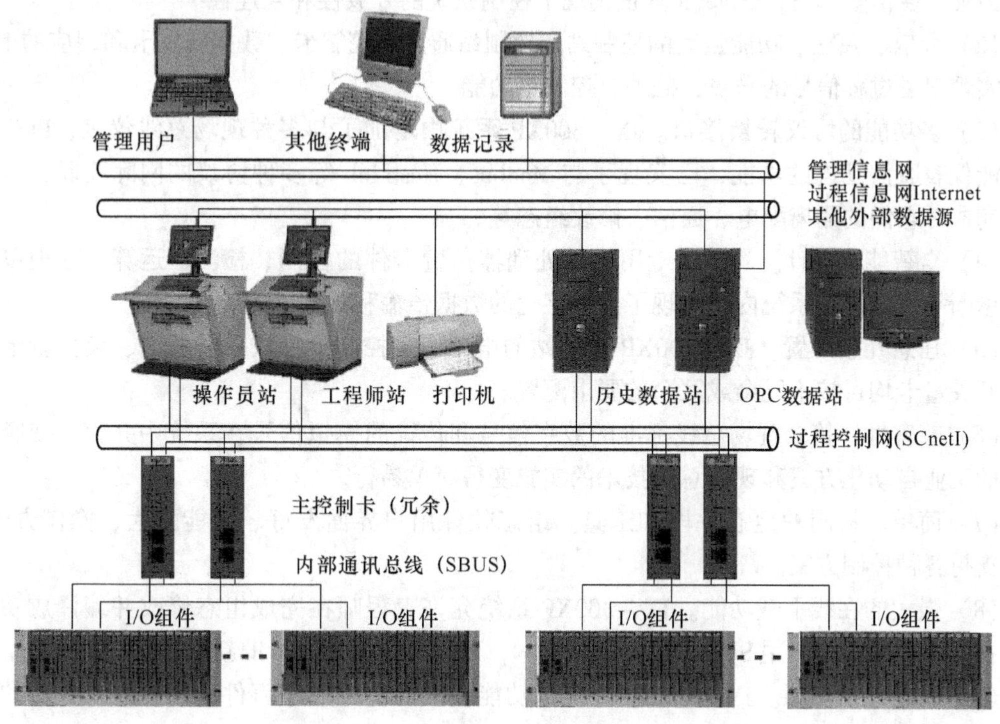

图1－1－1　JX－300XP 系统的整体结构图

数据管理站用于实现系统与外部数据源（异构系统）的通信，从而实现过程控制数据的统一管理。

控制站是系统中直接与工业现场进行信息交互的 I/O 处理装置，由主控制卡、数据转发卡、I/O 卡、接线端子板及内部 I/O 总线网络组成，用于完成整个工业过程的实时控制功能。控制站内部各部件可按用户要求冗余配置，确保系统可靠运行。

过程控制网络实现操作节点和控制站的连接，完成实时数据、信息、控制命令的传输与发送，过程控制网采用双重化冗余设计，使得信息传输可靠、高速。

过程信息网采用快速以太网技术，实现 C/S 网络模式下服务器与客户端的数据通信，优化报警信息和历史数据等的管理，降低过程控制网的网络负荷。

2. 系统规模及特性

JX－300XP 系统过程控制网站点容量最高可达 63 个冗余的控制站和 72 个操作节点，系统 I/O 点容量可达到 20 000 点。可根据 I/O 规模大小决定控制站数量，操作节点可根据用户操作的不同决定配置的数量与规格。

JX－300XP 系统具有数据采集、控制运算、控制输出、设备和状态监视、报警监视、远程通信、实时数据处理和显示、历史数据管理、日志记录、事故顺序识别、事故追忆、图形显示、控制调节、报表打印、高级计算，以及所有这些信息的组态、调试、打印、下载、诊断等功能。

JX－300XP 系统具有如下特点：

（1）高速、可靠、开放的通信网络 SCnetⅡ采用 1:1 冗余的工业以太网，可靠性高、纠错能力强、通信效率高；SCnetⅡ真正实现了控制系统的开放性和互连性。

（2）分散、独立、功能强大的控制站。控制站通过主控制卡、数据转发卡和相应的 I/O 卡件实现现场过程信号的采集、处理、控制等功能。

（3）多功能的协议转换接口。JX－300XP 系统中增加了与多种现场总线仪表、PLC 以及智能仪表通信互连的功能，已实现了与 Modbus、HostLink 等多种协议的网际互联，可方便地完成对它们的隔离配电、通信、修改组态等。

（4）全智能化设计。均采用专用的微处理器负责卡件的控制、检测、运算、处理以及故障诊断等工作，在系统内部实现了全数字化的数据传输和数据处理。

（5）任意冗余配置。JX－300XP 控制站的电源、主控制卡、数据转发卡、模拟量卡和部分开关量卡均可按不冗余或冗余的要求配置。

（6）兼容性。符合现场总线标准的数字信号和传统的模拟信号在系统中并存。使企业现行的工业自动化方案和现场总线技术的实施变得简单易行。

（7）简单、易用的组态手段和工具。组态软件用户界面友好、功能强大、操作方便，充分支持各种控制方案。

（8）强大的在线下载功能。JX－300XP 系统允许工程师在完成组态修改并编译成功后执行在线下载操作，使用 SUPCON 的专利技术，确保下载完成后，旧新组态无扰动切换。

（9）事件记录功能。JX－300XP 提供了功能强大的过程顺序事件记录、操作人员的操作记录、过程参数的报警记录等多种事件记录功能，并配以相应的事件存取、分析、打印、追忆等软件。

（10）故障诊断。具有卡件、通道以及变送器或传感器故障诊断功能，智能化程度高，轻松排除热电偶断线等故障。

（11）与异构化系统的集成。网关卡 XP244、多串口多协议通信接口卡 XP248 是通信接口单元的核心，它们解决了 JX－300XP 系统与其他厂家智能设备的互联问题。

（12）安全性。系统安全性和抗干扰性符合工业使用环境下的国际标准。

3. 通信网络

JX－300XP 系统采用成熟的计算机网络通信技术，构成高速的冗余数据传输网络，实现过程控制实时数据及历史数据的及时传送。

JX－300XP 系统通信网络共有四层，分别是：管理信息网、过程信息网、过程控制网（SCnetⅡ网络）和 I/O 总线（SBUS 总线）。系统网络结构如图 1－1－2 所示。

由于集散控制系统中的通信网络担负着传递过程变量、控制命令、组态信息以及报警信息等任务，所以网络的结构形式、层次以及组成网络后所表现的灵活性、开放性、传输方式等方面的性能十分重要。

（1）管理信息网。管理信息网采用通用的以太网技术，用于工厂级的信息传送和管理，是实现全厂综合管理的信息通道。该网络通过服务器站获取系统运行中的过程参数和运行信息，同时也向下传送上层管理计算机的调度指令和生产指导信息。管理信息网采用大型网络数据库，实现信息共享，并可将各个装置的控制系统连入企业信息管理网，实现工厂级的综合管理、调度、统计、决策等。

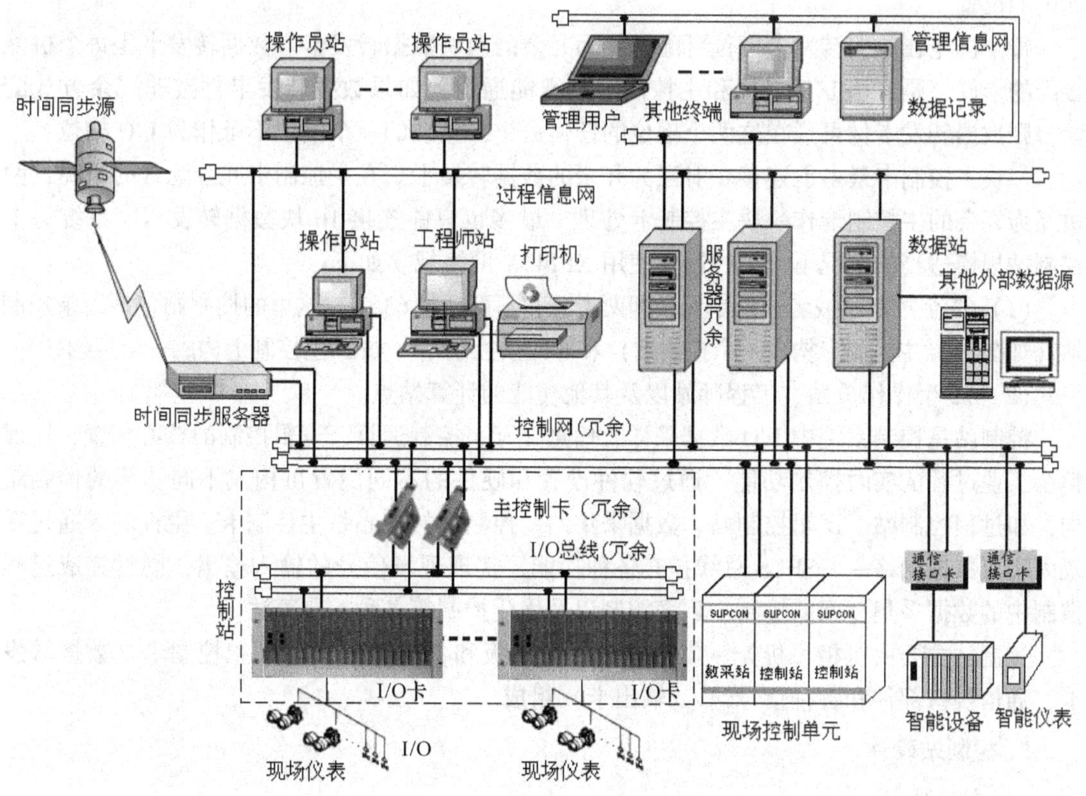

图1－1－2　JX－300XP 系统网络结构示意图

(2) 过程信息网。过程信息网可采用 C/S 网络模式（对应 SupView 软件包）或对等 C/S 网络模式（对应 AdvanTrol－Pro 软件包）。在该过程信息网上可实现操作节点之间包括实时数据，实时报警，历史趋势，历史报警，操作日志等的实时数据通信和历史数据查询。

(3) 过程控制网（SCnet Ⅱ 网）。JX－300XP 系统采用了高速冗余工业以太网 SCnet Ⅱ 作为其过程控制网络。它直接连接了系统的控制站和操作节点，是传送过程控制实时信息的通道，具有很高的实时性和可靠性，通过挂接服务器站，SCnet Ⅱ 可以与上层的信息管理网、过程信息网及其他厂家设备连接。

(4) I/O 总线（SBUS 总线）。SBUS 总线分为两层，第一层为双重化总线 SBUS－S2。它是系统的现场总线，物理上位于控制站所管辖的卡件机笼之间，连接了主控制卡和数据转发卡，用于两者的信息交换。第二层为 SBUS－S1 网络，物理上位于各卡件机笼内，连接了数据转发卡和各块 I/O 卡件，用于他们之间的信息交换。主控制卡通过 SBUS 来管理分散于各个机笼内的 I/O 卡件。

4. 控制站规模及组成

JX－300XP 控制站内部以机笼为单位。机笼固定在机柜的多层机架上，每只机柜最多配置5只机笼，其中1只电源箱机笼、1只主控制机笼以及3只卡件机笼（可配置控制站各类卡件）。

每个机笼最多可以安装20块卡件，即除了配置一对互为冗余的主控制卡和一对互为冗余的数据转发卡之外，还可以配置16块各类I/O卡件。主控制卡和数据转发卡必须安装在规定的位置。

每个机笼在数据转发卡槽位可配置互为冗余的两块数据转发卡。数据转发卡是每个机笼必配的卡件，是连接I/O卡件和主控制卡的智能通道。如果数据转发卡件按非冗余方式配置，则数据转发卡件可插在这两个槽位的任何一个，空缺的一个槽位不可作为I/O槽位。

一块主控制卡最多能连接8对互为冗余的数据转发卡。在主控制卡冗余配置的情况，两块互为冗余的主控制卡作一块主控制卡处理，最多也只能连接16块数据转发卡。系统每个控制站规模适当的情况下，主控制卡使用XP243X网络规模如下：

（1）63个控制站或者通信单元，即两者总和不可超过63个，这里的控制站包括冗余控制站（如2#、3#主控制卡构成一个控制站）和非冗余控制站（如2#主控制卡构成一个控制站）。

（2）72个操作员站、工程师站以及其他功能的计算站点。

控制站是控制系统中I/O数据采样、信息交互、控制运算、逻辑控制的核心装置，完成整个工业过程的实时控制功能。通过软件设置和硬件的不同配置可构成不同功能的控制结构，如过程控制站、逻辑控制站、数据采集站。控制站的核心是主控制卡。主控制卡通过系统内高速数据网络——SBUS总线扩充各种功能，实现现场信号的输入输出，同时完成过程控制中的数据采集、回路控制、顺序控制以及优化控制等各种控制算法。

控制站主要由机柜、机笼、供电单元、端子板和各类卡件（包括主控制卡、数据转发卡、通信接口部件和各种信号输入/输出卡）组成。

5. 控制站硬件

1）主控制卡

主控制卡是控制站软硬件的核心，协调控制站内软硬件关系和执行各项控制任务。它可以自动完成数据采集、信息处理、控制运算等各项功能。通过过程控制网络（SCnetⅡ）与过程控制级（操作员站、工程师站）相连，接收上层的管理信息，并向上传递工艺装置的特性数据和采集到的实时数据；向下通过SBUS网络和数据转发卡通信，实现与I/O卡件的信息交换（现场信号的输入采样和输出控制）。

JX-300XP系统的主控制卡型号为XP243X。XP243X安装在卡件机笼的前两个槽位，主控制卡与所在机笼的数据转发卡通信直接通过机笼母板的电气连接实现，不需要另外连线。与其他机笼的数据转发卡的通信通过机笼母板背后的SBUS-S2端口及485网络连线实现。

（1）配置XP243X主控制卡的JX-300XP系统支持63个控制节点，72个操作节点；

（2）用户程序空间：1920K；数据空间：1M；

（3）支持梯形图、功能块图、顺控图等编程工具编制的控制方案；

（4）提供192个控制回路，包括128个自定义控制回路，64个常规控制回路；

（5）最大支持2048个DI、2048个DO、512个AI、192个AO；

（6）支持4096个自定义1字节变量（虚拟开关量）；2048个自定义2字节变量（int、sfloat）；512个自定义4字节变量（long，float）；256个自定义8字节变量（sum）；

（7）提供256个100毫秒定时器、256个秒定时器、256个分定时器。

可与XP243X卡配套的I/O卡件有：XP313、XP313I、XP314、XP314I、XP316、

XP316I、XP322、XP335、XP341、XP361、XP362、XP363、XP369、XP362（B）、XP363（B）、XP369（B）、XP422等。

2）数据转发卡

数据转发卡是控制站I/O单元（机笼）的核心，是主控制卡连接I/O卡件的中间环节。它一方面通过SBUS－S2总线和主控制卡通信，另一方面通过SBUS－S1总线管理本机笼的I/O卡件。数据转发卡可以冗余配置，在冗余配置状态下，任意时刻只有工作卡进行实时数据通信，备用卡通过监听保证实时数据的同步。通过数据转发卡，一块主控制卡可扩展1到8个卡件机笼，即可以扩展16到128块不同功能的I/O卡件。

JX－300XP提供型号为XP233的数据转发卡。

XP233具有如下技术特性：

（1）具有WDT看门狗复位功能，在卡件受到干扰而造成软件混乱时能自动复位CPU，使系统恢复正常运行；

（2）支持冗余结构。每个机笼可配置两块XP233卡，互为冗余。在运行过程中，如果工作卡出现故障可自动无扰动切换到备用卡，并可实现硬件故障情况下软件切换和软件死机情况下的硬件切换，确保系统安全可靠地运行；

（3）可方便地扩展卡件机笼。XP233卡具有地址跳线，可设置本卡件在SBUS总线中的地址和工作模式（是否需要冗余配置）。在系统规模容许的条件下，只需增加XP233卡，就可扩展卡件机笼，但新增加的XP233卡地址与已有的XP233卡地址不可重复；

（4）可采集冷端温度，作为本机笼温度信号的参考补偿信号；

（5）可通过中继器实现总线节点的远程连接；

（6）通信方式：冗余高速SBUS总线通信规约；

（7）卡件供电：5VDC，120 mA；

（8）冗余方式：1：1热备用；

（9）扩展方式：BCD码地址设置，0～15可选；

（10）冷端温度测量范围：（－50～50）℃；

（11）冷端温度测量精度：小于±1℃。

3）通信接口部件

通信接口卡是DCS系统与其他智能设备（如PLC、变频器、称重仪表等）互连的网间连接设备，是SCnetⅡ网络节点之一，在SCnetⅡ中处于与主控制卡同等的地位。其功能是将用户智能系统的数据通过通信的方式连入DCS系统中，通过SCnetⅡ网络实现数据在DCS系统中的共享。通信接口卡安装在卡件机笼的I/O卡插槽内，占用两个I/O槽位。

JX－300XP提供XP244、XP248、XP239－DP等型号的通信接口卡。下面简要介绍各类型通信接口卡。

（1）单串口通信接口卡XP244

① 提供RS－232、RS－485两种接口方式；

② 通信驱动程序可以通过SCX语言编写实现，从而实现与第三方设备间的通信；

③ 已实现通信的协议包括：Modbus－RTU，HostLink－ASCII，MitsubishiFX2系列，自定义协议（波特率≤19200bps）等；

④ 最大可支持与4台智能从站设备通信。

（2）多串口多协议通信接口卡 XP248

① 提供 RS－232 和 RS－485 两种接口方式。

② 通过图形化编程软件实现与第三方设备间的通信。

③ 支持 Modbus 协议，HostLink 协议以及自定义通信协议。支持 Modbus 协议的主机模式和从机模式。

④ 支持 4 路串口的并发工作，4 个串口可同时运行不同的协议。

⑤ 通信波特率（1 200～19 200）bit/s，数据位 5～8 位，停止位 1～2 位。

（3）PROFIBUS－DP 主站接口卡 XP239－DP

XP239－DP 是 JX－300XP 系统的 SCnet Ⅱ 网络节点之一（在 SCnet Ⅱ 中 XP239－DP 处于与主控制卡同等的地位），作为 JX－300XP 系统与 PROFIBUS－DP 的接口，在 PROFIBUS－DP 中以主站形式存在。它解决了系统与其他厂家测控系统和智能设备的互联问题，用于将标准 PROFIBUS－DP 从站设备连入 JX－300XP 系统，利用链接器和耦合器还可以接入 PROFIBUS－PA 设备。通过 SCnet Ⅱ 站间通信协议，其他厂家测控系统和智能设备的过程参数可成功地与系统内控制站、操作员站等进行信息双向通信，使异种设备成为 SUPCONDCS 的一部分（子系统）。

XP239－DP 配套端子板 TB239A－DP，TB239A－DP 与 XP239－DP 一起用外壳封装起来。

① PROFIBUS－DP 通信速率支持 9.6kbps～12Mbps 可选。

② 每块 XP239－DP 可以带最多 31 个 DP 从站。

③ 每块 XP239－DP 最大可以有 3.5kByte 的输入数据和 3.5kByte 的输出数据。

④ 每块 XP239－DP 参与控制的输入数据不大于 512Byte，参与控制的输出数据不大于 512Byte。

⑤ 与 PROFIBUS－DP 总线通信接口为标准的 DP 总线接口 RS－485，DB9。

4）I/O 卡件

JX－300XP 系统 I/O 卡件分为模拟量卡、开关量卡和特殊卡件。所有的 I/O 卡件均需安装在机笼的 I/O 插槽中。I/O 卡件构成如表 1－1－2 所示：

表 1－1－2　I/O 卡件一览表

型号	卡件名称	性能及输入/输出点数
XP313	电流信号输入卡	6 路输入，可配电，分两组隔离，可冗余
XP313I	电流信号输入卡	6 路输入，可配电，点点隔离，可冗余
XP314	电压信号输入卡	6 路输入，分两组隔离，可冗余
XP314I	电压信号输入卡	6 路输入，点点隔离，可冗余
XP316	热电阻信号输入卡	4 路输入，分两组隔离，可冗余
XP316I	热电阻信号输入卡	4 路输入，点点隔离，可冗余
XP335	脉冲量信号输入卡	4 路输入，分两组隔离，不可冗余，可对外配电
XP341	PAT 卡（位置调整卡）	2 路输出，统一隔离，不可冗余
XP322	模拟信号输出卡	4 路输出，点点隔离，可冗余
XP361	电平型开关量输入卡	8 路输入，统一隔离，不可冗余

续表

型号	卡件名称	性能及输入/输出点数
XP362	晶体管触点开关量输出卡	8路输出，统一隔离，不可冗余
XP363	触点型开关量输入卡	8路输入，统一隔离，不可冗余
XP369	SOE信号输入卡	8路输入，统一隔离
XP362（B）	晶体管触点开关量输出卡	8路输出，统一隔离，可替换XP362，可冗余
XP363（B）	触点型开关量输入卡	8路输入，统一隔离，可替换XP363，可冗余
XP369（B）	SOE信号输入卡	8路输入，统一隔离
XP422	SOE主卡	最多可带16个SOE从卡XP369（B）

5）接线端子板

信号配线采用端子板转接形式。系统的输入、输出信号经过端子板转接分别供系统卡件处理或用于驱动功率继电器、小功率现场设备、伺服放大器、可控硅等。

JX－300XP系统提供的端子板如表1－1－3所示。

表1－1－3　端子板一览表

型号	端子板名称	备注
XP520	I/O端子板（不冗余）	冗余端子板，提供16个接线点，供互为冗余的两块I/O卡件使用
XP520R	I/O端子板（冗余）	不冗余端子板，提供32个接线点，供相邻的两块I/O卡件使用
XP526	接线端子板	该端子板为XP248系列卡件专用端子板，具有四路串行通道接线端子
XP563－GPR	16路通用继电器隔离开关量输入端子板	配合XP363卡使用，每块端子板提供16路输入，通过XP521端子板转接模块与机笼中两块XP363相连
XP562－GPR	16路通用继电器输出端子板	配合XP362卡来控制现场的电动机、电动门、电磁阀等装置。一块端子板对应两块XP362卡件
XP563－220 V	16路220 V交流开关量输入端子板	可接收220 V AC（50 Hz/60 Hz）交流开关量信号输入或干触点信号输入，配合XP363卡使用
XP521	DI/DO端子板转接模块	XP521端子板转接模块是为了配合XP562、XP563两个系列的DI/DO端子板而设计的，主要作用是实现信号转接
XP527	DI/DO端子板转接模块	XP527端子板转接模块是为了配合XP562、XP563两个系列的DI/DO端子板而设计的，主要作用是实现信号转接
XP562－GPRU	8路通用继电器输出端子板	通过XP527转接模块与XP362（B）卡件配合使用，用来控制现场的电动机、电动门、电磁阀等装置
XP562－GPRPU	8路有源通用继电器输出端子板	通过XP527转接模块与XP362（B）卡件配合使用，用来控制现场的电动机、电动门、电磁阀等装置
XP563－220 V U	8路220 V AC开关量输入端子板	通过XP527转接模块与XP363（B）卡件配合使用，查询电压为220 V AC
XP563－GPRLU	8路24 V DC通用继电器隔离开关量输入端子板	通过XP527转接模块与XP363（B）卡件配合使用，用于采集现场的开关量信号
XP563－GPRHU	8路220 V AC通用继电器隔离开关量输入端子板	通过XP527转接模块与XP363（B）卡件配合使用，用于采集现场的开关量信号
TB561	故障隔离端子板	用于保护卡件，使其不会因为强电信号的干扰而损坏

6）机械部件及电源

控制站机械部件号和电源部件号对应的名称如表 1-1-4 所示。

表 1-1-4　控制站机械部件号和电源部件号

型号	部件名称	备注
XP202	机柜（高×宽×深：2100 mm×800 mm×600 mm）	标准立柱，安装有 XP256 型 AC 配电箱，最多可安装 1 个 XP251 电源箱机笼，4 个 XP211 机笼
XP209	机柜（高×宽×深：1200 mm×600 mm×650 mm）	最多可安装 1 个 XP251 电源箱机笼，2 个 XP211 机笼
XP204	辅助机柜（高×宽×深：2100 mm×800 mm×600 mm）	仪表柜（由工程外配部采购）
XP211	一体化机笼	
XP251	电源箱机笼	
XP251-1	电源（5V，24V）单体，150W	每个 XP251 电源箱机笼可安放 4 个 XP251-1 电源单体
XP256	AC 配电箱	AC 电源分线、过流保护、电源状态、空开、滤波器
XP221	电源指示卡	

6. 控制站机械结构

1）机柜和卡件的结构（如图 1-1-3、图 1-1-4 和图 1-1-5 所示）

控制站所有卡件采用标准的 VME 半高尺寸和简易可靠的安装方法，都以导轨方式的插卡安装（固定）在控制站机笼（一个机笼构成一个 I/O 单元）内，并通过机笼内欧式接插件和母板（印刷电路板）上的电气连接，实现对卡件的供电和卡件之间的总线通信。

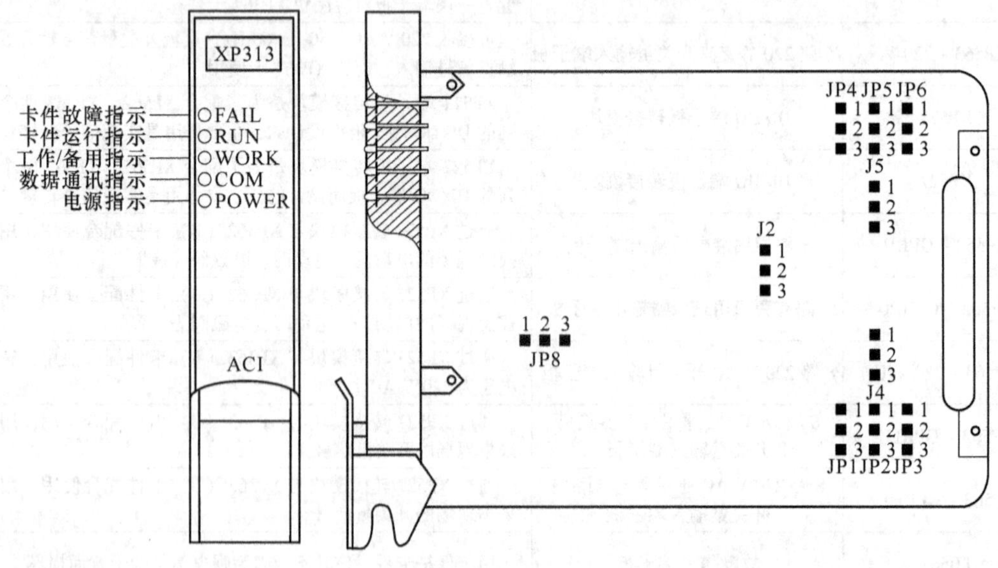

图 1-1-3　卡件图

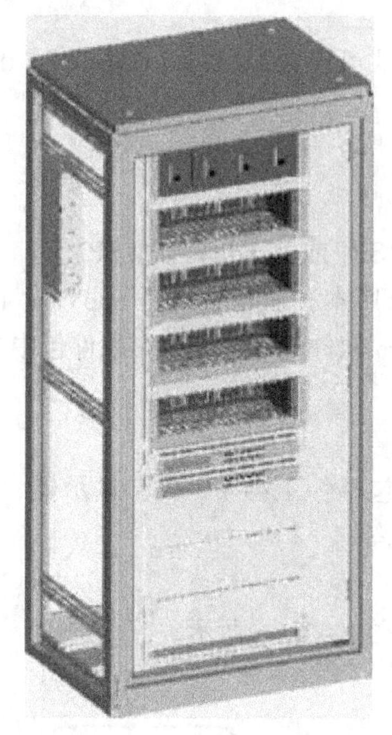
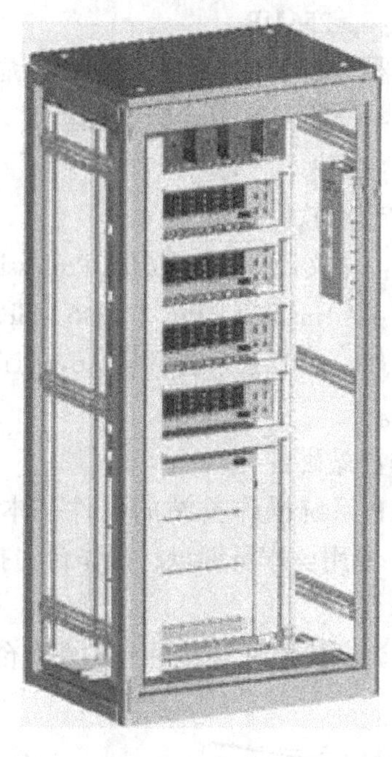

图1－1－4　机柜正反面图

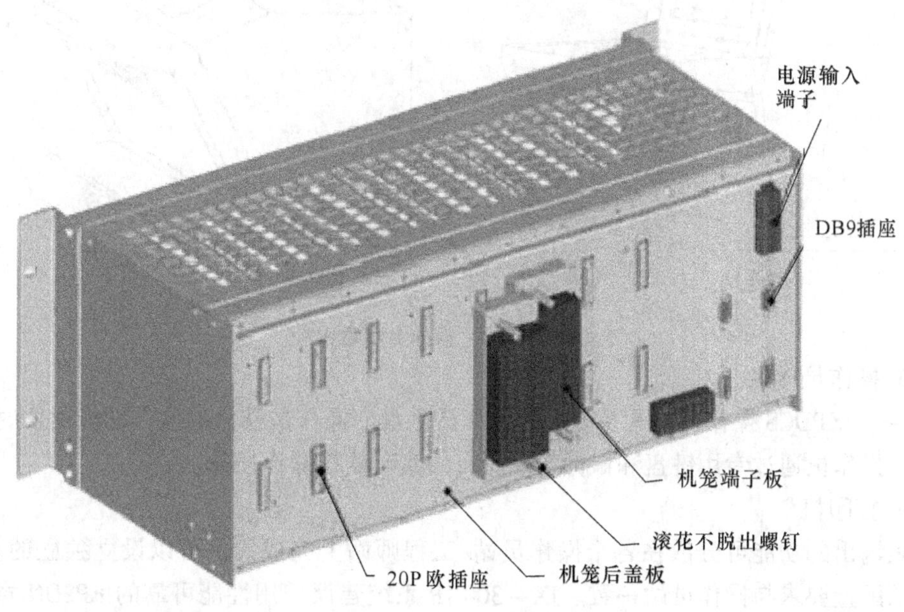

图1－1－5　机笼背面图

2）操作节点

操作节点是控制系统的人机接口站，是工程师站、操作员站、数据管理站和服务器站等站点的总称。可在软件安装时选择安装为何种站点，通过在运行状态对网络策略的选择决定该操作节点的工作性质和运行方式。

（1）操作节点硬件环境

主机型号：奔腾Ⅳ（1.8G）以上的工控PC机。

主机内存：≥256MB。

显示适配器（显卡）：显存≥16MB，显示模式可设为 1 280 × 1 024（或 1 024 × 768）。

主机硬盘：推荐配置 80G 以上硬盘。

以太网卡：3 块

（2）操作节点软件环境

操作系统：中文版 Windows2000Professional + SP4 或 WindowsXP + SP2。

应用软件：AdvanTrol - Pro（V2.5 + SP5 以上版本）软件包或是 SupView（V3.0 以上版本）软件包。JX - 300XP 系统可从 AdvanTrol - Pro 软件包和 SupView 软件包中选择其一作为系统配置软件。

（3）操作员站硬件

JX - 300XP 系统操作员站的硬件基本组成包括：工控 PC 机、显示器、鼠标、键盘、SCnetⅡ网卡、专用操作员键盘、操作台、打印机等。

（4）操作台

操作台分为立式操作台和平台式操作台，如图 1 - 1 - 6 所示。

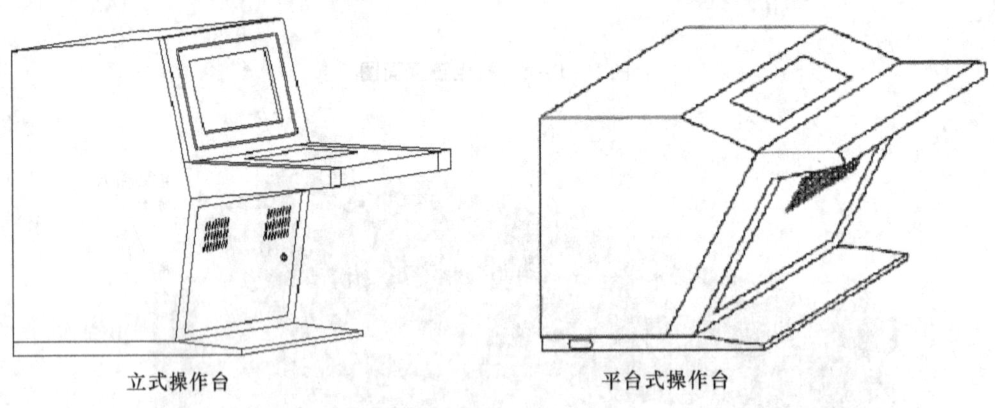

图 1 - 1 - 6　操作台示意图

（5）操作员键盘

JX - 300XPDCS 操作员站配备专用的操作员键盘。操作员键盘的操作功能由实时监控软件支持，操作员通过专用键盘和鼠标实现所有的实时监控操作任务。

（6）打印机

报表输出的功能可分散在各个操作员站/工程师站上完成，也可以设立独立的打印站，打印站的配置要求与操作员站一致。JX - 300XP 系统建议采用性能可靠的 EPSON 宽行针式打印机或 HP 宽行激光/喷墨打印机。

1.1.4　任务实施：加热炉控制系统硬件选型

根据前面所做的任务分析，进行硬件选型。

（1）测点中热电偶 AI 点共七点，其中 K 型热电偶五点，E 型热电偶两点，均不参与控制。热电偶信号由 XP314I 卡件来采集，XP314I 卡件为六通道卡，一块卡件采集六路信号。

对于不同类型的热电偶信号，一般建议在有条件的情况下采用不同的卡件进行采集。对于K型热电偶AI点，需要一块XP314I卡件，富余一个通道。对于E型热电偶AI点，需要一块XP314I卡件，余下四个通道。所以总计需要两块XP314I卡件。

（2）测点中热电阻AI点共一点，参与控制。热电阻信号由XP316I卡件来采集，XP316I卡件为四通道卡，一块卡件采集四路信号，所以至少需要一块XP316I卡件，余下三个通道。考虑到参与控制的信号的安全性，建议采用冗余配置，所以需要两块相同的XP316I卡件。

（3）测点中标准电流AI点（配电）两点，参与控制。标准电流AI点（不配电）两点，参与控制。标准电流信号由XP313I卡件来采集，考虑到信号的质量，建议配电和不配电的信号分别采用不同的卡件采集，尽量不要集中在一块卡件上。XP313I卡件为六通道卡，一块卡件采集六路信号，所以至少需要两块XP313I卡件，每块卡件各余下四个通道。考虑到参与控制的信号的安全性，建议采用冗余配置，所以需要四块相同的XP313I卡件。

（4）测点中AO点共四点，参与控制。AO信号由XP322卡件来处理，XP322卡件为四通道卡，一块卡件处理四路信号，所以至少需要一块XP322卡件。考虑到参与控制的信号的安全性，建议采用冗余配置，所以需要两块相同的XP322卡件。

（5）测点中DI点共一点，为干触点信号。该DI信号可由XP363卡件来处理，XP363卡件为8通道卡，一块卡件处理八路信号，所以至少需要一块XP363卡件。

（6）测点中干触点DO点共一点。该DO信号可由XP362卡件来处理，XP362卡件为8通道卡，一块卡件处理八路信号，所以至少需要一块XP362卡件。

通过上面的分析，实现测点清单上的所有信号的采集和控制需要的I/O卡件为：XP313I卡件4块、XP314I卡件2块、XP316I卡件2块、XP322卡件2块、XP362卡件1块、XP363卡件1块，共计12块I/O卡。以上统计数据中，如果考虑到将来的系统扩展及备品备件要求，各种卡件还需要相应增加。

由此分析得知，系统控制站规模不大，一个控制站（需一对冗余配置的主控制卡）、一个I/O机笼（需一对冗余配置的数据转发卡）即可。一个I/O机笼中可以插放16块I/O卡件，本项目中只需要12块卡件，剩余的4个空槽位需要配上空卡XP000。相应的，硬件配置上需要配一个机柜、一个电源箱机笼、两只互为冗余的电源模块。

根据实际要求，系统至少需配置一台操作站（兼工程师站）。系统硬件的配置基本上就完成了，具体配置表如表1－1－5所示。

表1－1－5 控制站系统硬件选型

序号	名称	型号	单位	数量
1	一体化I/O机笼	XP211	个	1
2	主控制卡	XP243X	块	2
3	数据转发卡	XP233	块	2
4	电源箱机笼	XP251	个	1
5	电源	XP251－1	个	2
6	电流信号输入卡	XP313I	块	4
7	电压信号输入卡	XP314I	块	2
8	热电阻信号输入卡	XP316I	块	2

续表

序号	名称	型号	单位	数量
9	模拟信号输出卡	XP322	块	2
10	触点型开关量输入卡	XP363	块	1
11	晶体管触点型开关量输出卡	XP362	块	1
12	空卡	XP000	块	4
13	机柜	XP209	个	1
14	AC 配电箱	XP256	个	1

1.1.5 知识进阶：控制站卡件知识

在进行了控制站的硬件选型工作之后，我们来进一步学习控制站卡件的知识。

1. 主控制卡 XP243X

1）主控制卡介绍

主控制卡 XP243X 是 JX－300XP 系统的核心单元，在系统中完成数据采集、信息处理、控制输出等功能。

主控制卡通过数据转发卡实现与 I/O 卡件的信息交换。利用信号输入卡周期性地采集现场实时过程信息，在主控制卡内执行综合运算处理后，通过信号输出卡输出控制信号，实现对现场控制对象的实时控制。

主控制卡周期性地向过程控制网发送实时过程信息，使得该网络上的所有操作节点均可实时监控控制站的各种状态。同时，过程控制网上的操作节点也可以主动查询主控制卡的各种信息。

主控制卡在整个网络架构中的位置如图 1－1－7 所示。

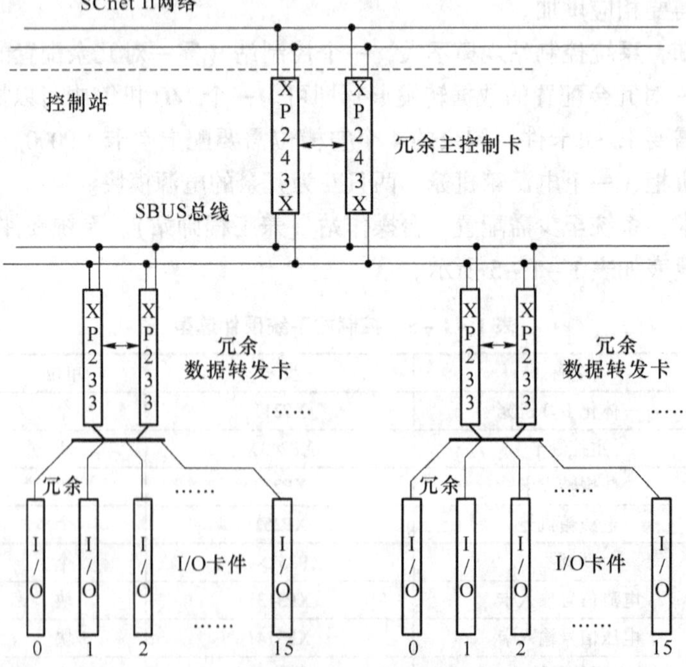

图 1－1－7　XP243X 在网络架构中的位置

XP243X 主控制卡由底板和背板组成。底板上装有主处理器和 SBUS 通信处理器，面板结构如图 1－1－8 所示（尺寸：187 mm×145 mm）。在面板上设置有 LED 指示灯、掉电保护跳线等。

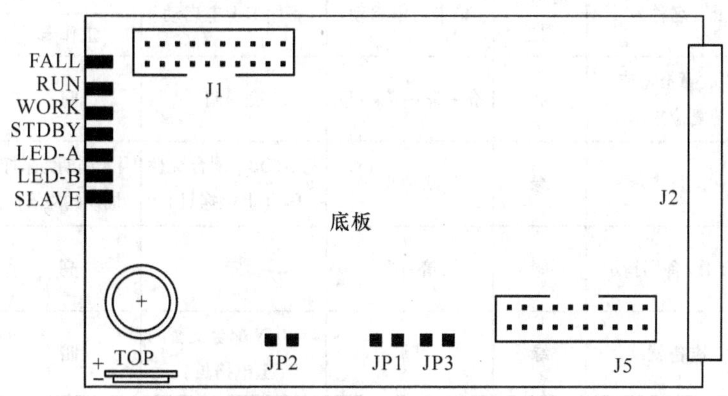

图 1－1－8　XP243X 主控制卡底板结构

- J1：主处理器调试接口。禁止用户使用；
- J2：欧式插头，与机笼母板连接；
- J5：SBUS 处理器调试接口。禁止用户使用；
- JP1：外部看门狗跳线。缺省为短路块插上，禁止用户更改；
- JP2：掉电保护跳线。缺省为短路块插上；
- JP3：SBUS 复位跳线。缺省为短路块插上，禁止用户更改。

XP243X 背板上装有 SCnet 通信处理器。其结构如图 1－1－9 所示。在面板上设置有地址拨码开关、RJ45 网络连接端口等。

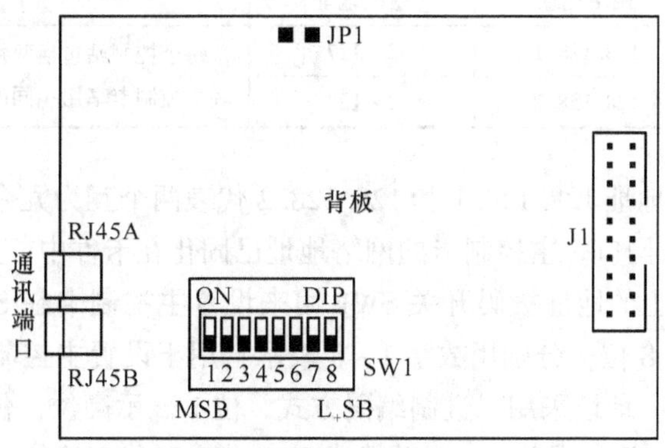

图 1－1－9　XP243X 背板结构示意图

- J1：SCnet 调试接口。禁止用户使用；
- JP1：SCnet 复位跳线。缺省为短路块插上，禁止用户使用；
- SW1：地址拨码开关，用于设置主控制卡在 SCnet 网中的主机地址。

在主控制卡的前面板上有两个互为冗余的 SCnet Ⅱ 网络端口，分别标志为 A 和 B：

A：SCnet Ⅱ 通信端口 A，与冗余网络 SCnet Ⅱ 的 A 网络相连；

B：SCnet Ⅱ 通信端口 B，与冗余网络 SCnet Ⅱ 的 B 网络相连。

指示灯状态说明如表 1－1－6 所示：

表 1－1－6　XP243X 面板指示灯说明

指示灯		名称	指示灯颜色	单卡上电启动	备用卡上电启动	正常运行	
						工作卡	备用卡
FAIL		故障报警或复位指示	红	亮→暗→闪→暗	亮→暗	暗	暗
RUN		运行指示	绿	暗→亮	与 STDBY 配合交替闪（上电拷贝）	闪（周期为采样周期的两倍）	暗
WORK		工作/备用指示	绿	暗→亮	暗	亮	暗
STDBY		准备就绪	绿	暗	与 RUN 配合交替闪（上电拷贝）	暗	闪（周期为采样周期的两倍）
通信	LED－A	A 网络通信指示	绿	暗	暗	闪	闪
	LED－B	B 网络通信指示	绿	暗	暗	闪	闪
SLAVE		SCnet 通信处理器运行状态	绿	暗	暗	闪	闪

2）主控制卡 IP 地址设置

主控制卡在过程控制网中的 TCP/IP 协议地址采用如表 1－1－7 所示的系统约定：

表 1－1－7　TCP/IP 协议地址的系统约定

类别	地址范围		备　注
	网络地址	主机地址	
主控制卡地址	128.128.1	2～127	每个控制站包括两块互为冗余主控制卡。同一块主控制卡享用相同的主机地址，两个网络码
	128.128.2	2～127	

表 1－1－7 中网络地址 128.128.1 和 128.128.2 代表两个互为冗余的网络，在主控制卡上分别对应 A 网口和 B 网口。主控制卡的网络地址已固化在卡件中，无需手工设置。

主控制卡 XP243X 上的地址拨码开关 SW1 用来设置主控制卡在 SCnet 网络中的主机地址。SW1 拨码开关共有 8 位，分别用数字 1～8 表示，用于设置主控制卡的主机地址。可设置地址范围为：2～127。地址采用二进制编码方式，位 1 表示高位，位 8 表示低位，开关拨成 ON 状态时代表该位二进制码为 1，开关拨成 OFF 状态时代表该位二进制码为 0。XP243X 主机地址设置见表 1－1－8。SW1 拨码开关的 1 位必须设置成 OFF 状态。

如果主控制卡按非冗余方式配置，即单主控制卡工作，卡件的网络地址（标记为 ADD）必须遵循以下格式：ADD 必须为偶数，且满足 $2 \leqslant ADD < 127$，ADD＋1 地址保留，不可作其他节点地址使用；如果主控制卡按冗余方式配置，互为冗余的两块主控制卡网络地址必须设置为以下格式：若起始地址为 ADD，则另一地址为 ADD＋1，且 ADD 为偶数，满足 $2 \leqslant ADD < 127$。

缺省设置：位 7 拨为 ON 状态，其他各开关拨为 OFF 状态（即缺省地址为 02）。

表1－1－8 XP243X主机地址设置

地址选择SW1							
2	3	4	5	6	7	8	地址
–							
–							
OFF	OFF	OFF	OFF	OFF	ON	OFF	02
OFF	OFF	OFF	OFF	OFF	ON	ON	03
OFF	OFF	OFF	OFF	ON	OFF	OFF	04
OFF	OFF	OFF	OFF	ON	OFF	ON	05
OFF	OFF	OFF	OFF	ON	ON	OFF	06
……							
ON	ON	ON	ON	OFF	ON	ON	123
ON	ON	ON	ON	ON	OFF	OFF	124
ON	ON	ON	ON	ON	OFF	ON	125
ON	ON	ON	ON	ON	ON	OFF	126
ON	ON	ON	ON	ON	ON	ON	127

2. 数据转发卡XP233

XP233是JX－300XP系统卡件机笼的核心单元，是主控制卡连接I/O卡件的中间环节，它一方面驱动SBUS总线，另一方面管理本机笼的I/O卡件。通过XP233，一块主控制卡（XP243/XP243X）可扩展1到8个卡件机笼，即可以扩展1到128块不同功能的I/O卡件。

XP233结构如图1－1－10所示。

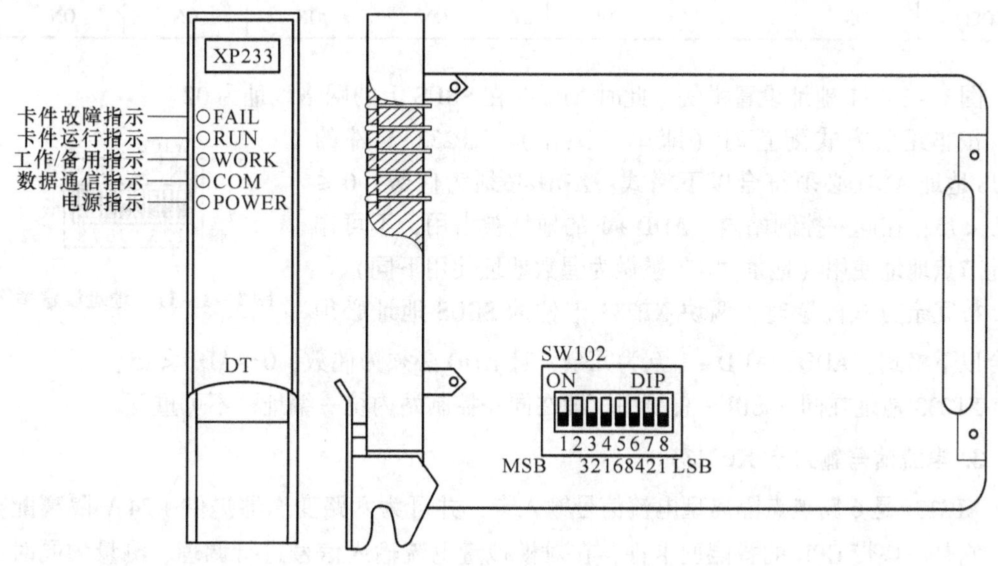

图1－1－10 XP233结构简图

表 1－1－9 卡件面板指示灯说明

	FAIL（红）	RUN（绿）	WORK（绿）	COM（绿）	POWER（绿）
意义	故障指示	运行指示	工作/备用指示	数据通信指示	电源指示
正常	暗	慢闪	亮（工作） 暗（备用）	快闪（工作） 慢闪（备用）	亮
故障	亮	快闪	—	暗	暗

XP233 卡件上有一组地址拨码开关 SW102，如图 1－1－10 所示，用于设置 XP233 在 SBUS 总线中的网络地址。其中 SW102－5～SW102－8 为地址设置拨码，SW102－8 为低位（LSB），SW102－5 为高位（MSB）。SW102－1～SW102－4 为系统资源预留，必须设置为 OFF 状态。地址设置采用 BCD 码编码方式，范围 0～15。具体设置方式如表 1－1－10 和图 1－1－11 所示。

表 1－1－10 卡件节点地址设置

地址拨码选择				地址	地址拨码选择				地址
SW102－5	SW102－6	SW102－7	SW102－8		SW102－5	SW102－6	SW102－7	SW102－8	
OFF	OFF	OFF	OFF	00	ON	OFF	OFF	OFF	08
OFF	OFF	OFF	ON	01	ON	OFF	OFF	ON	09
OFF	OFF	ON	OFF	02	ON	OFF	ON	OFF	10
OFF	OFF	ON	ON	03	ON	OFF	ON	ON	11
OFF	ON	OFF	OFF	04	ON	ON	OFF	OFF	12
OFF	ON	OFF	ON	05	ON	ON	OFF	ON	13
OFF	ON	ON	OFF	06	ON	ON	ON	OFF	14
OFF	ON	ON	ON	07	ON	ON	ON	ON	15

图 1－1－11 地址设置举例：此时 XP233 在 SBUS 上的网络地址为 02。

按非冗余方式配置时（即单卡工作），XP233 卡件的 SBUS 地址 ADD 必须符合以下格式：ADD 必须为偶数；0≤ADD＜15；在同一控制站内，ADD＋1 的地址被占用，不可作其他节点地址使用（地址“0”被做为偶数地址使用下同）。

图 1－1－11 地址设置举例

按冗余方式配置时，两块 XP233 卡件的 SBUS 地址必须符合以下格式：ADD、ADD＋1 互为冗余，且 ADD 必须为偶数；0≤ADD＜15。

XP233 地址在同一 SBUS 总线中，即在同一控制站内统一编址，不可重复。

3. 电流信号输入卡 XP313I

XP313I 是 6 路点点隔离型电流信号输入卡，并可为六路变送器提供＋24 V 隔离配电电源。它是一块带 CPU 的智能型卡件，在对模拟量电流输入信号进行调理、测量的同时，还具备卡件自检及与主控制卡通信的功能。

XP313I 卡的六通道信号实现通道间隔离，分别用 6 个 DC/DC 实现隔离电源供电，并且它们都与控制站的电源隔离。

当卡件被拔出时，卡件与主控制卡通信中断，系统监控软件显示此卡件通信故障。XP313I卡的每一通道可分别接收Ⅱ型或Ⅲ型标准电流信号。当XP313I卡向变送器提供配电时，通过DC/DC对外提供六路＋24 V的隔离电源，每一路都可以通过跳线选择是否需要配电功能。卡件具有自诊断功能，可在采样、信号处理的同时进行自检。如果卡件为冗余状态，一旦自检到故障，工作卡会主动进行切换，将工作权交给备用卡，以保证信号的正确采样，同时故障卡件的FAIL灯常亮。如果卡件为单卡工作，一旦自检到故障，卡件的FAIL灯也会亮起。XP313I卡件状态指示灯的含义如表1－1－11所示

用户可通过组态选择XP313I的信号类型（Ⅱ型或Ⅲ型标准电流信号）、卡件地址、滤波等参数。XP313I卡件的外观如图1－1－12所示（尺寸：187 mm×145 mm）。

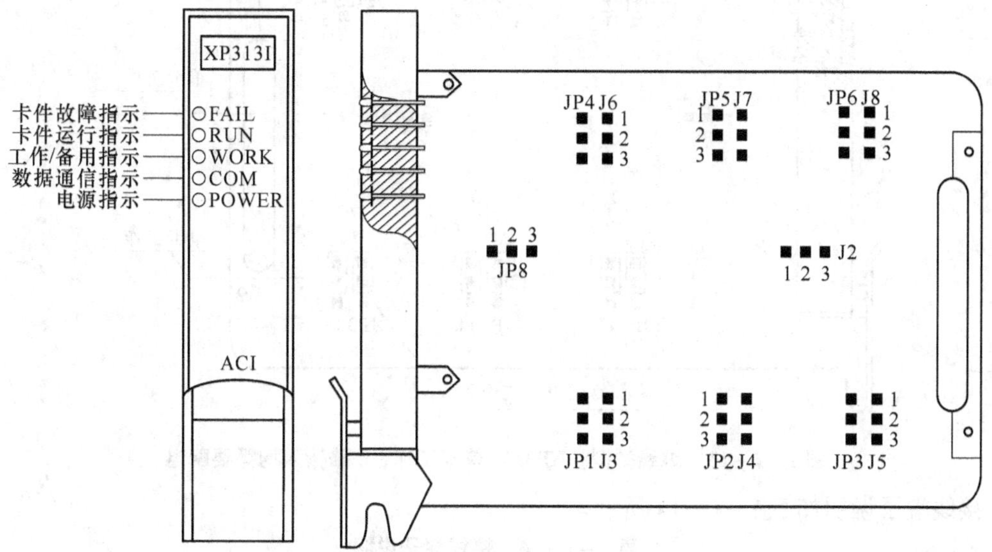

图1－1－12　XP313I结构简图

表1－1－11　XP313I卡件状态指示灯

LED指示灯	FAIL（红）	RUN（绿）	WORK（绿）	COM（绿）	POWER（绿）
意义 / 状态	故障指示	运行指示	工作/备用	通信指示	5 V电源指示
常灭	正常	不运行	备用	无通信	故障
常亮	自检故障	—	工作	组态错误	正常
闪	CPU复位	正常	切换中	正常	—

冗余设置跳线（J2～J8），如表1－1－12所示。

表1－1－12　冗余跳线

	J2	J3	J4	J5	J6	J7	J8
卡件单卡工作	1－2	1－2	1－2	1－2	1－2	1－2	1－2
卡件冗余配置	2－3	2－3	2－3	2－3	2－3	2－3	2－3

配电设置跳线（JP1～JP6），如表1－1－13所示。

表 1－1－13　配电跳线

	第一路	第二路	第三路	第四路	第五路	第六路
需要配电	JP1　1－2	JP2　1－2	JP3　1－2	JP4　1－2	JP5　1－2	JP6　1－2
不需配电	JP1　2－3	JP2　2－3	JP3　2－3	JP4　2－3	JP5　2－3	JP6　2－3

写保护跳线：JP8（禁止用户使用），如图 1－1－13 所示。

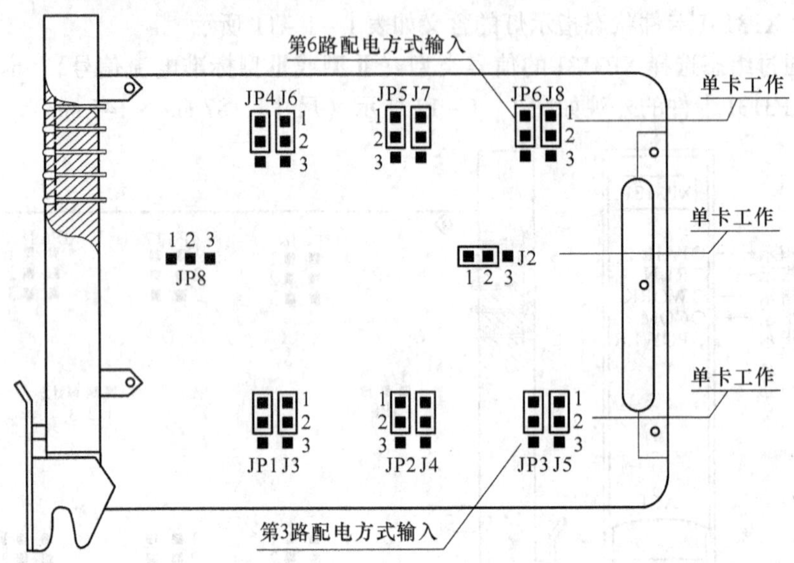

图 1－1－13　跳线举例：XP313I 单卡工作，6 路输入均需要配电

接线端子说明如表 1－1－14 所示。

表 1－1－14　接线端子说明

端子图（配电）	端子图（不配电）	端子号	端子定义（配电）	端子定义（不配电）	备注
		1	+	－	第一通道（CH1）
		2	－	+	
		3	+	－	第二通道（CH2）
		4	－	+	
		5	+	－	第三通道（CH3）
		6	－	+	
		7	不接线	不接线	
		8	不接线	不接线	
		9	+	－	第四通道（CH4）
		10	－	+	
		11	+	－	第五通道（CH5）
		12	－	+	
		13	+	－	第六通道（CH6）
		14	－	+	
		15	不接线	不接线	
		16	不接线	不接线	

4. 电压信号输入卡 XP314I 概述

XP314I 是 6 路点点隔离型电压信号输入卡，每一路可单独组态并接收各种型号的热电偶以及电压信号，将其调理后再转换成数字信号并通过数据转发卡送给主控制卡。

XP314I 卡实现了点点隔离，并且都与控制站的电源隔离。卡件可单独工作，也可冗余配置。各种信号都能以并联方式接入互为冗余的两块 XP314I 卡中，此时工作卡和备用卡可对同一点信号同时进行采样和处理，真正做到了从信号调理这一级开始的冗余。同时，卡件具有自诊断和与主控制卡通信的功能，可在采样、处理信号的同时进行自检。如果卡件为冗余状态，一旦工作卡自检到故障，立即将工作权让给备用卡，并且点亮故障灯报警，等待处理。如果卡件为单卡工作，一旦自检到故障，会点亮故障灯报警。

XP314I 在采集热电偶信号时具有冷端温度采集功能，可对一热敏电阻信号进行采集，采集范围为（－50～＋50）℃之间的室温，冷端温度误差≤1℃。冷端温度的测量也可以由数据转发卡 XP233 完成。当组态中主控制卡对冷端设置为“就地”时，主控制卡使用 I/O 卡（XP314I）采集的冷端温度进行信号处理，即各个热电偶信号采集卡件都各自采样冷端温度，冷端温度测量元件安装在 I/O 单元接线端子的底部（不可延伸），此时补偿导线必须一直从现场延伸到 I/O 单元的接线端子处；当组态中主控制卡对冷端设置为“远程”时，由数据转发卡 XP233 采集冷端温度，主控制卡使用 XP233 卡采集的冷端温度进行信号处理，如表 1－1－15 所示。

表 1－1－15　信号测量范围及精度

输入信号类型	测量范围	精度
B 型热电偶	(0～1 800)℃	±0.2%FS
E 型热电偶	(－200～900)℃	±0.2%FS
J 型热电偶	(－40～750)℃	±0.2%FS
K 型热电偶	(－200～1 300)℃	±0.2%FS
S 型热电偶	(200～1 600)℃	±0.2%FS
T 型热电偶	(－100～400)℃	±0.2%FS
毫伏	(0～100) mV	±0.2%FS
毫伏	(0～20) mV	±0.2%FS
标准电压	(0～5) V	±0.2%FS
标准电压	(1～5) V	±0.2%FS

XP314I 卡件的外观如图 1－1－14 所示（尺寸：187 mm×145 mm）。

卡件状态指示灯、跳线说明及接线端子说明分别如表 1－1－16、表 1－1－17、表 1－1－18 所示。跳线举例如图 1－1－15 所示。

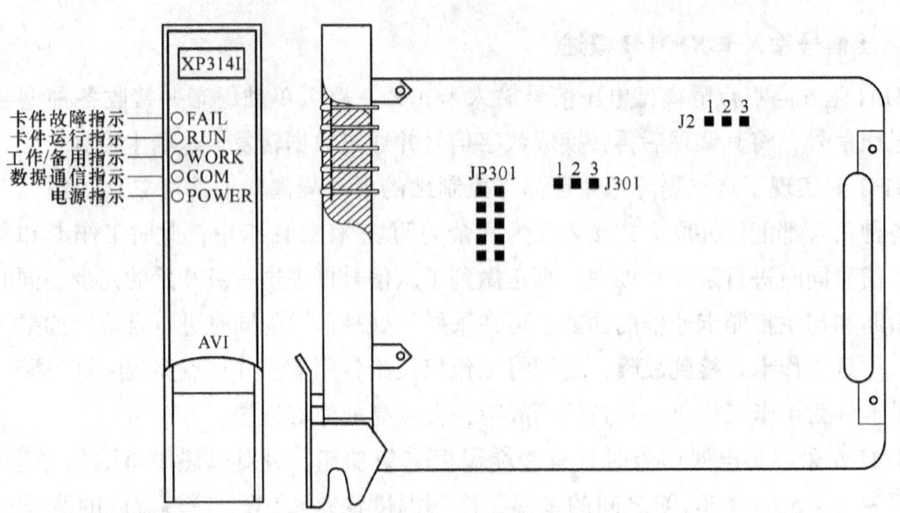

图 1-1-14 卡件结构简图

表 1-1-16 卡件状态指示灯

LED 指示灯 / 意义 / 状态	FAIL（红）	RUN（绿）	WORK（绿）	COM（绿）	POWER（绿）
	故障指示	运行指示	工作/备用	通信指示	5 V 电源指示
常灭	正常	不运行	备用	无通信	故障
常亮	自检故障	—	工作	组态错误	正常
闪	CPU 复位	正常	切换中	正常	—

表 1-1-17 跳线说明

J2	1-2	单卡配置
	2-3	冗余配置
J301	写保护跳线	禁止用户使用
JP301	程序下载接口	禁止用户使用

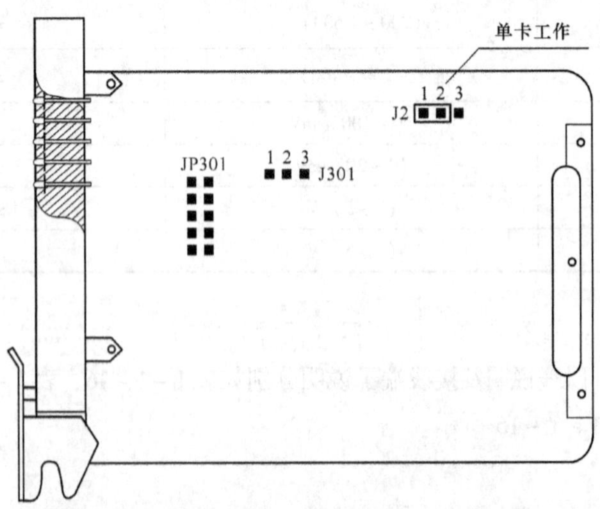

图 1-1-15 跳线举例：XP314I 单卡工作状态

表 1－1－18　接线端子说明

端子图	端子号	端子定义	备注
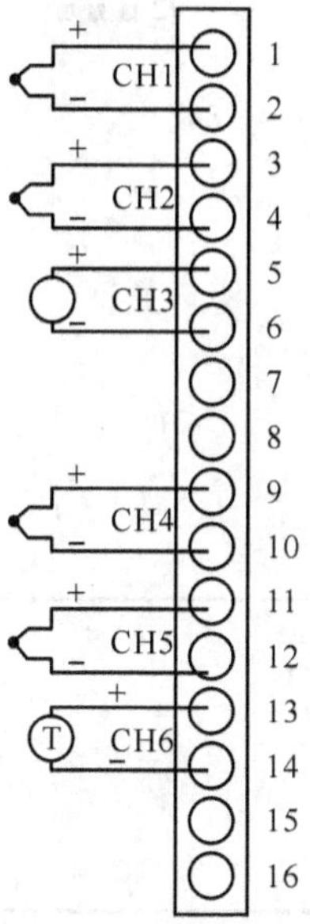	1	+	第一通道（CH1）
	2	－	
	3	+	第二通道（CH2）
	4	－	
	5	+	第三通道（CH3）
	6	－	
	7	不接线	
	8	不接线	
	9	+	第四通道（CH4）
	10	－	
	11	+	第五通道（CH5）
	12	－	
	13	+	第六通道（CH6）
	14	－	
	15	不接线	
	16	不接线	

5. 热电阻信号输入卡 XP316I

XP316I 是 4 路点点隔离型热电阻信号输入卡，每一路可单独组态并可以接收 Pt100、Cu50 两种热电阻信号。

XP316I 卡实现了点点隔离，并且与控制站的电源隔离。卡件可单独工作，也可冗余配置。各种信号都能以并联方式接入互为冗余的两块 XP316I 卡中，此时工作卡和备用卡可对同一点信号同时进行采样和处理，真正做到了从信号调理这一级开始的冗余，且工作卡和备用卡的切换无扰动。同时，卡件具有自诊断和与主控制卡通信的功能，可在采样、处理信号的同时进行自检。如果卡件为冗余状态，一旦工作卡自检到故障，立即将工作权让给备用卡，并且点亮故障灯报警，等待处理。如果卡件为单卡工作，一旦自检到故障，卡件将点亮故障灯报警。

XP316I 卡件的外观如图 1－1－16 所示（尺寸：187 mm×145 mm）。

卡件状态指示灯、跳线说明及接线端子说明分别如表 1－1－19、表 1－1－20、表 1－1－21 所示。跳线举例如图 1－1－17 所示。

表 1－1－19　卡件状态指示灯

LED 指示灯	FAIL（红）	RUN（绿）	WORK（绿）	COM（绿）	POWER（绿）
意义 / 状态	故障指示	运行指示	工作/备用	通信指示	5 V 电源指示
常灭	正常	不运行	备用	无通信	故障
常亮	自检故障	—	工作	组态错误	正常
闪	CPU 复位	正常	切换中	正常	—

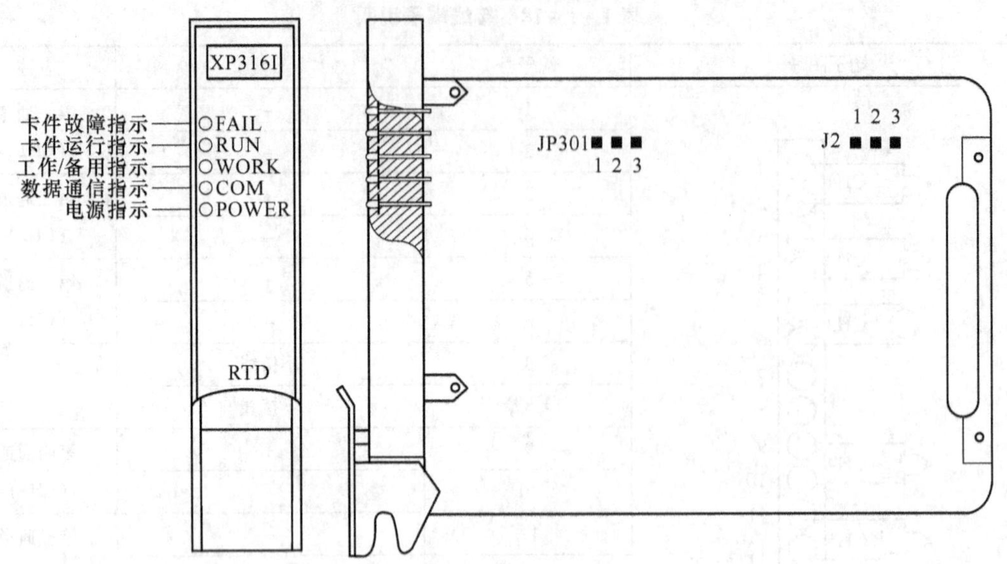

图 1－1－16　卡件结构简图

表 1－1－20　跳线说明

J2	1－2	单卡配置
	2－3	冗余配置
J301	写保护跳线	禁止用户使用

表 1－1－21　接线端子说明

端子图	端子号	定义	备注
	1	A	第一通道（CH1）
	2	B	
	3	C	
	4	不接线	
	5	A	第二通道（CH2）
	6	B	
	7	C	
	8	不接线	
	9	A	第三通道（CH3）
	10	B	
	11	C	
	12	不接线	
	13	A	第四通道（CH4）
	14	B	
	15	C	
	16	不接线	

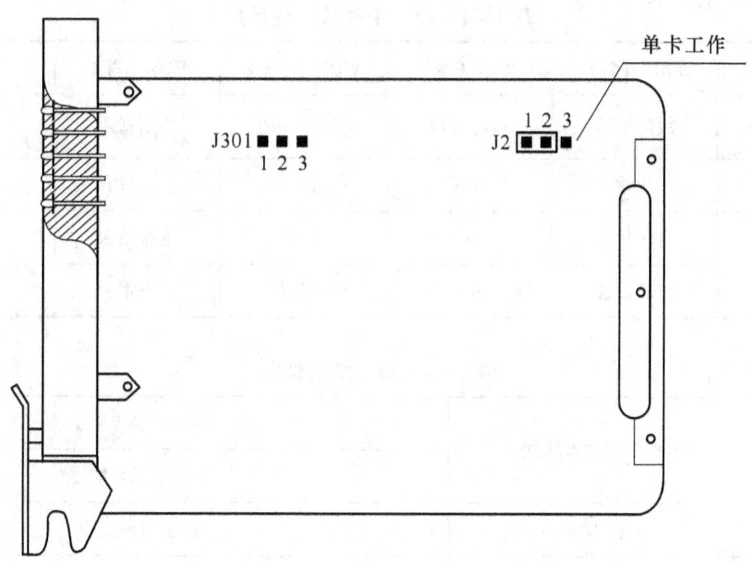

图1－1－17　跳线举例：XP316I单卡工作状态

6. 模拟信号输出卡XP322

XP322卡为4路点点隔离型电流（Ⅱ型或Ⅲ型）信号输出卡。通过跳线设置，可改变卡件的负载驱动能力。作为带CPU的高精度智能型卡件，XP322具有实时检测输出信号的功能，允许主控制卡监控输出电流。XP322可单卡工作，也可冗余配置。

XP322卡件的外观如图1－1－18所示（尺寸：187 mm×145 mm）。

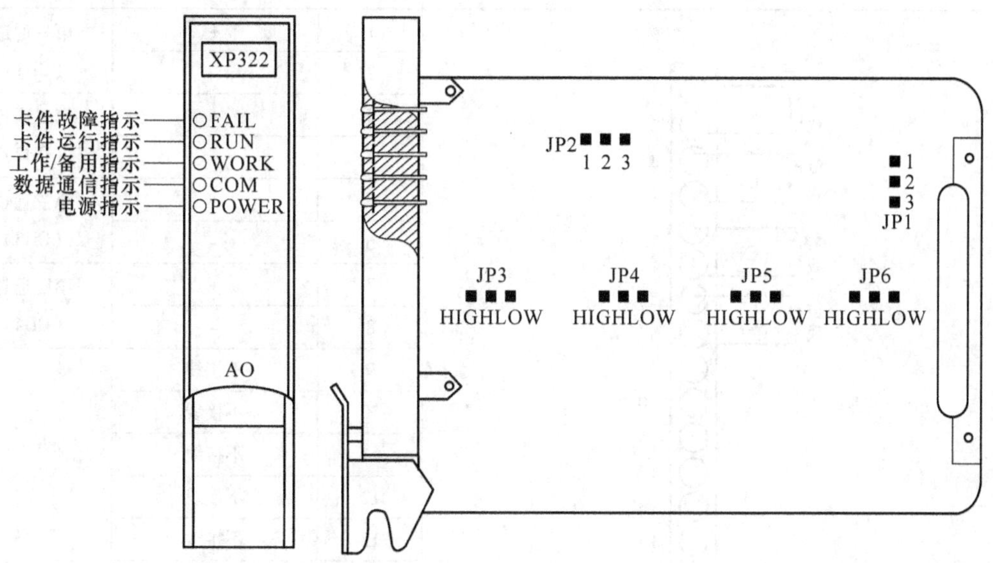

图1－1－18　卡件结构简图

卡件状态指示灯、跳线说明及接线端子说明分别如表1－1－22、表1－1－23、表1－1－24所示。跳线举例如图1－1－19所示。

表 1－1－22　卡件状态指示灯

LED 指示灯	FAIL（红）	RUN（绿）	WORK（绿）	COM（绿）	POWER（绿）
意义 状态	故障指示	运行指示	工作/备用	通信指示	5 V 电源指示
常灭	正常	不运行	备用	无通信	故障
常亮	自检故障	—	工作	组态错误	正常
闪	CPU 复位	正常	切换中	正常	—

表 1－1－23　跳线说明

JP1	卡件工作状态跳线	1－2：单卡配置
		2－3：冗余配置
JP2	写保护跳线	禁止用户使用
JP3	第 1 通道带负载能力选择	HIGH 挡：Ⅱ型 2 kΩ，Ⅲ型 1 kΩ LOW 挡：Ⅱ型 1.5 kΩ，Ⅲ型 750 Ω
JP4	第 2 通道带负载能力选择	
JP5	第 3 通道带负载能力选择	
JP6	第 4 通道带负载能力选择	

表 1－1－24　接线端子说明

端子图	端子号	定义	备注
负载 CH1 1 2 负载 CH2 3 4 负载 CH3 5 6 负载 CH4 7 8 9 10 11 12 13 14 15 16	1	+	第一通道（CH1）
	2	－	
	3	+	第二通道（CH2）
	4	－	
	5	+	第三通道（CH3）
	6	－	
	7	+	第四通道（CH4）
	8	－	
	9	不接线	
	10	不接线	
	11	不接线	
	12	不接线	
	13	不接线	
	14	不接线	
	15	不接线	
	16	不接线	

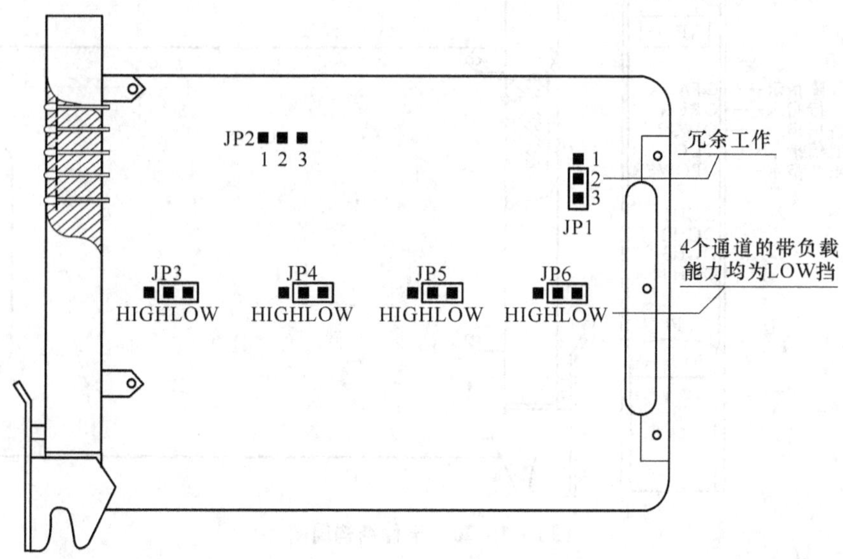

图1-1-19 跳线举例：XP322 冗余工作，4 个通道的带负载的能力全部设置为 LOW 挡

使用 XP322 卡时，对于有组态但没有使用的通道有如下要求：

（1）接上额定值以内的负载或者直接将正负端短接。

（2）组态为Ⅱ型信号时，设定其输出值为 0 mA；组态为Ⅲ型信号时，设定其输出值为 20 mA。在实际使用中视情况只需采用（1）、（2）其中一种即可。对于没有组态的通道则无需满足上述要求。

7. 脉冲量输入卡 XP335

XP335 卡件总结了以往脉冲量卡的使用经验，能满足绝大多数应用场合的贴片化脉冲量信号的测量需求。每块卡件能测量 4 路三线制或二线制 1 Hz 到 10 kHz 的脉冲信号。4 路通道分 2 组，1、2 通道为一组，3、4 通道为一组，组组隔离；（0~2）V 为低电平，（5~30）V 为高电平，无需跳线设置，且能做到计数时不丢失脉冲。XP335 卡件不可冗余。

卡件采用 CPLD 结合 CPU 结构。每块卡上有 1 个 CPU，1 个 CPLD。其中 CPLD 负责精确记录外部脉冲量，CPU 负责计算和与数据转发卡的通信。通过组态，可以使卡件对输入信号按照频率型或累积型信号进行转换。按频率型进行信号转换的方式适用于输入信号频率较高，对瞬时流量精度有较高要求的场合；按累积型进行信号转换的方式适用于输入信号频率较低，对总流量精度有较高要求的场合。

XP335 卡件的外观如图 1-1-20 所示（尺寸：187 mm×145 mm）。

卡件状态指示灯、通道指示灯及接线端子说明分别如表 1-1-25、表 1-1-26 和表 1-1-27所示。

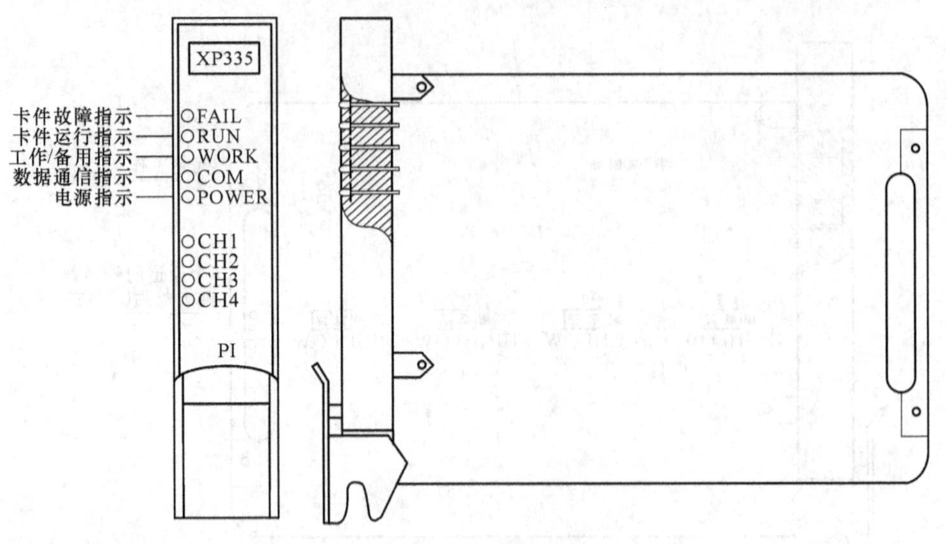

图 1-1-20 卡件结构简图

表 1-1-25 卡件状态指示灯

LED 指示灯	FAIL（红）	RUN（绿）	WORK（绿）	COM（绿）	POWER（绿）
意义 / 状态	故障指示	运行指示	工作/备用	通信指示	5 V 电源指示
常灭	正常	不运行	备用	无通信	故障
常亮	自检故障	—	工作	组态错误	正常
闪	CPU 复位	正常	切换中	正常	—

表 1-1-26 通道指示灯状态

LED 灯指示状态		通道状态指示
CH1	闪烁	有脉冲输入
	暗	无脉冲输入
CH2	闪烁	有脉冲输入
	暗	无脉冲输入
CH3	闪烁	有脉冲输入
	暗	无脉冲输入
CH4	闪烁	有脉冲输入
	暗	无脉冲输入

表1－1－27　接线端子说明

端子图	端子号	定义	备注
三线制 脉冲 公共端 电源 CH1 + − +；三线制 脉冲 公共端 电源 CH2 + − +；二线制 脉冲 公共端 CH3 + −；二线制 脉冲 公共端 CH4 + −；1 2 3 4 5 6 7 8 9 10 11 12 13 14 15 16	1	P1＋	第一通道（CH1）
	2	COM1	
	3	POW1	
	4	不接线	
	5	P2＋	第二通道（CH2）
	6	COM1	
	7	POW2	
	8	不接线	
	9	P3＋	第三通道（CH3）
	10	COM2	
	11	不接线	
	12	不接线	
	13	P4＋	第四通道（CH4）
	14	COM2	
	15	不接线	
	16	不接线	

8. 触点型开关量输入卡XP363

XP363是8路干触点开关量输入卡。采用光电隔离，提供隔离的24 V/48 V直流巡检电压，具有自检功能。

XP363卡件的外观如图1－1－21所示（尺寸：187 mm×145 mm）。

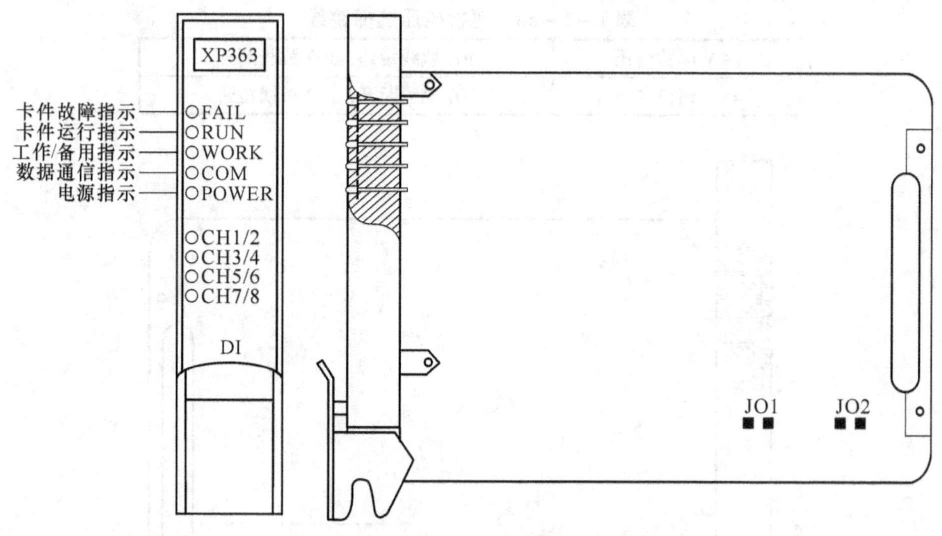

图1－1－21　卡件结构简图

卡件状态指示灯、通道状态指示灯、巡检电压跳线选择和接线端子说明分别如表1－1－28、表1－1－29、表1－1－30和表1－1－31所示。跳线举例如图1－1－22所示。

表 1-1-28　卡件运行状态指示灯

指示灯	FAIL（红）	RUN（绿）	WORK（绿）	COM（绿）	POWER（绿）
意义	故障	运行	工作	通信	5 V 电源
正常	暗	闪	亮（工作）	闪	亮
故障	亮或闪	暗	—	暗	暗

表 1-1-29　通道状态指示灯

LED 灯指示状态		通道状态指示
CH1/2	绿-红闪烁	通道 1：ON　通道 2：ON
	绿	通道 1：ON　通道 2：OFF
	红	通道 1：OFF　通道 2：ON
	暗	通道 1：OFF　通道 2：OFF
CH3/4	绿-红闪烁	通道 3：ON　通道 4：ON
	绿	通道 3：ON　通道 4：OFF
	红	通道 3：OFF　通道 4：ON
	暗	通道 3：OFF　通道 4：OFF
CH5/6	绿-红闪烁	通道 5：ON　通道 6：ON
	绿	通道 5：ON　通道 6：OFF
	红	通道 5：OFF　通道 6：ON
	暗	通道 5：OFF　通道 6：OFF
CH7/8	绿-红闪烁	通道 7：ON　通道 8：ON
	绿	通道 7：ON　通道 8：OFF
	红	通道 7：OFF　通道 8：ON
	暗	通道 7：OFF　通道 8：OFF

表 1-1-30　巡检电压选择跳线

24 V 巡检电压	JO1 跳线短路，JO2 跳线断开
48 V 巡检电压	JO1 跳线断开，JO2 跳线短路

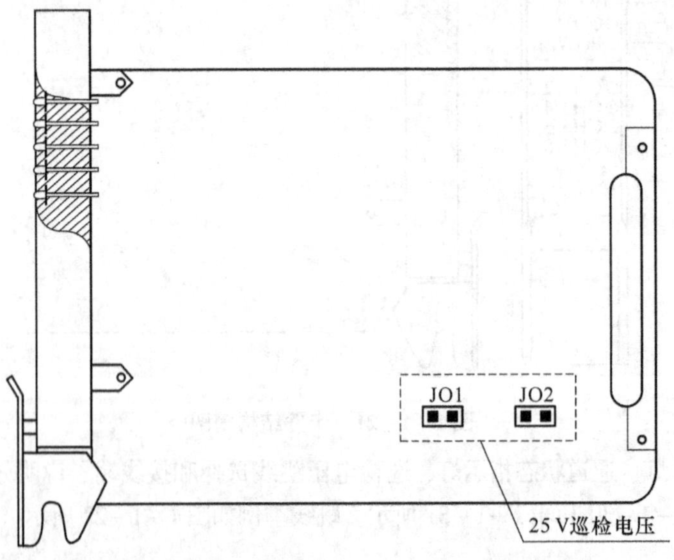

图 1-1-22　XP363 跳线举例：巡检电压选择为 24 V

表1－1－31　接线端子说明

端子图	端子号	备注
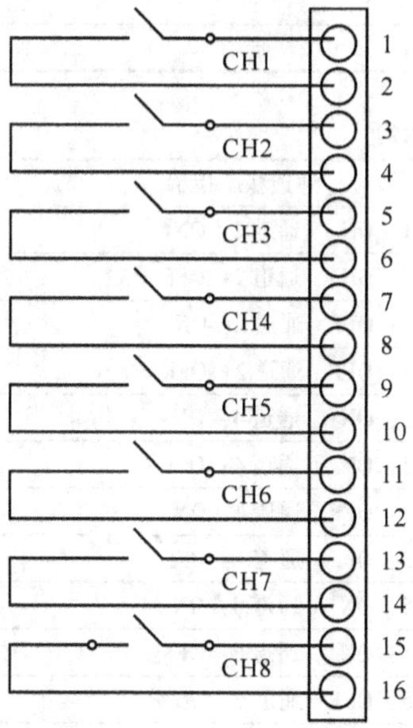	1	第一路（CH1）
	2	
	3	第二路（CH2）
	4	
	5	第三路（CH3）
	6	
	7	第四路（CH4）
	8	
	9	第五路（CH5）
	10	
	11	第六路（CH6）
	12	
	13	第七路（CH7）
	14	
	15	第八路（CH8）
	16	

9. 晶体管触点开关量输出卡XP362

XP362是8路无源晶体管触点开关量信号输出卡，可通过中间继电器驱动电动执行装置。卡件采用光电隔离，不提供中间继电器的工作电源；具有输出自检功能。

XP362卡件的外观如图1－1－23所示（尺寸：187 mm×145 mm）。

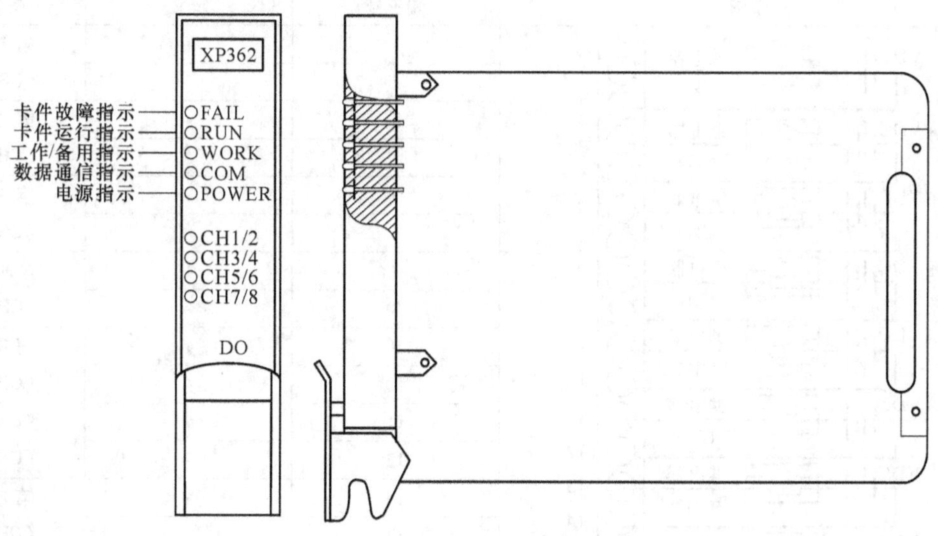

图1－1－23　卡件结构简图

卡件状态指示灯、通道状态指示灯和接线端子说明分别如表1－1－32、表1－1－33和表1－1－34所示。

表 1－1－32　卡件运行状态指示灯

指示灯	FAIL（红）	RUN（绿）	WORK（绿）	COM（绿）	POWER（绿）
意义	故障	运行	工作	通信	5 V 电源
正常	暗	闪	亮（工作）	闪	亮
故障	亮或闪	暗	—	暗	暗

表 1－1－33　通道状态指示灯

LED 灯指示状态		通道状态指示
CH1/2	绿－红闪烁	通道 1：ON　通道 2：ON
	绿	通道 1：ON　通道 2：OFF
	红	通道 1：OFF　通道 2：ON
	暗	通道 1：OFF　通道 2：OFF
CH3/4	绿－红闪烁	通道 3：ON　通道 4：ON
	绿	通道 3：ON　通道 4：OFF
	红	通道 3：OFF　通道 4：ON
	暗	通道 3：OFF　通道 4：OFF
CH5/6	绿－红闪烁	通道 5：ON　通道 6：ON
	绿	通道 5：ON　通道 6：OFF
	红	通道 5：OFF　通道 6：ON
	暗	通道 5：OFF　通道 6：OFF
CH7/8	绿－红闪烁	通道 7：ON　通道 8：ON
	绿	通道 7：ON　通道 8：OFF
	红	通道 7：OFF　通道 8：ON
	暗	通道 7：OFF　通道 8：OFF

表 1－1－34　接线端子说明

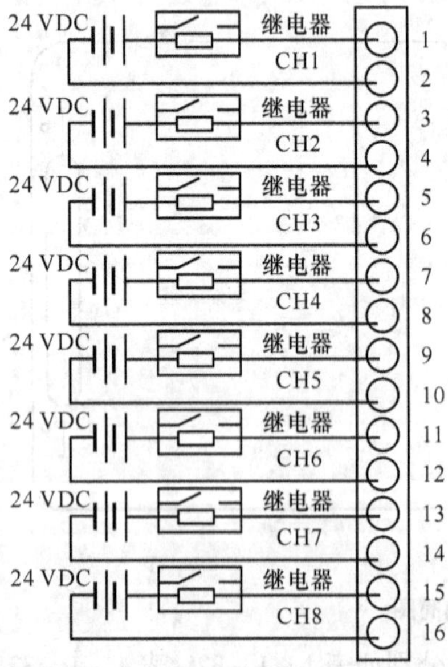

端子图	端子号	定义	备注
24 VDC 继电器 CH1 (1, 2)	1	+	第一路
	2	−	（CH1）
24 VDC 继电器 CH2 (3, 4)	3	+	第二路
	4	−	（CH2）
24 VDC 继电器 CH3 (5, 6)	5	+	第三路
	6	−	（CH3）
24 VDC 继电器 CH4 (7, 8)	7	+	第四路
	8	−	（CH4）
24 VDC 继电器 CH5 (9, 10)	9	+	第五路
	10	−	（CH5）
24 VDC 继电器 CH6 (11, 12)	11	+	第六路
	12	−	（CH6）
24 VDC 继电器 CH7 (13, 14)	13	+	第七路
	14	−	（CH7）
24 VDC 继电器 CH8 (15, 16)	15	+	第八路
	16	−	（CH8）

1.1.6　问题讨论

1. 对于一般的项目要求主要从哪些方面考虑？

2. 硬件选型时，I/O卡件选型的主要依据是什么？

3. 硬件选型时，控制站和操作站的数量主要由哪些因素决定？

4. 在本任务提到的选型案例中，如需要再增加4点标准电流AI测点（4～20 mA）、2点热电偶AI测点（K型）、2点AO测点（4～20 mA）、2点DI（干触点），请问是否需要增加硬件配置？如需要，则增加哪些硬件？

任务1.2　建立组态文件及用户授权配置

1.2.1　任务目标

确定了系统的硬件结构之后，开始进行系统的组态工作。考虑到实际现场情况的复杂性，系统的许多功能及匹配参数需要根据具体情况由用户设定。例如：用户配置了什么样的硬件设备，系统采集什么样的信号、采用何种控制方案、怎样控制、操作时需显示什么数据、如何操作，等等。这些需要用户为系统设定各项参数的操作，即所谓的“系统组态”。

在此，我们需要建立一个组态文件，将系统的配置信息集中、完整的体现在组态文件中。

本任务的组态要求如下：

（1）建立新的组态文件

新建组态文件的时候要指定文件的存放路径及文件名。

（2）进行用户授权管理

根据操作需要，建立用户如表1－2－1所示。

表1－2－1　用户一览表

权限	用户名	用户密码	相应权限
特权	系统维护	supcondcs （厂家初始密码）	PID参数设置、报表打印、报表在线修改、报警查询、报警声音修改、报警使能、查看操作记录、查看故障诊断信息、查找位号、调节器正反作用设置、屏幕拷贝打印、手工置值、退出系统、系统热键屏蔽设置、修改趋势画面、重载组态、主操作站设置
工程师	工程师	1111	PID参数设置、报表打印、报表在线修改、报警查询、报警声音修改、报警使能、查看操作记录、查看故障诊断信息、查找位号、调节器正反作用设置、屏幕拷贝打印、手工置值、退出系统、系统热键屏蔽设置、修改趋势画面、重载组态、主操作站设置
操作员	操作员	1111	PID参数设置、报表打印、报警查询、报警使能、查看操作记录、查看故障诊断信息、调节器正反作用设置、屏幕拷贝打印、手工置值、修改趋势画面、重载组态

1.2.2 任务分析

系统组态是指对集散控制系统的软、硬件构成进行配置。浙江中控 JX－300XP 系统用户授权软件主要是对用户信息进行组态，其功能如下：

（1）一个用户关联一个角色。

（2）用户的所有权限都来自于其关联的角色。

（3）用户的角色等级也来自于角色列表中的角色。

（4）可设置的角色等级分成 8 级，分别为：操作员、操作员＋、工程师－、工程师、工程师＋、特权－、特权、特权＋。

（5）角色的权限分为：功能权限、数据权限、特殊位号、自定义权限、操作小组权限。

（6）只有超级用户 admin 才能进行用户授权设置，其他用户均无权修改权限，工程师及工程师以上级别的用户可以修改自己的密码。admin 的用户等级为特权＋，权限最大，默认密码为 supcondcs。

1.2.3 相关知识：浙江中控 AdvanTrol－Pro 软件操作

AdvanTrol－Pro 软件包是基于 Windows 操作系统的自动控制应用软件平台，在 JX－300XP 集散控制系统中完成系统组态、数据服务和实时监控功能。

1. 组态软件介绍

1）组态界面启动

选择［开始/程序/AdvanTrol－Pro（V2.65）/系统组态］，弹出“SCKey 文件操作”对话框，如图 1－2－1 所示。

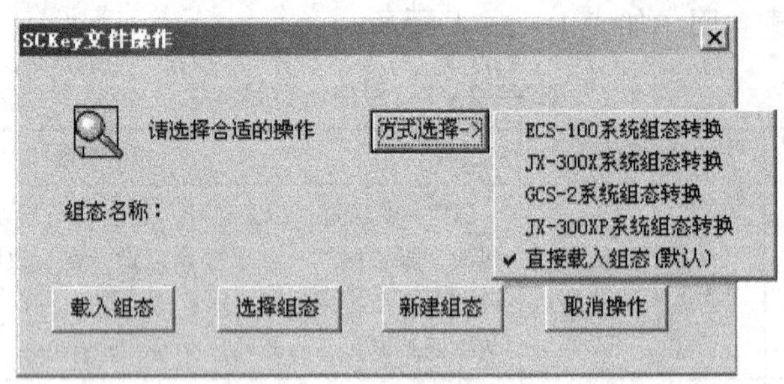

图 1－2－1 SCKey 文件操作对话框

（1）组态名称：首次启动组态软件时组态名称为空，否则显示上次运行的组态文件名。

（2）“新建组态”按钮：创建新的组态文件。点击此按钮弹出用户登录对话框，登录成功后，为新组态文件选择保存位置，完成文件名及路径设置，进入 SCKey 组态界面。

（3）“选择组态”按钮：当组态已经存在时，可以通过该按钮选择一个已经存在的＊sck 或＊spi 组态文件。点击此按钮，弹出打开文件对话框，选择组态文件。

（4）“载入组态”按钮：该功能用于载入组态，即为组态名称后显示的组态文件。

（5）“取消操作”按钮：取消打开组态软件的操作。

AdvanTrol－Pro（V2.5）及以上版本软件的组态，可以使用“直接载入组态”方式打开，软件会有相应提示，让用户选择是否升级组态。AdvanTrol－Pro（V2.5）之前的版本软件的组态需要选择对应的项进行转换。转换选项如下：

（1）ECS－100系统组态转换：将ECS－100系统组态文件转换为当前版本系统组态文件。

（2）JX－300X系统组态转换：将JX－300X系统组态文件转换为当前版本系统组态文件。

（3）GCS－2系统组态转换：将GCS－2系统组态文件转换为当前版本系统组态文件。

（4）JX－300XP系统组态转换：将JX－300XP系统组态文件转换为当前版本系统组态文件。

（5）直接载入组态：组态文件无需转换。

2）组态界面整体介绍

点击“载入组态”按钮，弹出用户登录窗口，选择用户和输入密码，点击“登录”按钮，进入系统组态界面，如图1－2－2所示。

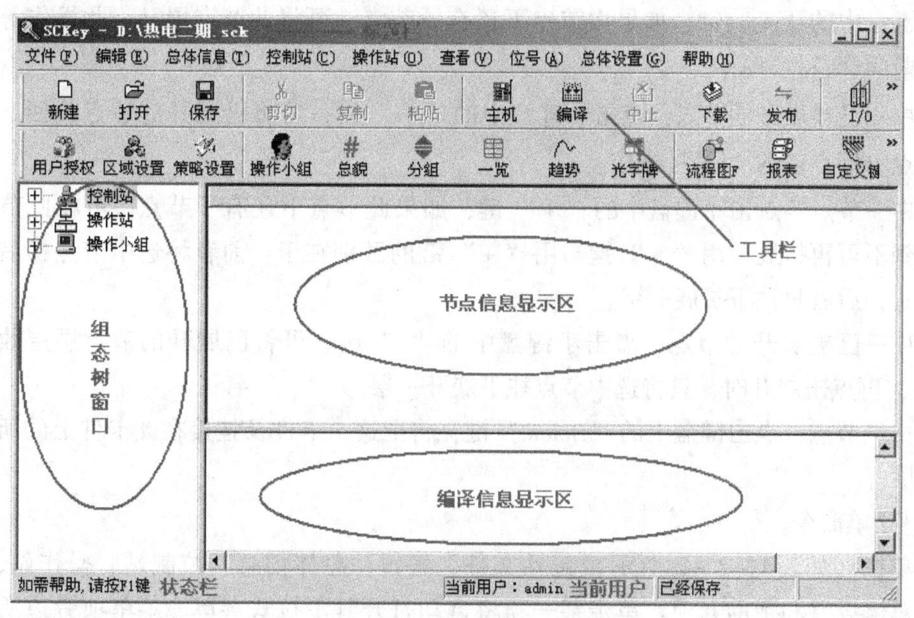

图1－2－2　系统组态界面

（1）菜单栏：显示经过归纳分类后的菜单项，包括文件、编辑、总体信息、控制站、操作站、查看、位号、总体设置和帮助9个菜单项，每个菜单项含有下拉式菜单。

（2）工具栏：将常用的菜单命令和功能图形化为工具图标，集中到工具栏上。工具栏图标基本上包括了组态软件中的大部分操作。

（2）状态栏：显示当前的操作信息及功能提示。当鼠标光标移动到工具栏图标或子菜单命令上，状态栏显示该图标或菜单命令功能的简单介绍。

(4) 组态树窗口：显示当前组态的控制站、操作站以及操作小组的总体情况。

(5) 节点信息显示区：显示某个节点（包括左边组态树中任意一个项目）的具体信息。

(6) 编译信息显示区：显示了组态编译的详细信息，当出现错误时，双击某条错误信息可进入相应的修改界面。

3）组态树的基本操作

组态树以分层展开的形式，直观地展示了组态信息的树型结构。用户从中可清晰地看到从控制站直至信号点的各层硬件结构及其相互关系，也可以看到操作站上各种操作画面的组织方式。

选择组态树上某一节点后按回车，如果此节点下还有子节点，则会将节点展开；再次按回车则会将已经展开的节点重新收回。以上操作等同于点击节点前的“⊞”“⊟”，进行组态树层层展开和收回操作。

无论是系统单元、I/O 卡件还是控制方案，或是某页操作界面，只要展开组态树，在其中找到相应节点标题，用鼠标双击，就能直接进入该单元的组态窗口，使组态操作更加快捷准确。

若需查看某组态单元内容，而不做任何修改时，只要对组态树层层展开，找到需要查看的单元节点，用鼠标单击，相关内容将在右边的节点信息显示区详细列出。选中一节点后，点击小键盘中的“+”键，如果次节点下还有子节点，可将此节点展开。此操作等同于点击节点前的“⊞”操作。

选中一已被展开的节点，点击小键盘中的“-”键，可将已展开的节点收回。此操作等同于点击接点前的“⊟”操作。

选中一节点，点击小键盘中的“*”键，如果此节点下还有子节点，可将此节点层层展开直到不可再扩展。用“*”键与用“+”键的区别在于：前者将选中节点扩展到无法扩展为止，后者只往下扩展一层。

选中一已被展开的节点，点击小键盘中的“/”键，可将已展开的节点层层收回。用“/”后，再点击展开时，只将选中节点往下展开一层。

选中一节点，点击键盘中的“Delete”键，将把这一卡件及挂接在此卡件上的所有信息全部删除。

4）菜单命令

菜单栏（如表 1-2-2 所示）包括文件、编辑、总体信息、控制站、操作站、查看、位号、总体设置和帮助九项。单击某一项将自动打开其下拉式菜单。菜单项旁边所带的字母，表示同时按下键盘中的 Alt 和该字母键也可打开该菜单项，如：欲打开查看菜单项，只要同时按下 Alt 和 V 字母键即可。若要关闭某个菜单，只要单击菜单外任意处或按键盘中的 Esc 键即可。

若要打开某菜单项下拉菜单中的命令，分两种情况：①若已打开此下拉菜单，则单击该命令或在键盘中按其后缀字母（在英文输入状态下）即可；②若在该命令及其字母后附有快捷键设置，也可直接在键盘中使用快捷键引用该命令。

表 1－2－2 系统组态菜单命令一览表

菜单项		工具栏图标	功能说明
文件	新建	新建	建立新的组态文件
	打开	打开	打开已经存在的组态文件
	保存	保存	直接以原文件名保存组态文件
	另存为		以新的路径和文件名保存组态文件
	组态导入		导入另一个组态控制站的内容，当控制站地址重复时，会弹出“控制站地址重复，请修改后再合并组态”的对话框
	组态转换保存		将组态信息文件转换保存为组态索引文件
	打印		打印组态文件中相关的列表信息（如卡件统计表、位号一览表等）
	打印预览		预览打印文件中相关的列表信息
	打印设置		设置打印机及打印格式
	退出		退出组态软件
编辑	剪切	剪切	该功能无效
	复制	复制	将对象复制到剪贴板上，并保持原对象不变
	粘贴	粘贴	将剪贴板上最新一次的剪切或复制内容粘贴到指定位置
	删除		删除组态树中的选中对象
总体	主机设置	主机	设置系统的控制站（主控制卡）与操作站
信息	全体编译	编译	将已完成的组态文件的所有内容进行编译
	快速编译		只编译修改过的组态内容，其他的保持不变
	备份数据		将已完成的组态文件进行备份
	组态下载	下载	将编译后的控制站组态内容下载到对应控制站
	控制站信息		显示组态控制站中主控制卡的有关信息
	组态发布	发布	在工程师站将编译后的监控运行所必须的文件通过网络传送给操作站
	配置 DP 组态		PROFIBUS 位号组态
	DP 组态下载		PROFIBUS 组态下载
	查看控制位号		查看控制位号信息
	调试组态	组态调试	用于调试当前的组态信息
	下载记录		记录下载的记录信息
控制站	I/O 组态	I/O	组态挂接在主控制卡上的数据转发卡、I/O 卡、信号点
	自定义变量	变量	定义在上下位机之间建立交流途径的各种变量
	常规控制方案	常规	组态常规控制方案
	自定义控制方案	算法	编程语言入口
	折线表定义		定义非线性信号处理方法
	SOE 编辑	SOE编辑	配置 SOE 设备

续表

菜单项		工具栏图标	功能说明
	操作小组设置	操作小组	组态操作小组
	总貌画面	总貌	组态总貌画面
	趋势画面	趋势	组态趋势画面
	分组画面	分组	组态分组画面
	一览画面	一览	组态一览画面
	光字牌画面	光字牌	组态光字牌画面
	流程图	流程图F	绘制流程图
	报表	报表	编制报表
	自定义键	自定义键	设置操作员键盘上自定义键功能
	弹出式流程图	流程图P	绘制弹出式流程图
	二次计算	二次计算	进行二次计算组态
	语音报警	语音报警	为报警设置报警声音文件
	画面跳转组态		对画面的跳转信息进行组态
	精灵管理	精灵管理	启动精灵管理程序
查看	工具栏		隐藏或显示组态界面的工具图标
	状态栏		隐藏或显示组态界面底部的状态栏
	提示信息		隐藏或显示组态界面的编译信息区
	位号查询	查位号	查找组态中任意一个位号并打开该位号的参数设置对话框
	选项		对 SCKey 软件的内部设置进行更改
位号	位号区域划分		将已完成组态的下位机位号进行分组分区
	统计信息		统计各控制站中各种数据位号的数量
	报警文件设置		对报警历史数据进行设置，包括单文件报警容量、最大文件数及报警数据同步等进行设置
	趋势文件设置		对历史趋势进行设置
	操作记录设置		对操作记录数据同步进行设置
	报警颜色设置		用于设置 0 ~ 9 级报警的颜色
	用户设置	用户安全	对用户信息进行设置
	区域设置	区域设置	对分组和分区的信息进行设置
	策略设置	策略设置	对策略表进行设置
	帮助主题		系统在线帮助
	关于 SCKey		版权说明

2. 用户授权软件介绍

1）界面

用户授权组态界面如图 1-2-3 所示。

(1) 菜单栏

① 文件：用于打开、保存 .SCS 文件和退出用户授权界面。

② 编辑：提供编辑的功能，包括：添加用户向导、添加、删除、管理员密码和编译。

③ 查看：用于设置显示和隐藏权限树、编译信息、工具栏和状态栏。

④ 帮助：提供使用说明和用户权限组态的版本、版权等信息。

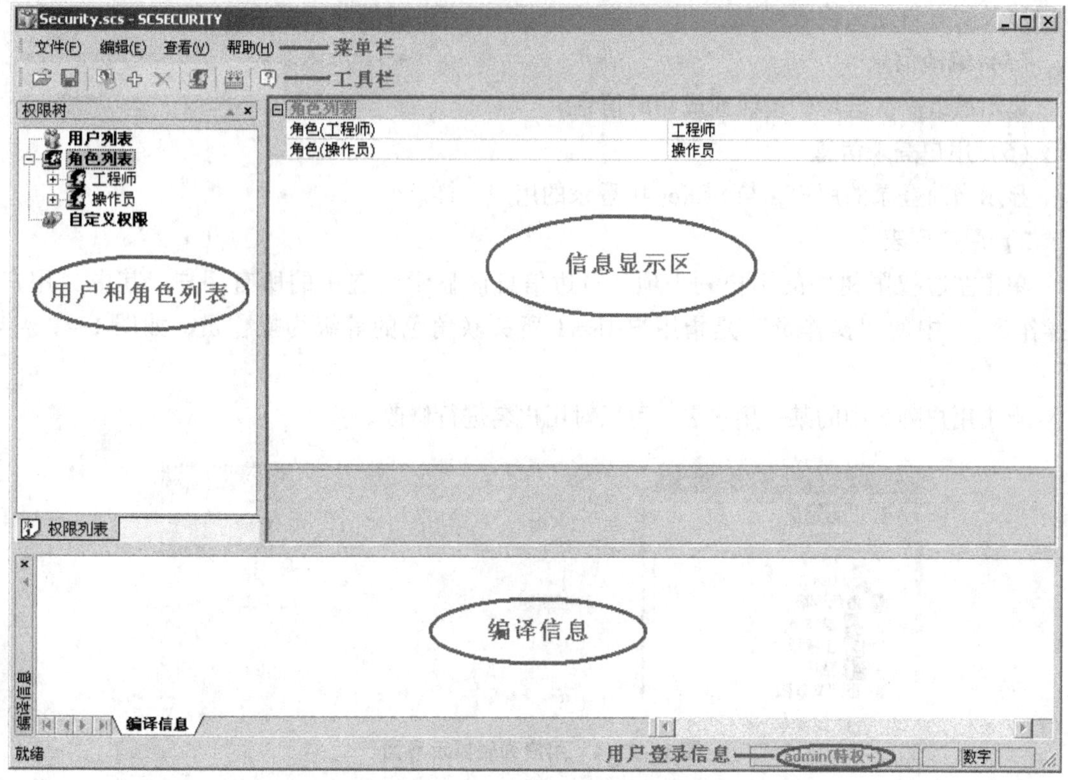

图 1－2－3　用户授权的组态界面

(2) 工具栏

① 打开：可以单独打开每个组态的用户管理文件进行用户授权组态。

② 保存：对修改的信息进行保存操作。

③ 向导：以向导形式添加用户。

④ 添加：根据权限树中所选项的不同，添加不同的内容。如选中“用户列表”，可以添加新用户；选中“角色列表”，可以添加新角色。

⑤ 删除：根据权限树中所选项不同，删除不同的内容。可以删除单个用户、单个角色，单个自定义权限等。

⑥ 管理员密码：可以对超级用户“admin”的密码进行修改。

⑦ 编译：仅对用户信息进行编译。

⑧ 关于：提供用户授权软件的版本及版权信息。

(3) 权限树

① 用户列表：包含该组态中的所有用户。

② 角色列表：包含该组态用户中的所有角色。角色列表中的单个角色：包含有功能权限、数据权限、特殊位号、自定义权限、操作小组权限。

③ 自定义权限：包含该组态中所有的自定义权限。

(4) 信息显示区

具体显示权限树中所选项的信息。有用户列表、单个用户、角色列表、单个角色、角色的数据权限、角色的功能权限、角色的特殊位号权限、角色的自定义权限、角色的操作小组权限以及所有自定义权限列表。

(5) 编译信息

显示最近一次编译的错误或成功的信息。

(6) 用户登录信息

显示当前登录的用户，与 SCKey 中登录的用户一样。

2) 用户列表

单击左边权限树中的用户列表项，右边信息区显示组态中的所有用户。其中“用户(操作员)”中的“操作员”是指用户 User1 所关联角色的等级为操作员，如图 1-2-4 所示。

点击用户列表中的某一用户名，可以对用户名进行修改。

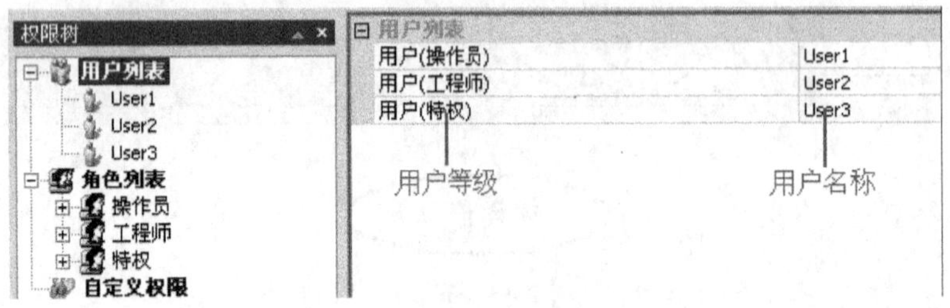

图 1-2-4　用户列表显示界面

在权限树中单击某个用户后，右边信息区会列出该用户的一些具体信息，包括：用户信息和角色关联信息。如图 1-2-5 所示。

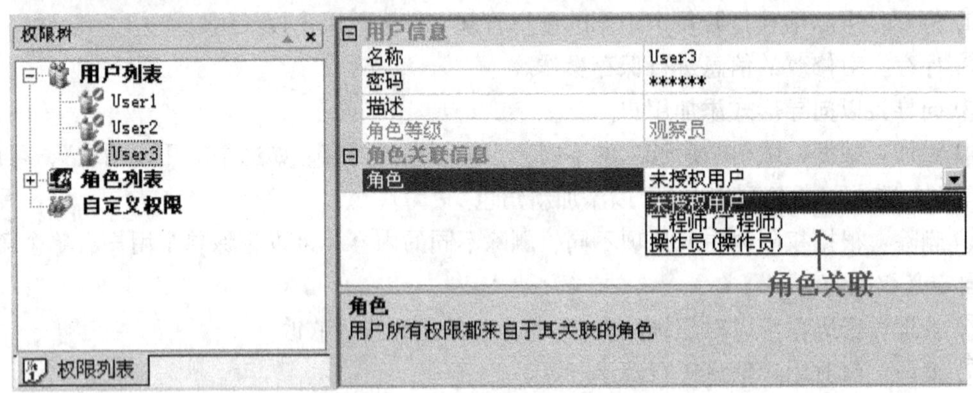

图 1-2-5　单个用户信息显示界面

可以对用户名称、密码、描述和角色关联信息进行修改。其中用户名必须由数字、字母或下划线组成。如果修改后的用户名称不符合要求，例如，与已有的用户冲突，则自动恢复到原来的用户名。修改密码时，只需选中密码项，出现 ... 按钮，点击该按钮弹出密码修改对话框，如图 1-2-6 所示。

图1－2－6　密码修改对话框

输入新密码和密码确认（小于64个字符），点击“修改”按钮即可完成密码的修改。其中用户角色不能手动修改，是由与其关联的角色等级决定。在角色关联选项中，列出了该组态中所有的角色信息，其中括号中的“工程师”、“操作员”和“特权”是相应角色的等级。

3）角色列表

在权限树中单击“角色列表”，信息区显示了该组态中所有角色的信息，如图1－2－7所示。

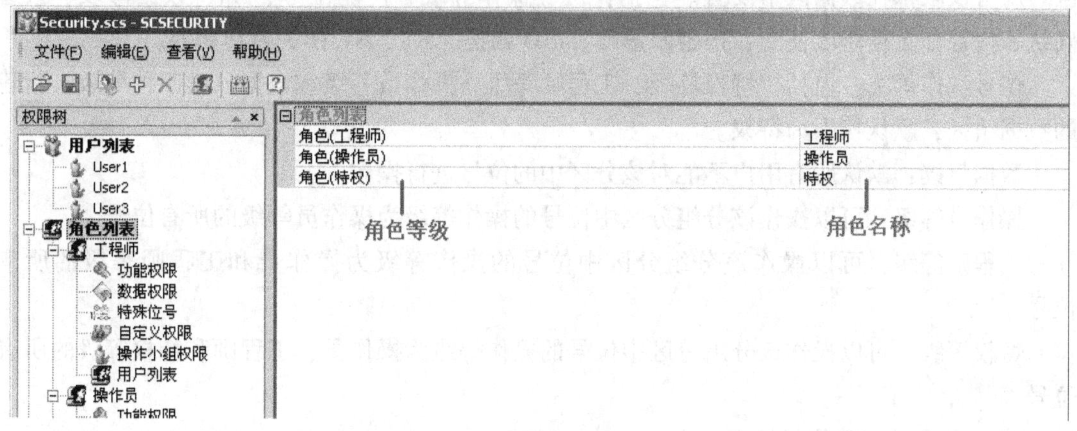

图1－2－7　角色列表显示界面

“角色（工程师）”中的“工程师”是指相应角色的等级。可以修改角色名称，如果名称不符合要求，会恢复到修改前的名称。新组态默认存在“工程师”和“操作员”两个角色，等级分别为“工程师”和“操作员”，操作小组权限为空，其他权限按默认配置。

（1）单个角色

在权限树中单击某个角色后，右边信息区会列出该角色信息，如图1－2－8所示。

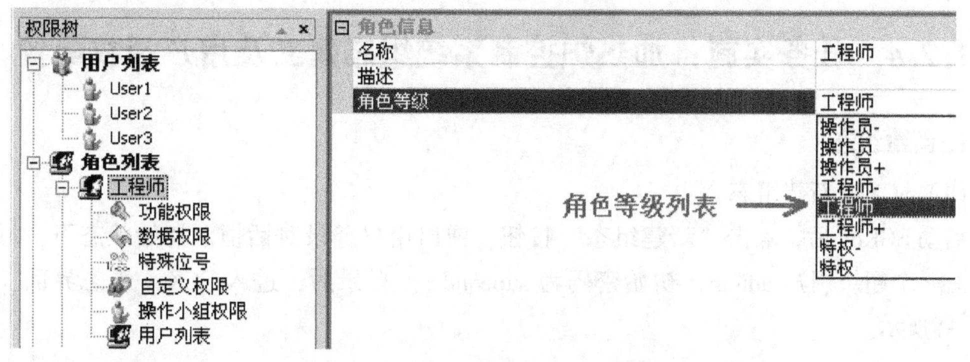

图1－2－8　单个角色信息显示界面

单击权限树中的某个角色，右边显示其具体信息，包括角色名称、角色描述和角色等级。可以修改角色名称、角色描述和角色等级。如果修改后的角色名不符合要求，则自动恢复到修改前的名称。角色等级只能从固定的列表中选择。等级不同则与其关联的用户所拥有的权限就不同。

（2）角色的功能权限

在权限树中选中某个角色的功能权限后，右边信息区显示该角色的所有功能权限，打勾的表示该角色具有的权限，不同的角色所拥有的默认权限各不相同。

可以通过勾选功能权限列表中的各权限，修改角色的功能权限。在选择角色的等级时，程序会提示是否确定要修改角色等级。如果选择是，则赋予角色相应等级的功能权限，即将其功能权限修改成等级相应的功能权限，否则保持原角色等级。

（3）角色的数据权限

单击权限树中某个角色的数据权限，右边信息区中显示该组态中所有的数据组和数据区。所有权限都在数据区中设置。包括：位号操作等级、使能位号、All、数据修改、报警确认、报警和数据修改使能、报警限修改、PID 调整、MV、SV 和手自动切换。

位号操作等级：包括，特权等级、工程师等级、操作员等级和数据只读四种等级。新建的数据组区，默认权限为特权。

数据只读：默认所有用户不能对该分区中的位号进行操作。

操作员等级：可以操作该分组分区中位号的操作等级为操作员等级的所有位号。

工程师等级：可以操作该分组分区中位号的操作等级为操作员和工程师等级的所有位号。

特权等级：可以操作该分组分区中位号的操作等级为操作员、工程师和特权等级的所有位号。

（4）角色的特殊位号权限

单击权限树中某个角色的特殊位号，右边信息区中显示该角色相关的所有特殊位号的权限信息。特殊位号权限的设置和数据区中的设置方法相似。有使能位号和具体的权限项，如果使能位号为空则在判断权限项时跳过使能位号实时值的判断，直接判断具体权限。在判断对某个位号有无权限时，先在特殊位号中判断，如果不在特殊位号列表中则对相应的数据区进行判断。

1.2.4　任务实施：加热炉控制系统组态建立及用户授权配置

1. 新建组态

（1）SCKey 新建组态

启动 SCKey 后，点击“新建组态”按钮，弹出用户登录对话框。初始状态下，每个组态都有一个超级用户 admin，初始密码为 supcondcs。登录后，进入 SCKey 组态界面，如图 1－2－9所示。

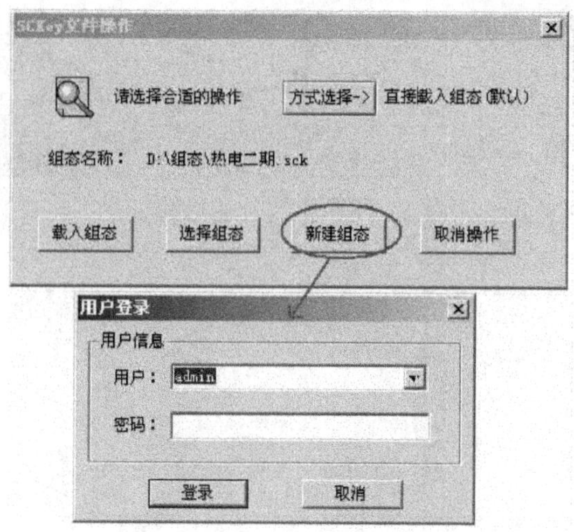

图1－2－9　用户登录对话框

将出现如图1－2－10所示的提示框：

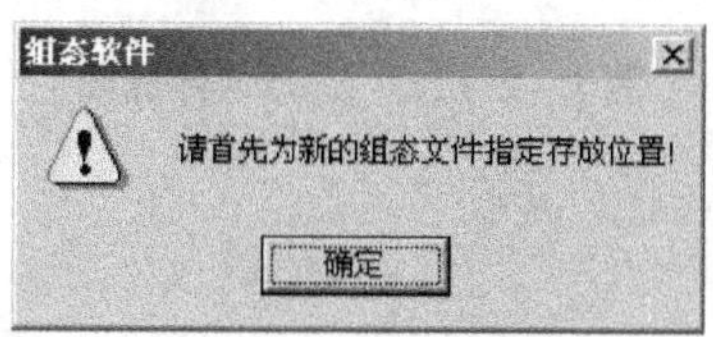

图1－2－10　新建组态存放提示对话框

（2）点击“确定”按钮，出现如图1－2－11对话框：

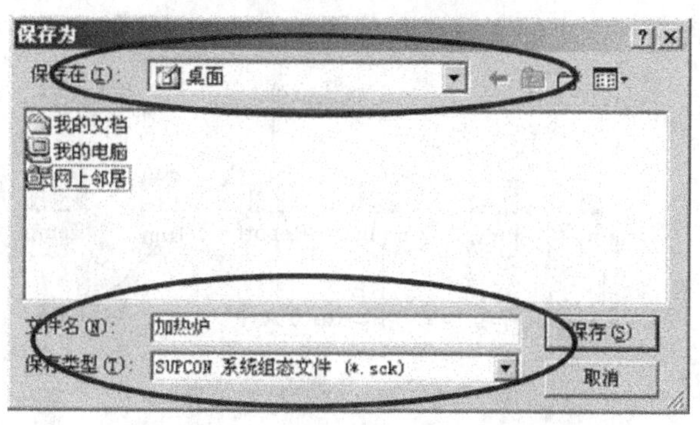

图1－2－11　指定存放位置

（3）设置文件名“加热炉”，指定保存路线。点击“保存”。弹出组态软件的界面如图1－2－12所示。

补充说明：若打开的是一个已经存在的组态文件，在组态软件的界面中，点击“新建”按钮，或使用［文件］/<新建>菜单项命令也可以完成新建一个组态文件的操作。

（4）新建组态文件的时候，系统会生成（文件名）.sck的组态文件，同时，在同一个目录下系统会自动地生成一个和组态文件同名的文件夹。如图1－2－13，本工程的组态文件名为“加热炉”。

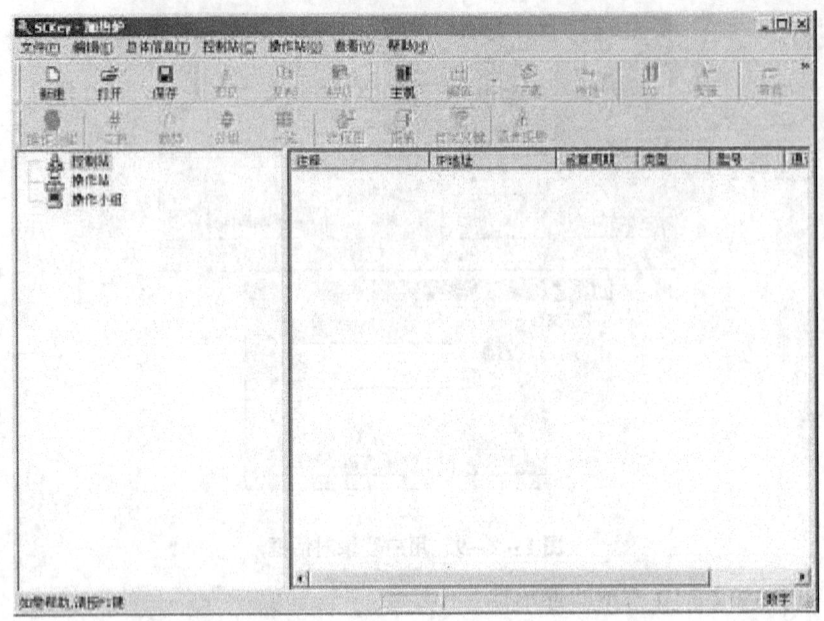

图 1－2－12　组态软件界面

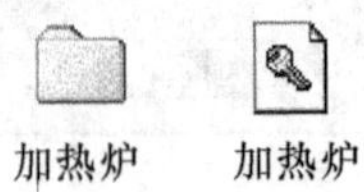

图 1－2－13　组态文件图标及同名文件夹

该文件夹下面包含着一些小的文件夹，如图 1－2－14 所示。

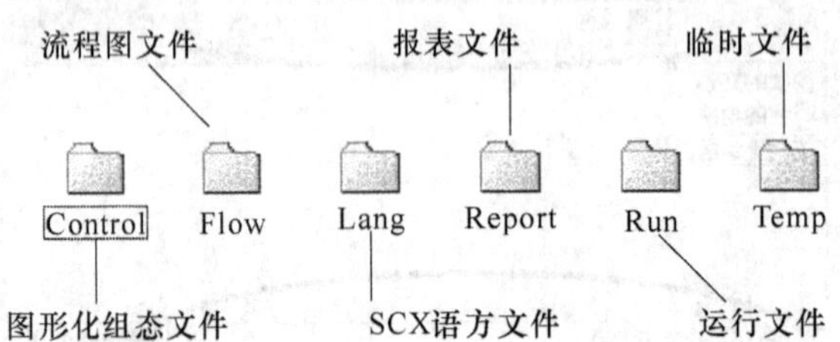

图 1－2－14　文件存放位置

这些小文件夹具体的名称和作用如下：

① control：存放图形化组态文件；

② flow：存放流程图文件；

③ lang：存放 SCX 语言文件；

④ report：存放报表文件；

⑤ run：存放运行文件，如＊. scc、＊. sco 等文件；

⑥ temp：存放临时文件。

在组态中，所绘制的流程图、制作的报表、编写的程序等都需要正确的存放在相应的文件夹中。

2. 用户授权配置

进入SCKey组态软件后，在SCKey的工具条中有单独的一个按钮来启动当前组态的用户管理程序，如图1－2－15所示。

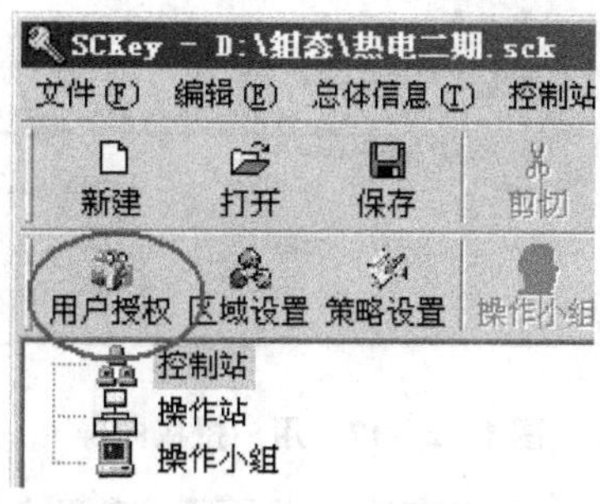

图1－2－15　用户授权按钮

点击“用户授权”，即可进入用户授权的组态界面。

（1）新建用户授权组态，在SCKey组态软件界面的工具栏中点击用户授权，弹出如图1－2－16所示的用户授权界面。

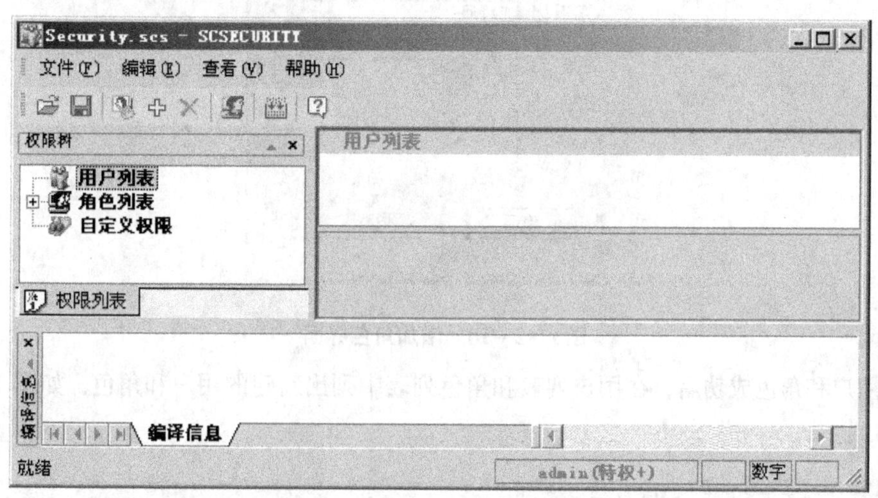

图1－2－16　用户授权界面

（2）在工具栏中点击向导按钮，弹出增加用户界面，输入用户名为User1，密码为1111，描述为新建用户1，如图1－2－17所示。

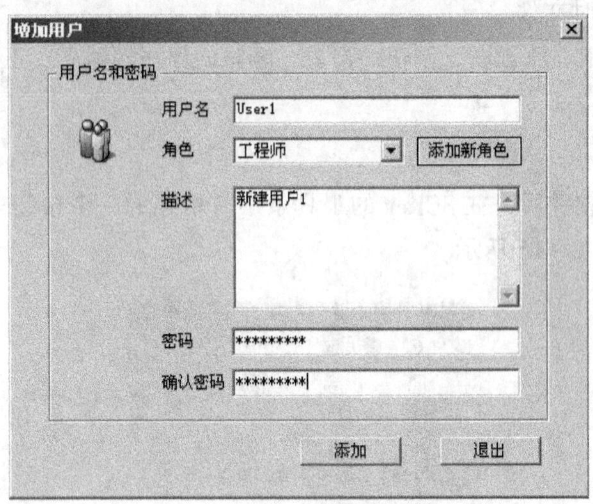

图 1－2－17　用户授权向导

为新用户关联一个新的角色，点击右边的添加新角色按钮，弹出新角色界面，输入角色名称为初级工程师，角色等级为工程师－，角色描述为初级工程师 1，如图 1－2－18 所示。

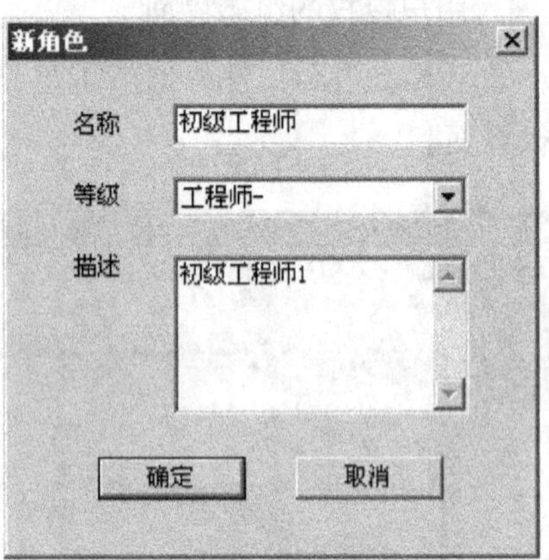

图 1－2－18　增加角色界面

新建用户和角色成功后，在用户列表和角色列表中列出新建的用户和角色，如图 1－2－19 所示。

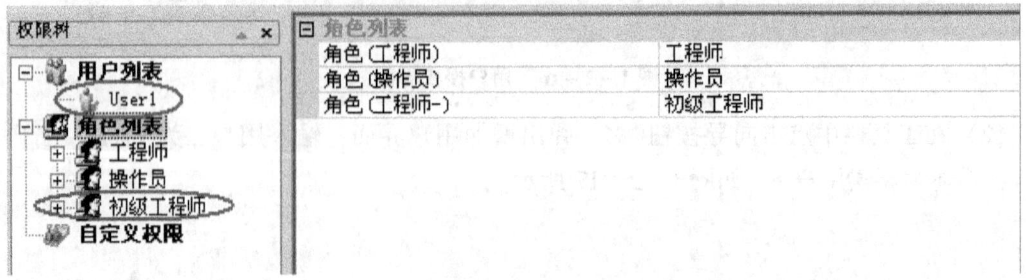

图 1－2－19　新建用户、角色后的用户权限界面

新建完成后，可对单个用户的名称、密码、描述和角色关联信息进行修改；也可对单个角色的名称、描述和角色等级进行修改。

(3) 在权限树中选中初级工程师的功能权限项，在右边的信息显示区中显示该角色的功能权限，如图1－2－20所示。

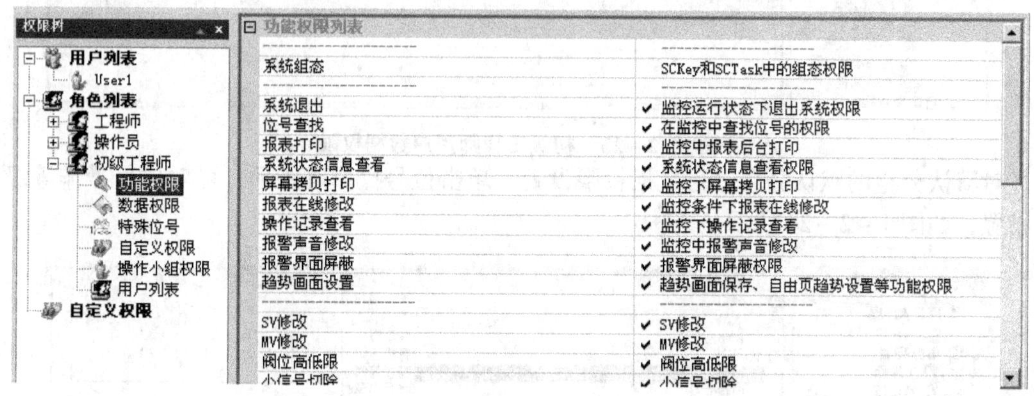

图1－2－20　初级工程师用户功能权限

角色等级赋予角色相应等级的功能权限。若角色的某项功能权限未被选中（如系统组态项），则勾选该项权限时，将弹出提示框，如图1－2－21所示。

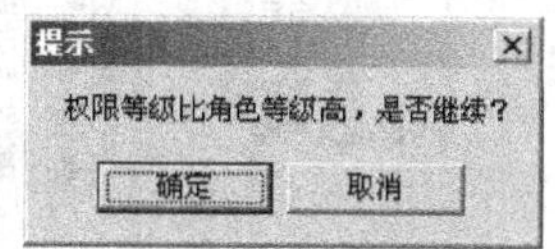

图1－2－21　角色功能权限提示

点击“确定”则赋予角色此项功能权限；点击“取消”则不赋予角色此项功能权限。增加初级工程师角色的功能权限后如图1－2－22所示。

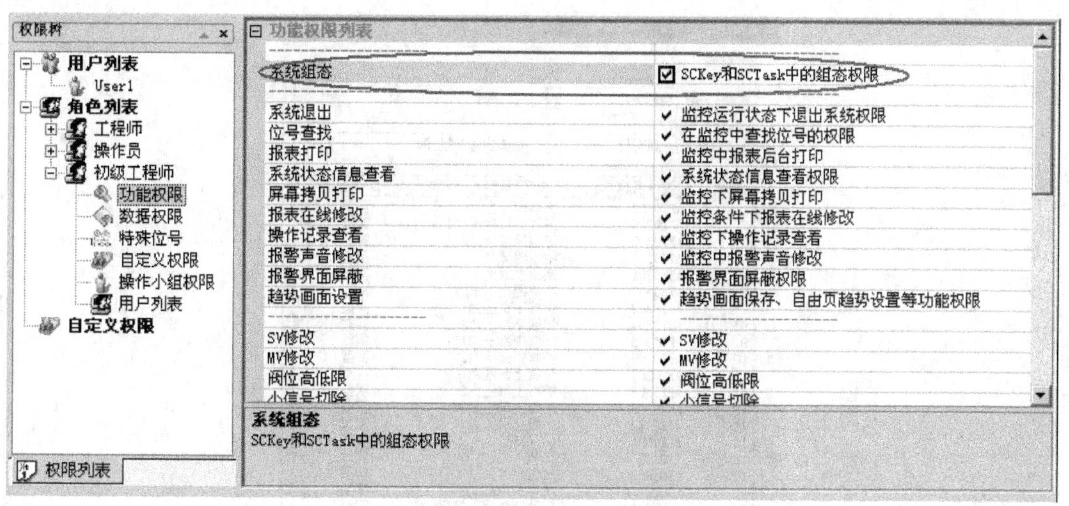

图1－2－22　增加初级工程师角色的功能权限

(4) 在权限树中选中初级工程师的数据权限项，在右边的信息显示区中显示了该角色的数据权限，如图1－2－23所示。

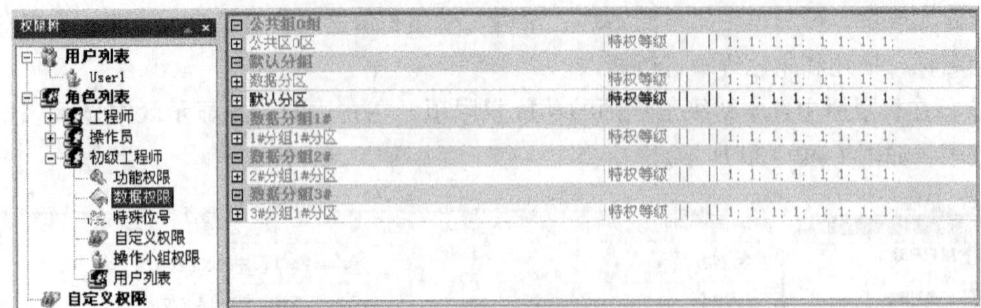

图 1-2-23　初级工程师用户数据权限

对默认分组的默认分区进行数据权限设置。单击位号操作等级项，可对位号操作等级进行设置，如图 1-2-24 所示。

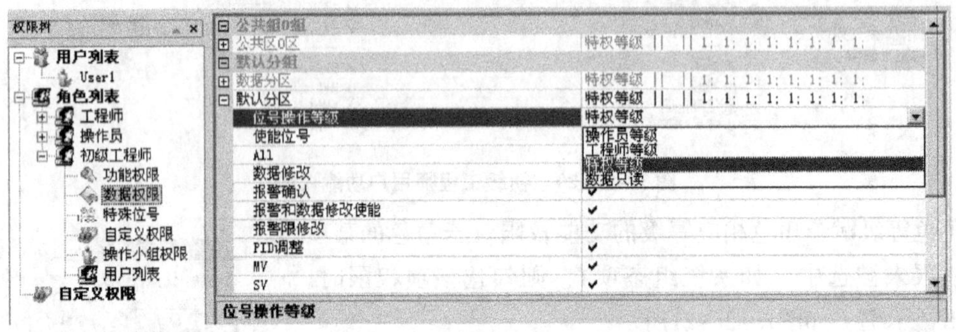

图 1-2-24　设置位号操作等级

单击使能位号项，点击右边的...按钮，将弹出位号显示界面，如图 1-2-25 所示。选择要作为条件的使能位号，点击确定即可。

图 1-2-25　使能位号选择

勾选ALL项，则选择了该数据分区的全部数据权限。

（5）在权限树中选中初级工程师的特殊位号项，在右边的信息显示区中显示了该角色的特殊位号，如图1－2－26所示。

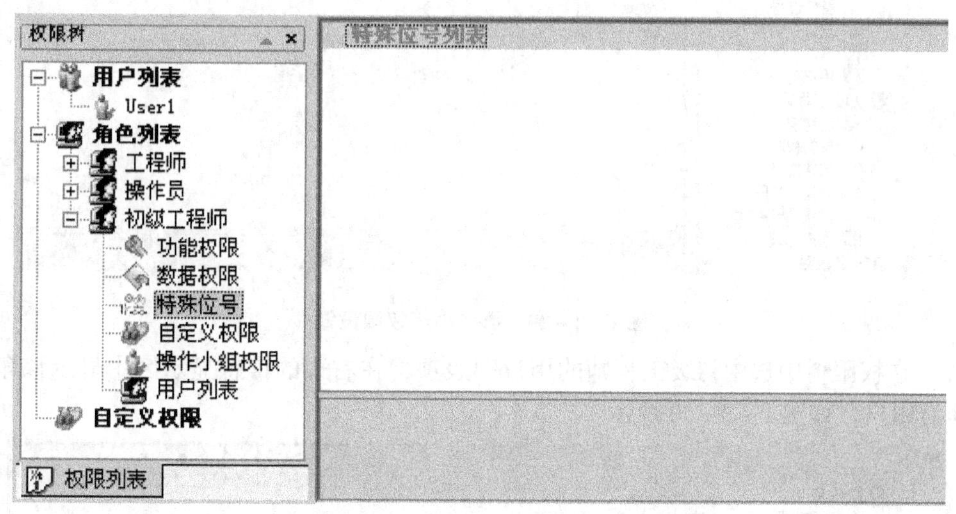

图1－2－26　特殊位号

选中特殊位号项，点击右键，弹出的右键菜单如图1－2－27所示。

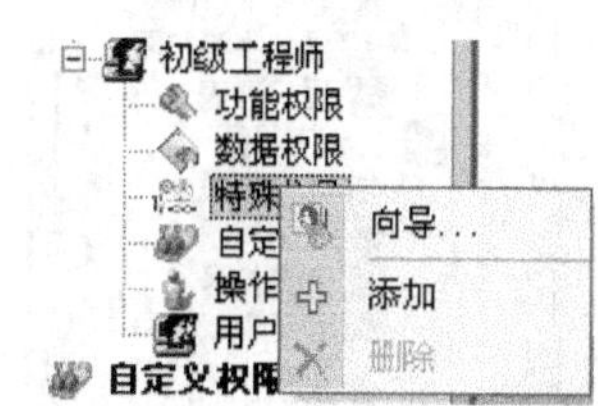

图1－2－27　特殊位号右键菜单

点击添加命令，弹出位号显示界面，可进行特殊位号选择。特殊位号权限的设置和数据区中的设置方法相似，可添加多个特殊位号。

（6）在权限树中选中初级工程师的操作小组权限项，在右边的信息显示区中显示组态中所有的操作小组，如图1－2－28所示。

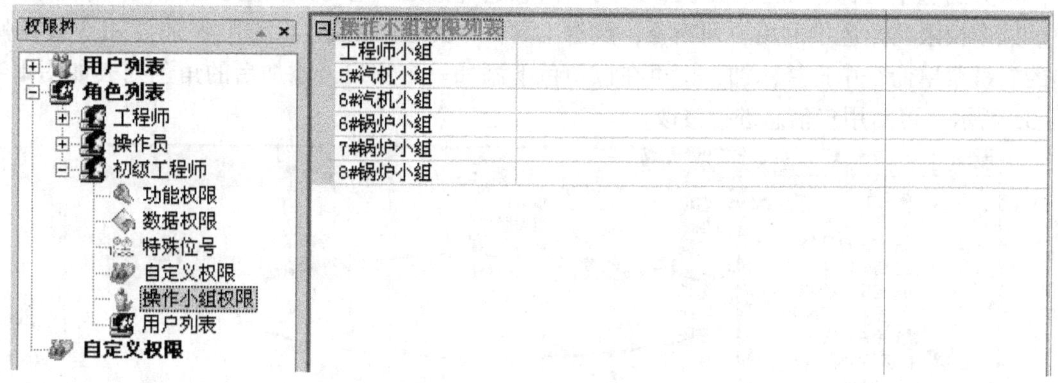

图1－2－28　操作小组权限

每个角色的操作小组权限列表中列出了已组态的所有操作小组，可以在其中选择角色允许访问的操作小组。每个角色至少关联一个操作小组，否则编译出错。选中想要关联的操作小组，将出现一个复选框，进行勾选即完成该角色与操作小组的关联，如图1－2－29所示。

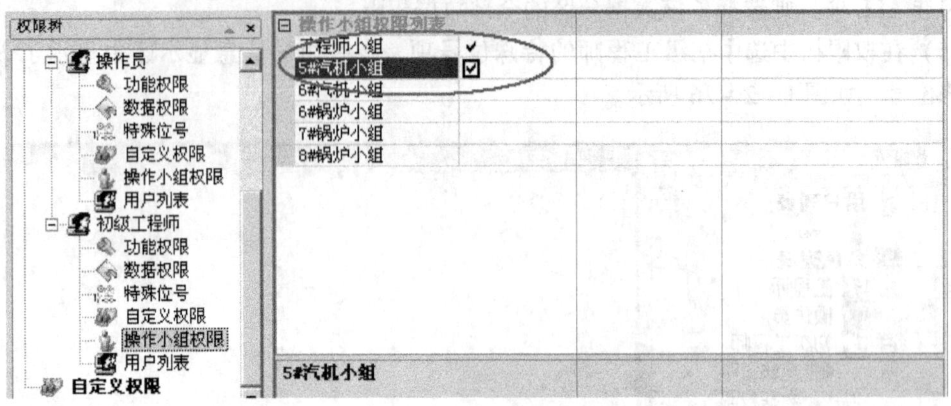

图 1－2－29　操作小组权限设置

（7）在权限树中选中初级工程师的用户列表项，在右边的信息显示区中显示该角色对应的所有用户，如图 1－2－30 所示。

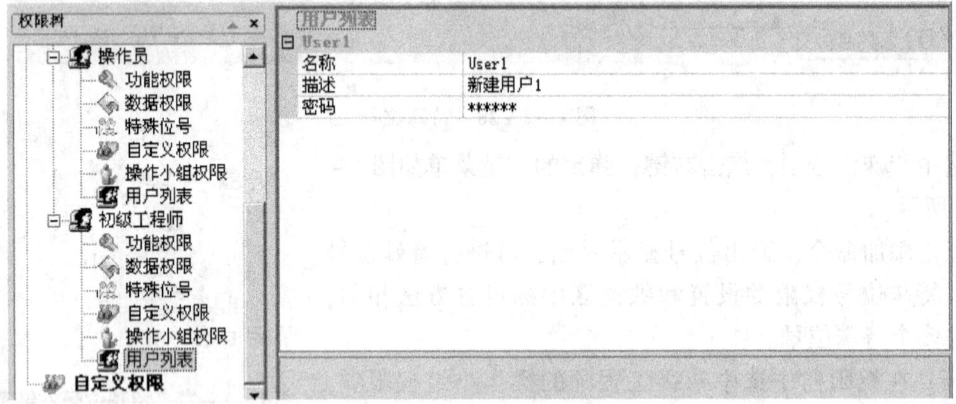

图 1－2－30　用户列表

可分别选中名称、描述和密码，对用户信息进行修改。还可以在这里新增用户、删除用户。选中权限树角色中的用户列表项，点击工具栏中的 按钮或［编辑/添加］命令或在弹出的右键菜单命令中选择添加，即可在该角色下添加一个用户，添加后的角色列表如图 1－2－31 所示，可对用户信息进行修改。

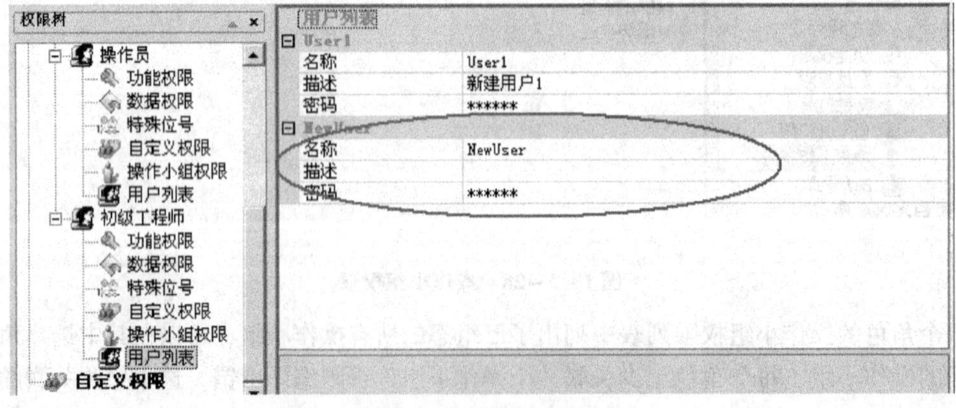

图 1－2－31　添加用户

1.2.5　知识进阶：浙江中控 AdvanTrol－Pro 软件构成

AdvanTrol－Pro 软件包可分成两大部分，一部分为系统组态软件，包括：用户授权软件（SCSecurity）、系统组态软件（SCKey）、图形化编程软件（SCControl）、语言编程软件（SCLang）、流程图制作软件（SCDrawEx）、报表制作软件（SCFormEx）、二次计算组态软件（SCTask）、ModBus 协议外部数据组态软件（AdvMBLink）等；另一部分为系统运行监控软件，包括：实时监控软件（AdvanTrol）、数据服务软件（AdvRTDC）、数据通信软件（AdvLink）、报警记录软件（AdvHisAlmSvr）、趋势记录软件（AdvHisTrdSvr）、ModBus 数据连接软件（AdvMBLink）、OPC 数据通信软件（AdvOPCLink）、OPC 服务器软件（AdvOPCServer）、网络管理和实时数据传输软件（AdvOPNet）、历史数据传输软件（AdvOPNetHis）、网络文件传输（AdvFileTrans）等。系统运行监控软件安装在操作员站和运行的服务器、工程师站中，监控软件构架如图 1－2－32 所示。

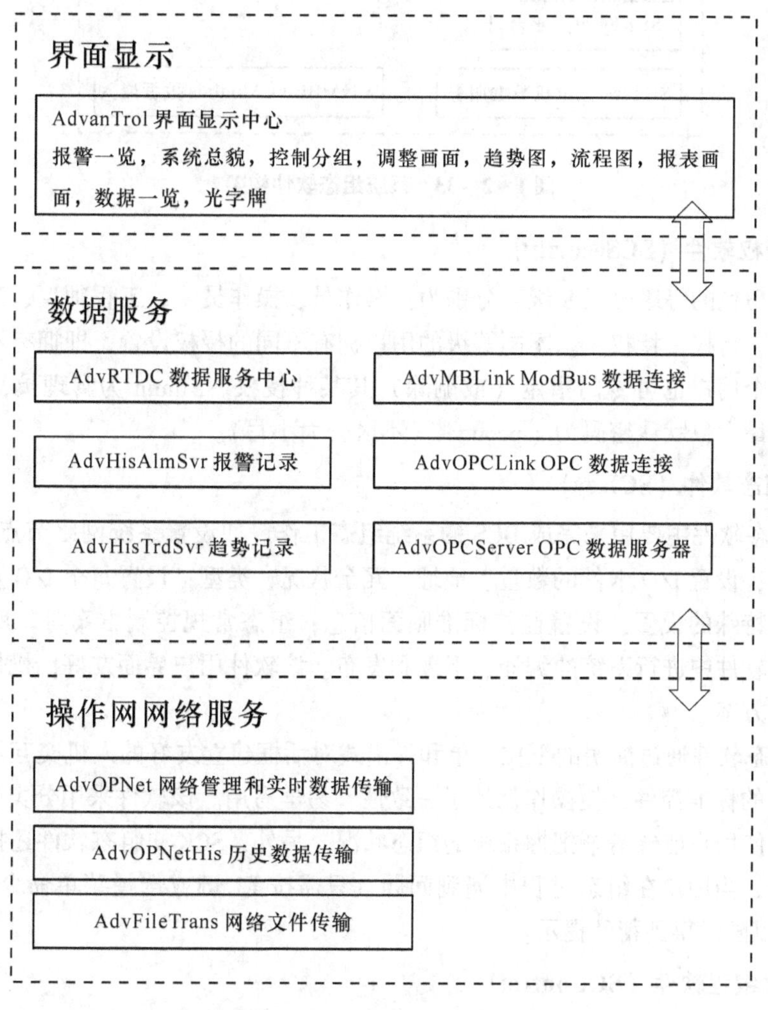

图 1－2－32　监控软件构架

系统组态软件通常安装在工程师站，各功能软件之间通过对象链接与嵌入技术，动态地实现模块间各种数据、信息的通信、控制和管理。这部分软件以 SCKey 系统组态软件为核心，各模块彼此配合，相互协调，共同构成一个系统结构及功能组态的软件平台。系统组态软件构架如图 1－2－33 所示。

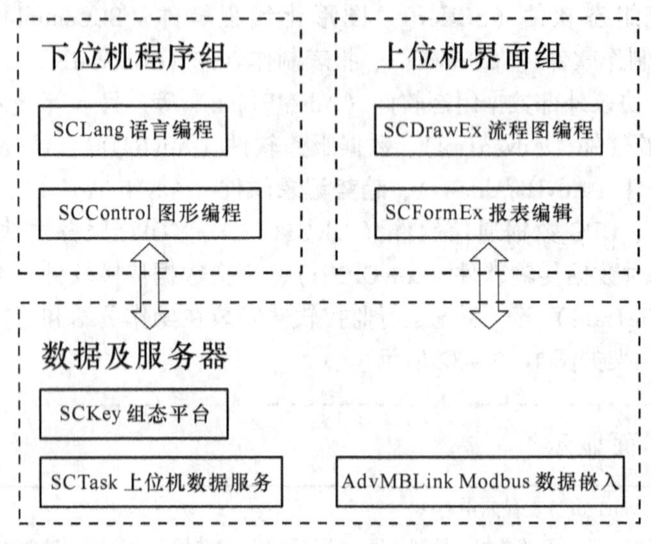

图 1－2－33　系统组态软件构架

1. 用户授权软件（SCSecurity）

在软件中角色的等级分成 8 级，分别为：操作员、操作员＋、工程师－、工程师、工程师＋、特权－、特权、特权＋。不同等级的用户拥有不同的授权设置，即拥有不同范围的操作权限。对每个用户也可专门指定（或删除）其某种授权。Admin 为管理员，用户等级为特权＋，权限最大，默认密码为 supcondcs（不区分大小写）。

2. 系统组态软件（SCKey）

SCKey 组态软件主要用来完成 DCS 的系统组态工作。如设置系统网络节点、冗余状况、系统控制周期；设置 I/O 卡件的数量、地址、冗余状况、类型；设置每个 I/O 点的类型、处理方法和其他特殊的设置；设置监控标准画面信息；组态常规控制方案等。所有组态完成后，需要在该软件中进行系统的编译、下载和发布。该软件用户界面友好，操作方便，充分支持各种控制方案。

SCKey 组态软件通过简明的下拉菜单和弹出式对话框建立友好的人机交互界面，并大量采用 Windows 的标准控件，使操作保持了一致性，易学易用。该软件采用分类的树状结构管理组态信息，使用户能够清晰把握系统的组态状况。另外，SCKey 组态软件还提供了强大的在线帮助功能，当用户在组态过程中遇到问题，只需按 F1 键或选择菜单命令【帮助/帮助主题】，就可以随时得到帮助提示。

3. 图形化编程软件（SCControl）

图形化编程软件（SCControl）是用于编制系统控制方案的图形编程工具。按 IEC61131－3 标准设计，为用户提供高效的图形编程环境。

图形化编程软件集成了 LD 编辑器、FBD 编辑器、SFC 编辑器、ST 语言编辑器、数据类型编辑器、变量编辑器。该软件编程方便、直观，具有强大的在线帮助和在线调试功能，用户可以利用该软件编写图形化程序实现所设计的控制算法。在系统组态软件（SCKey）中使用自定义控制算法设置可以调用该软件。SCControl 使用 Windows 友好的图形界面，可以使用鼠标或者键盘进行编辑，工具条上所有功能按钮都有文字提示。

图形化编程软件界面如图 1－2－34 所示。

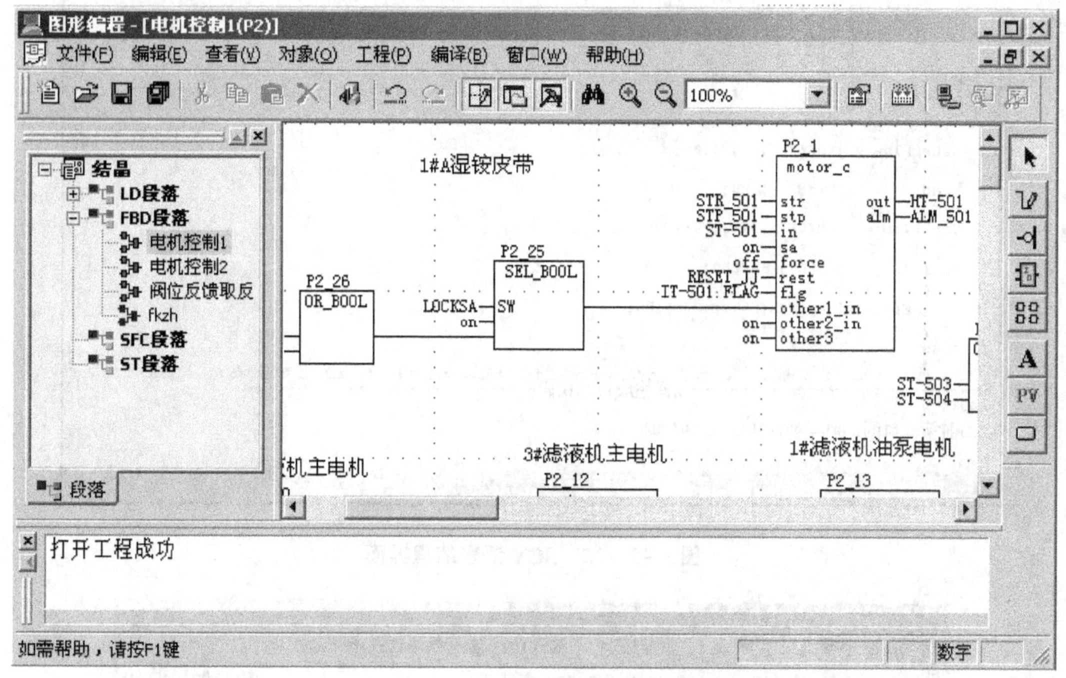

图 1－2－34　图形化编程软件界面

4. 语言编程软件（SCLang）

语言编程软件（SCLang）又叫 SCX 语言，是控制系统控制站的专用编程语言。在工程师站完成 SCX 语言程序的调试编辑，并通过工程师站将编译后的可执行代码下载到控制站执行。SCX 语言属高级语言，语法风格类似标准 C 语言，除了提供类似 C 语言的基本元素、表达式外，还在控制功能实现方面作了大量扩充。用户可以利用该软件灵活强大的编辑环境，编写程序实现所设计的控制算法。SCX 语言编程软件界面如图 1－2－35 所示。

5. 二次计算组态软件（SCTask）

二次计算组态软件（SCTask）是 AdvanTrol－Pro 软件包的重要组成部分之一，用于组态上位机位号、事件、任务，数据提取设置等，目的是在控制系统中实现二次计算功能、提供更丰富的报警内容、支持数据的输入输出等。把控制站的一部分任务由上位机来完成，既提高了控制站的工作速度和效率，又可提高系统的稳定性。二次计算组态软件具有严谨的定义、强大的表达式分析功能和人性化的操作界面。

二次计算组态软件工作界面如图 1－2－36 所示。

SUPCON SCX语言 - [Control2.SCL]

文件(F) 编辑(E) 查看(V) 编译(B) 选项(O) 窗口(W) 帮助(H)

```
    sfloat F;
    float T,P,DesignV;
    F = Load;
    T = sftof(VapT) * 600.0;
    P = sftof(VapP) * 10.0;
    DesignV = 62.95;//设计温度480, 压力5.3
    //计算补偿后流量
    _TAG("LoadD") = SteamComp(F,T,P,DesignV);
    //计算累积值
    _TAG("LoadAccD") = TotalAccum(_TAG("LoadAccD"),_TAG("LoadD"));

  }
Ini()
  {
    //给水流量
    WaterFlow = _TAG("FT101D").PV;
    //主蒸汽流量
    Load = _TAG("FT102D").PV;
    //减温水流量
    VapTFlow = _TAG("FT103D").PV;
    //汽包水位
    if (_TAG("SwBoiLD") == OFF)
       {
         BoiLevel = _TAG("LT1012D").PV;
       }
    else
```

------------------------------编译生成目标代码------------------------------

编译......

当前编译时间：01年04月24日 13:47:02

编译完毕　　第1行，第1列　　数字

图 1-2-35　SCX 语言编程界面

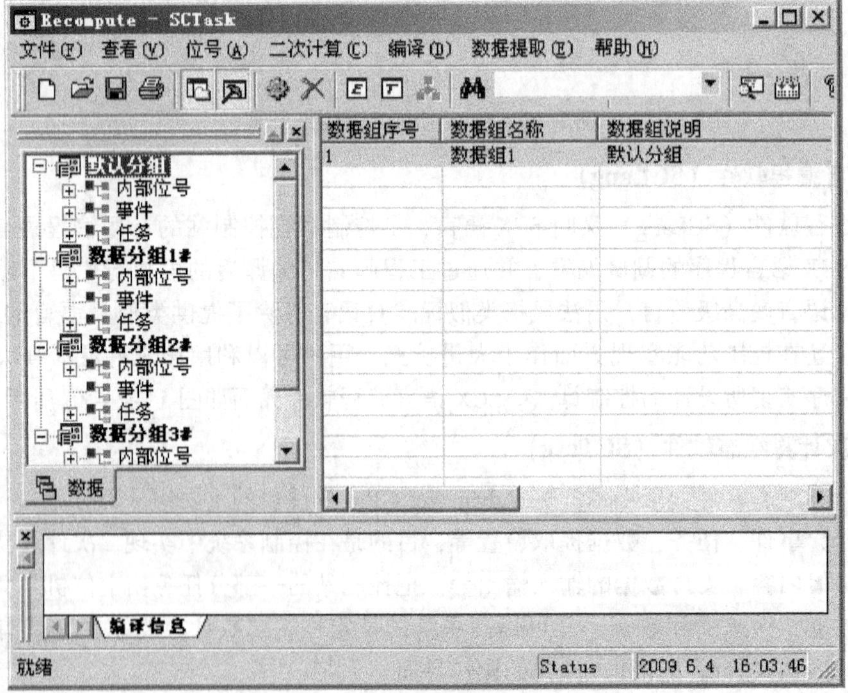

图 1-2-36　二次计算组态界面

6. 精灵管理软件（SCObject）

精灵管理器主要用于管理组态中的精灵文件，包括精灵模块（精灵界面）和精灵设备（精灵界面对应的数据）。该软件可以对精灵模块进行删除、修改，对精灵设备进行添加、删除和修改等操作。

精灵管理软件工作界面如图 1－2－37 所示。

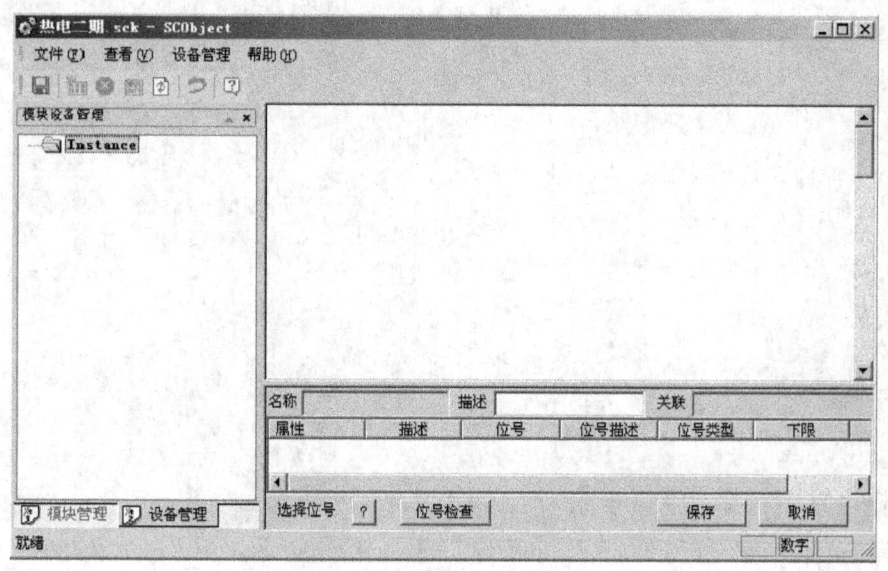

图 1－2－37　精灵管理软件界面

7. 流程图制作软件（SCDrawEx）

流程图制作软件（SCDrawEx）是 AdvanTrol－Pro 软件包的重要组成部分之一，是一个用户界面友好的流程图制作软件。它以中文 Windows 操作系统为平台，为用户提供了一个功能完备且简便易用的流程图制作环境。

SCDrawEx 流程图制作软件具有以下特点：绘图功能齐全，包括线、圆、矩形、多边形、曲线、管道等的绘制和各种字符的输入；提供丰富的绘图控件，能实现复杂的流程图制作；编辑功能强大，以矢量方式进行图形绘制，具备块剪切、块拷贝和组合、分解图形等功能；提供各种动态效果，可制作出各种复杂多变的动画效果，使流程图的显示更具多样性；数据流程也更直观，更接近现场情况。

可以自由地添加引入位图、ICO、GIF、FLASH 等，使制图具有更多的灵活性，可以通过简单的操作绘制出丰富多彩的流程图。直接内嵌专用报警控件和趋势控件，在流程图中显示的系统信息更全面更丰富。提供标准图形库，只需要简单地引入图形库模板即可轻松画出各种复杂的工业设备，为用户节省大量的时间。

流程图组态工作界面如图 1－2－38 所示。

8. 报表制作软件（SCFormEx）

报表制作软件（SCFormEx）是全中文界面的制表工具软件，是 AdvanTrol－Pro 软件包的重要组成部分之一。该软件提供了比较完备的报表制作功能，能够满足实时报表的生成、打印、存储以及历史报表的打印等工程中的实际需要，并且具有良好的用户操作界面。

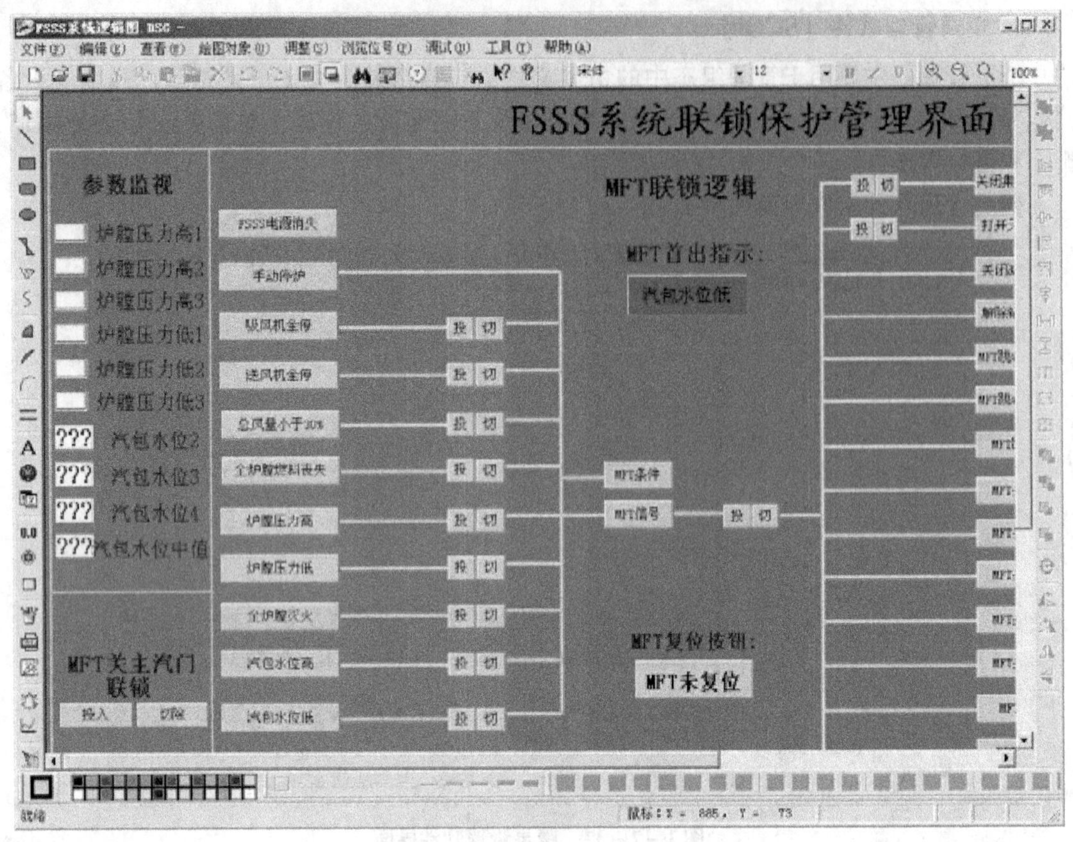

图 1－2－38　流程图制作界面

自动报表系统分为组态（即报表制作）和实时运行两部分。其中，报表制作部分在 SCFormEx 报表制作软件中实现，实时运行部分集成在 AdvanTrol 监控软件中。报表制作软件具有以下特点：

（1）SCFormEx 软件从功能上分为制表和报表数据组态两部分。报表制作功能的设计采用了与 Excel 类似的组织形式和功能分割，使用户能够方便、快捷地制作出各种类型格式的表格。

（2）在报表数据组态功能的设计中引入了事件的概念，用户可根据需要，将事件表达式定义成报表数据记录和报表输出的相关条件，以此来实现报表的条件记录与条件输出。它增强了 SCFormEx 软件的灵活性和易用性，能够很好地满足用户对工业报表的各种要求，实现现代化工业生产中的各类工业实时报表。

（3）SCFormEx 软件采用窗口式交互界面，所见即所得的数据显示方式。同时还提供了全中文的详细在线帮助，使用户在遇到疑难问题时，只要按下 F1 键就能够迅速获取相关的帮助信息，进而有效地解决问题。

（4）SCFormEx 报表制作软件支持与 Excel 报表数据的相互引用。

报表组态界面如图 1－2－39 所示。

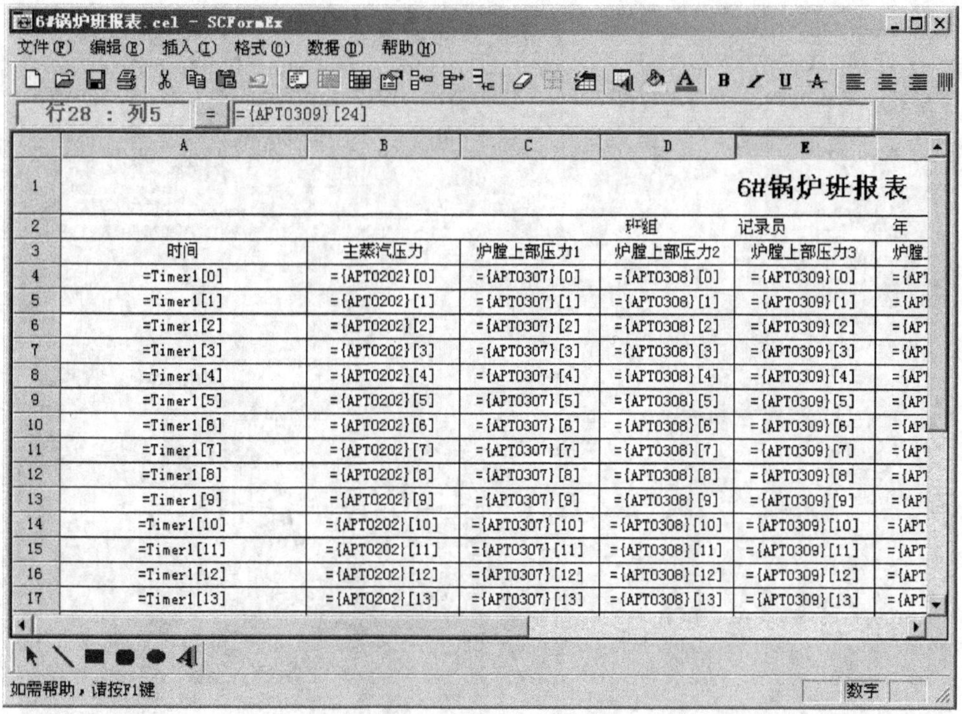

6#锅炉班报表.cel － SCFormEx

文件(F)　编辑(E)　插入(I)　格式(O)　数据(D)　帮助(H)

行28 ：列5　=　={APT0309}[24]

	A	B	C	D	E	
1					6#锅炉班报表	
2				班组	记录员	年
3	时间	主蒸汽压力	炉膛上部压力1	炉膛上部压力2	炉膛上部压力3	炉膛
4	=Timer1[0]	={APT0202}[0]	={APT0307}[0]	={APT0308}[0]	={APT0309}[0]	={APT
5	=Timer1[1]	={APT0202}[1]	={APT0307}[1]	={APT0308}[1]	={APT0309}[1]	={APT
6	=Timer1[2]	={APT0202}[2]	={APT0307}[2]	={APT0308}[2]	={APT0309}[2]	={APT
7	=Timer1[3]	={APT0202}[3]	={APT0307}[3]	={APT0308}[3]	={APT0309}[3]	={APT
8	=Timer1[4]	={APT0202}[4]	={APT0307}[4]	={APT0308}[4]	={APT0309}[4]	={APT
9	=Timer1[5]	={APT0202}[5]	={APT0307}[5]	={APT0308}[5]	={APT0309}[5]	={APT
10	=Timer1[6]	={APT0202}[6]	={APT0307}[6]	={APT0308}[6]	={APT0309}[6]	={APT
11	=Timer1[7]	={APT0202}[7]	={APT0307}[7]	={APT0308}[7]	={APT0309}[7]	={APT
12	=Timer1[8]	={APT0202}[8]	={APT0307}[8]	={APT0308}[8]	={APT0309}[8]	={APT
13	=Timer1[9]	={APT0202}[9]	={APT0307}[9]	={APT0308}[9]	={APT0309}[9]	={APT
14	=Timer1[10]	={APT0202}[10]	={APT0307}[10]	={APT0308}[10]	={APT0309}[10]	={APT
15	=Timer1[11]	={APT0202}[11]	={APT0307}[11]	={APT0308}[11]	={APT0309}[11]	={APT
16	=Timer1[12]	={APT0202}[12]	={APT0307}[12]	={APT0308}[12]	={APT0309}[12]	={APT
17	=Timer1[13]	={APT0202}[13]	={APT0307}[13]	={APT0308}[13]	={APT0309}[13]	={APT

如需帮助，请按F1键　数字

图 1－2－39　报表制作界面

9. 实时监控软件（AdvanTrol）

实时监控软件（AdvanTrol）是 AdvanTrol－Pro 软件包的重要组成部分，是基于 Windows 中文版开发的控制系统的上位机监控软件，用户界面友好。其基本功能为：数据采集和数据管理。它可以从控制系统或其他智能设备采集数据以及管理数据，进行过程监视（图形显示）、控制、报警、报表、数据存档，等。

实时监控软件所有的命令都化为形象直观的功能图标，只需用鼠标单击即可轻而易举地完成操作，再加上操作员键盘的配合使用，生产过程的实时监控操作更是得心应手，方便简捷。

实时监控软件的主要监控操作画面有：调整画面、报警一览画面、系统总貌画面、控制分组画面、趋势画面、流程图画面、数据一览画面、故障诊断画面。

实时监控的流程图画面如图 1－2－40 所示。

10. 故障分析软件（SCDiagnose）

故障分析软件（SCDiagnose）是进行设备调试、性能测试以及故障分析的重要工具。故障分析软件主要功能包括：故障诊断、节点扫描、网站响应测试、控制回路管理、自定义变量管理等。

故障分析软件系统主画面如图 1－2－41 所示：

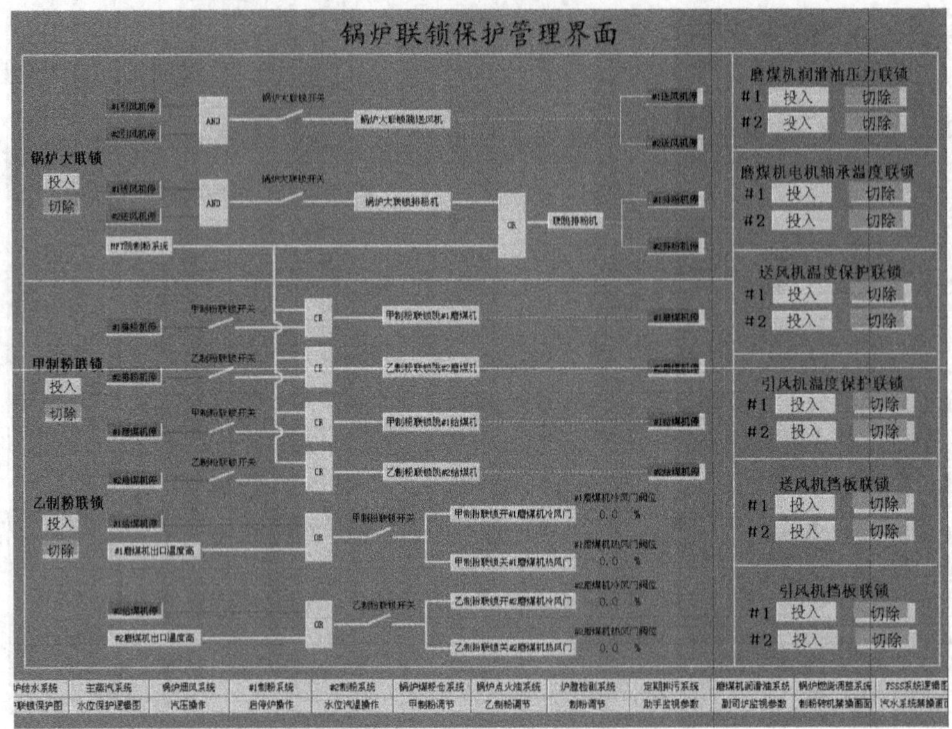

图 1-2-40　实时监控画面

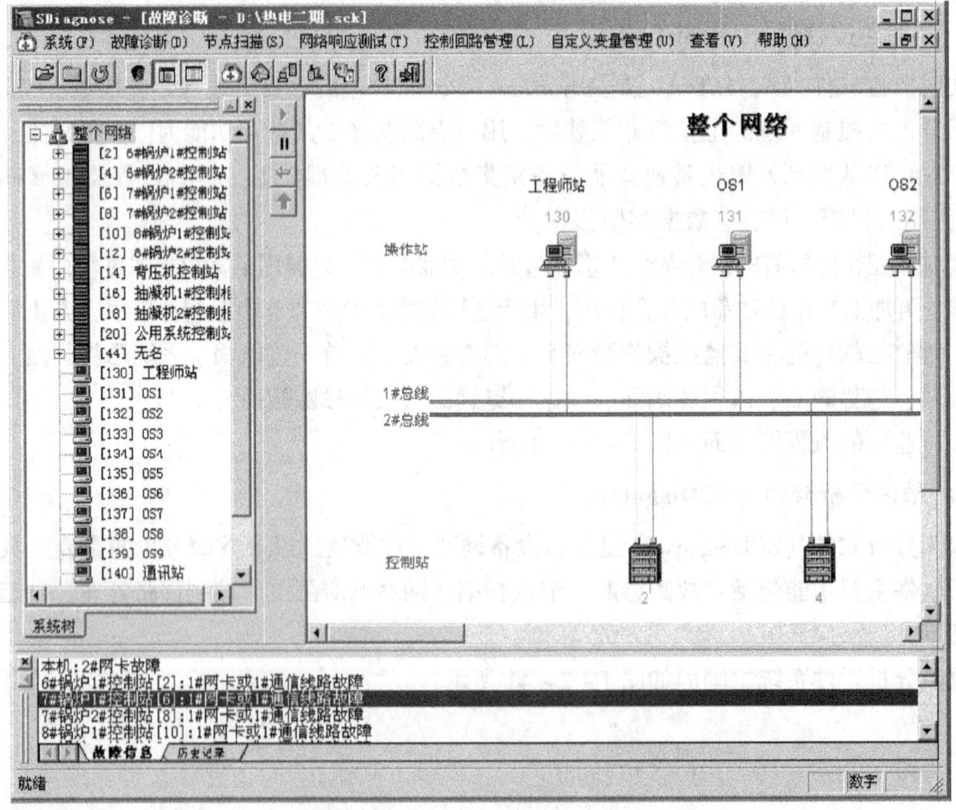

图 1-2-41　故障分析软件画面

11. ModBus 数据连接软件（AdvMBLink）

ModBus 数据连接软件（AdvMBLink）是控制系统与其他设备进行数据连接的软件。它可以与其他支持 ModBus 串口通信协议的设备进行数据通信，同时与控制系统进行数据交互。软件本身包括了组态与运行两部分。通过对 ModBus 设备进行位号组态后可直接与设备通信测试；运行时 AdvMBLink 作为后台程序负责数据的流入与流出。软件界面如图 1－2－42 所示，界面为浏览器风格，左边是树型列表框，显示组态的各个设备；右边为对应设备下属的位号列表。

图 1－2－42 ModBus 数据连接组态界面

12. OPC 实时数据服务器软件（AdvOPCServer）

OPC 实时数据服务器软件（AdvOPCServer）是将 DCS 实时数据以 OPC 位号的形式提供给各个客户端应用程序。AdvOPCServer 的交互性能好，通信数据量较大、通信速度也快。该服务器可同时与多个 OPC 客户端程序进行连接，每个连接可同时进行多个动态数据（位号）的交换。

13. C/S 网络互连功能

AdvanTrol－ProV2.65 在网络策略和数据分组的基础上实现了具有对等 C/S 特征的操作网，在该操作网上实现操作站之间，包括实时数据、实时报警、历史趋势、历史报警、操作日志等的实时数据通信和历史数据查询。该项功能主要通过程序 AdvOPNet.exe 和 AdvOPNetHis.exe（历史数据传输）及其他相关模块实现。

1.2.6 问题讨论

1. 如何增加角色？
2. 如何修改角色权限？
3. 如果用户现场不小心将所有用户密码都丢失了，该怎么办？

任务 1.3 加热炉系统控制站组态

1.3.1 任务目标

完成了用户授权管理的组态工作以后，开始进行控制站的组态工作。根据具体的工艺要求，本加热炉控制系统由一个控制站、一个工程师站、一个操作站组成。

控制站 IP 地址为 02，且冗余配置。工程师站 IP 地址为 130、操作站 IP 地址为 131。

1.3.2 任务分析

组态工作开始之初，需要根据实际系统硬件选型的结论，整理硬件信息并进行测点的分配。在这里，需要进行的工作包括：

（1）确定有几个控制站。

（2）每个控制站分配几个机笼。

（3）每一个机笼中的卡件按什么样的顺序来布置。

（4）每一块卡件具体处理哪一些测点信号，这些信号分别位于该卡件的哪一通道。

在一般情况下，硬件的分配遵循以下原则：

（1）根据工艺情况，同一装置或是有关联的装置分布在一个控制站。

（2）在一个控制站内部，按卡件类型分布，同类型的卡件相对集中排布。

（3）在条件允许的情况下，在一个控制站内一个类型的测点后应考虑一定的备用点，控制站中应留有几个空余槽位，为设计更改留余量。

根据任务一所做的选型工作，可知目前已经确定下来系统的硬件规模、卡件的型号及数量等。系统中仅有一个控制站、一个机笼，所以接下来需要确定卡件在机笼中按照什么样的顺序排列，并作出卡件布置图。

对于本工程项目，由于卡件数量较少，布置起来比较简单，图 1－3－1 给出参考示意图。

1	2	3	4	00	01	02	03	04	05	06	07	08	09	10	11	12	13	14	15
冗余		冗余		冗余		冗余						冗余		冗余					
X P 2 4 3 X	X P 2 4 3 X	XP 2 3 3	XP 2 3 3	XP 3 1 3I	XP 3 1 3I	XP 3 1 3I	XP 3 1 3I	XP 3 1 4I	XP 3 1 4I	XP 0 0 0	XP 0 0 0	XP 3 1 6I	XP 3 1 6I	XP 3 2 2	XP 3 2 2	XP 0 0 0	XP 0 0 0	XP 3 6 2	XP 3 6 3
SUPCON JX－300XP																			

图1－3－1 1#机柜1#机笼卡件布置图

接下来就是对于测点的分配了，需要根据实际情况来对项目测点清单中的所有测点进行位置分配，确定哪一个测点在哪一块卡件的哪一个通道上进行采集或控制。具体配置可参考表1－3－1所列。

表1－3－1 1#机笼测点分配表

	序号	卡件型号	卡件通道							
			00	01	02	03	04	05	06	07
测点分配图	00	XP313I	PI－102	LI－101	备用	备用	备用	备用		
	01	XP313I	PI－102	LI－101	备用	备用	备用	备用		
	02	XP313I	FI－001	FI－104	备用	备用	备用	备用		
	03	XP313I	FI－001	FI－104	备用	备用	备用	备用		
	04	XP314I	TI－102	TI－103	TI－104	TI－106	TI－107	备用		
	05	XP314I	TI－108	TI－111	备用	备用	备用	备用		
	06	XP000								
	07	XP000								
	08	XP316I	TI－101	备用	备用	备用				
	09	XP316I	TI－101	备用	备用	备用				
	10	XP322	PV－102	FV－104	LV－1011	LV－1012				
	11	XP322	PV－102	FV－104	LV－1011	LV－1012				
	12	XP000								
	13	XP000								
	14	XP362	KO－302	备用	备用	备用	备用	备用	备用	备用
	15	XP363	KI－301	备用	备用	备用	备用	备用	备用	备用

根据上面的卡件布置图和测点分配清单，组态工作就可以顺理成章地开始了。

1.3.3 相关知识：常规控制方案的组态

组态软件提供了一些常规的控制方案，对一般要求的常规控制，基本都能满足要求。这些控制方案易于组态，操作方便，且实际运用中控制运行可靠、稳定，因此对于无特殊要求的常规控制，建议采用系统提供的控制方案，而不必用户自行定义。

JX－300XP 系统以基本 PID 算式为核心进行扩展，设计了串级、前馈、串级前馈（三冲量）等多种控制方案，下面将重点介绍手操器、单回路、串级控制、前馈、串级前馈（三冲量）控制方案。

1. 手操器（如图 1－3－2 所示）

手操器可以根据操作员的操作指令以设定阀位值，来实现阀位信号的实时输出，没有设定值和 PID 的控制运算功能，只提供一个测量值的显示接口和一个阀位手动操作输出的功能。一般地，手操器输出阀位值与一定的被控对象的测量值 PV 相对应，所以可通过组态（填写手操器的输入位号）将一定的输入变量值实时地显示在手操器的控制仪表内。在该手操器控制仪表内，这个输入变量的作用仅仅是显示功能，它可以帮助操作员尽快了解阀位变化对控制对象发生的状态变化的情况。

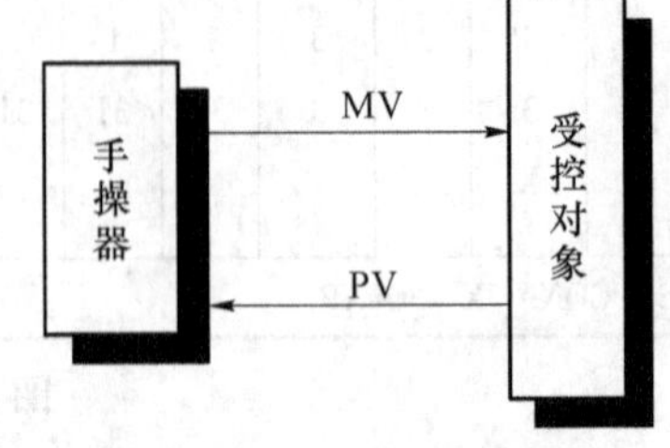

图 1－3－2　手操器原理图

AdvanTrol 中 PV 与 MV 来源于组态软件，具体值在实时运行中得到。PV 与 MV 在组态中设定方法如下：

（1）选择［控制站］／<I/O 组态>/IO 点选项卡，对回路设置中要选择的回路模入类型输入位号 1 进行设置，对回路设置中要选择的回路模出类型输出位号 2 进行设置。

（2）选中［控制站］／<常规控制方案>，打开常规控制回路组态窗口，单击相应回路的设置按钮，在弹出的回路设置对话框中的回路输入中选位号 1，在对话框中的输出位号中选位号 2。此时，PV 对应 I/O 点 1 位号，MV 对应 I/O 点 2 位号。

2. 单回路

单回路 PID 控制的是最常用的控制系统，绝大多数情况下，它已能满足生产要求。单回路控制原理图如图 1－3－3 所示。

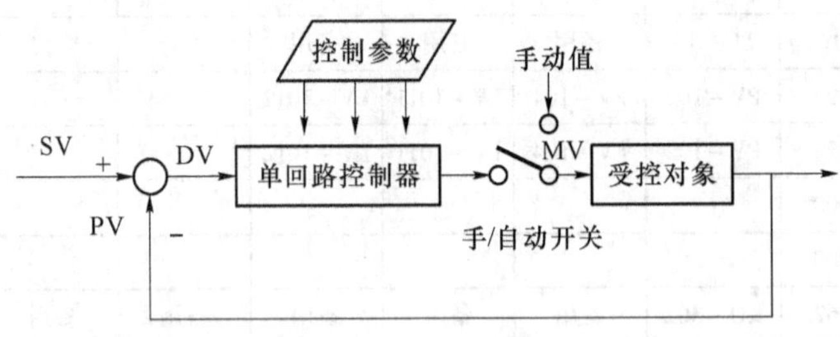

图 1－3－3　单回路控制原理图

其中控制参数包括：比例度 P，积分时间 I，微分时间 D，控制周期 Ts。

3. 串级控制

单回路 PID 控制是最常见的控制算法，在绝大多数情况下，它已能满足生产要求。但在某些场合，这种简单的控制算法可能会不合要求。这些场合包括：

（1）过程可控程度差，如对象具有大纯滞后的情况；

（2）过程具有较明显的时变特性或非线形特性；

(3) 扰动剧烈，而且幅度大；

(4) 控制性能要求较高；

(5) 过程参数之间存在严重关联。

为了改进算法以满足上述场合的控制要求，在单回路基础上，开发了串级控制等有效的控制方法。当需要用一个控制器的输出来改变另一个控制器的给定值时，这样连接起来的两个控制器就被称作是“串级”的。两个控制器都有各自的测量输入，但只有主控制器具有自己独立的给定值，副控制器的输出信号送给被控制过程。该系统称为串级控制系统。串级控制原理图如图 1-3-4 所示，控制变量如表 1-3-2 所示。

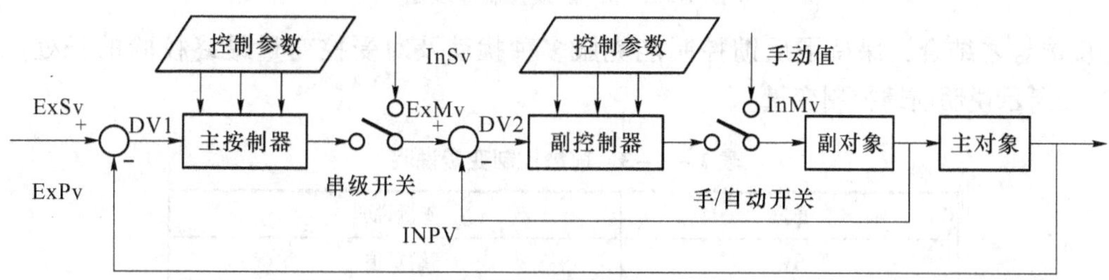

图 1-3-4　串级控制原理图

表 1-3-2　串级控制变量说明

变量	变量说明
ExSv	外环给定值
ExPv	外环测量值
ExMv	外环控制量
DV1	外环偏差（ExPv - ExSv）
InSv	内环给定值
InPv	内环测量值
InMv	内环控制量
DV2	内环偏差（InPv - InSv）

(1) 其中的手/自动开关、串级开关具有由低向高的联动功能，即手/自动开关切向手动时，串级开关无法投入使用。

(2) 手/自动开关、串级开关具有无扰动切换功能。

4. 前馈控制

前馈控制（如图 1-3-5 所示）的概念是测取进入过程的干扰（包括外界干扰和给定值变化），并按其信号产生合适的控制作用去改变操纵变量，使受控变量维持在给定值上。

前馈控制可使受控变量连续的维持在恒定的给定值上，而反馈控制系统是做不到的，这是因为反馈控制是按被控变量的偏差动作的，在干扰作用下，受控变量总要经历一个偏离给定值的过渡过程。前馈控制本身不形成闭合反馈回路，不存在闭合稳定性问题，因而也就不存在控制精度与稳定性的矛盾。但它不存在受控变量的反馈，也即对于补偿的效果没有检验的手段，控制结果无法消除受控变量的偏差，系统无法获得这一信息而作进一步的矫正，因

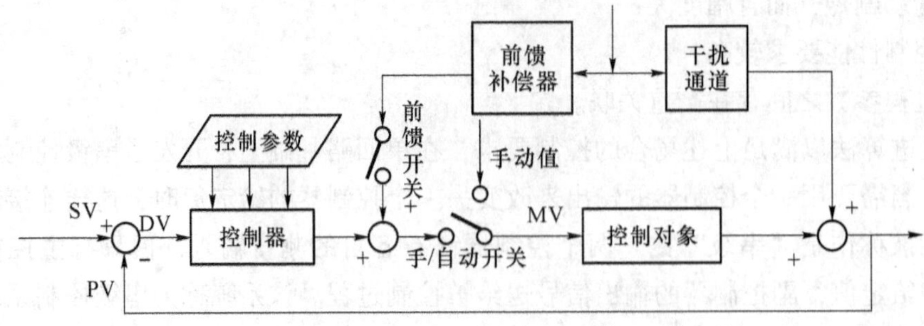

图 1-3-5　前馈控制原理图

此将反馈与之结合，保持了反馈控制能克服多种扰动及对受控变量最终校验的长处。表 1-3-3所示说明前馈控制变量。

表 1-3-3　前馈控制变量说明

变量	变量说明
SV	给定值
PV	测定值
DV	偏差
MV	前馈控制控制量
Kf	前馈增益
T2	滞后时间
T1	超前时间
Tf	纯滞后
Co	前馈偏置

5. 串级前馈控制（三冲量）

串级前馈结合了串级回路与前馈回路的优点。前馈控制器需要设置的相关参数：时间常数 T1，T2，Tf，放大倍数 Kf，以及前馈控制选择开关（要/否）。三冲量控制原理图如图 1-3-6所示，变量说明如表 1-3-4 所示。

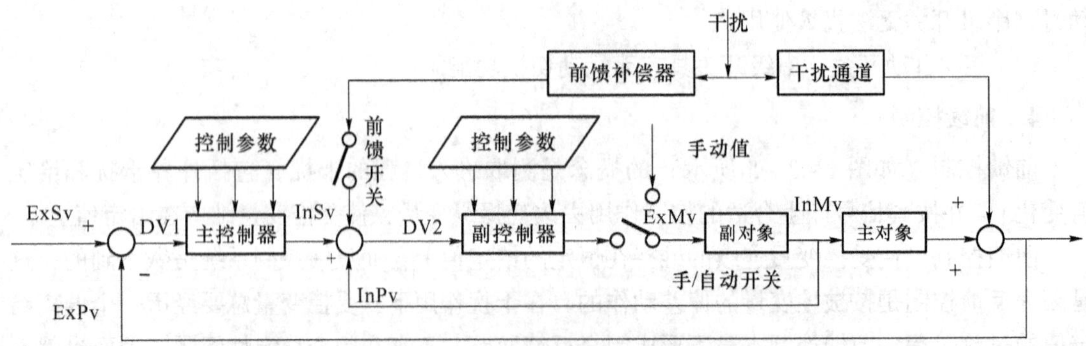

图 1-3-6　三冲量控制原理图

表1－3－4　串级前馈控制变量说明

变量	变量说明
ExSv	外环给定值
ExPv	外环测定值
ExMv	外环控制量
DV1	外环偏差（ExPv－ExSv）
InPv	内环给定值
InSv	内环测定值
InMv	内环控制量
DV2	内环偏差（InPv－InSv）
Kf	前馈增益
T2	滞后时间
T1	超前时间
Tf	纯滞后
Co	前馈偏置

常规控制方案可在组态中进行设置。

1.3.4　任务实施：加热炉系统控制站组态

1. 主机设置

建立了新的组态文件以后，首先进行主机设置，主机设置是指对系统控制站（主控制卡）、操作站以及工程师站的相关信息进行配置，包括各个控制站的地址、控制周期、通信、冗余情况、各个操作站或工程师站的地址等一系列的设置工作。设置步骤如下：

（1）点击组态软件界面上的“主机”按钮，在弹出的对话框（如图1－3－7所示）中设置主机。（该命令也能在［总体信息］／<主机设置>菜单项中找到）

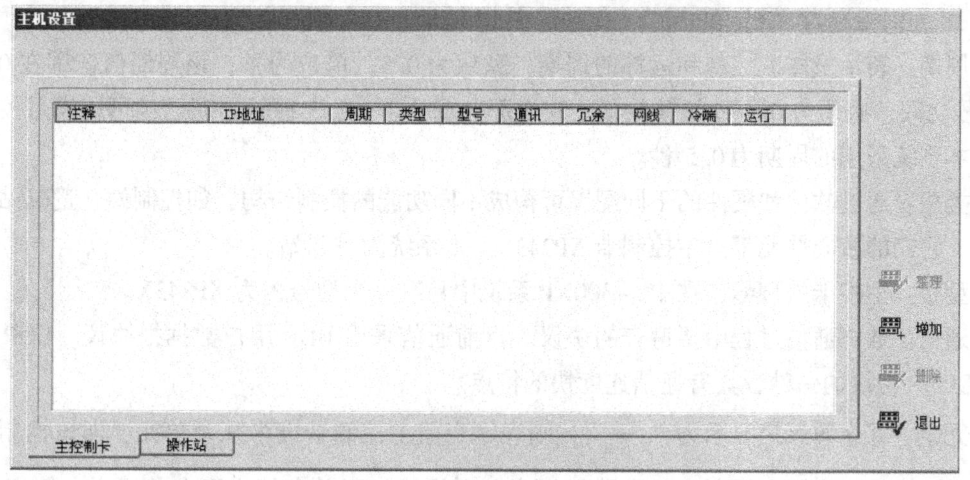

图1－3－7　主机设置对话框

这时对话框突出显示“主控制卡”选项卡，在这里可以进行对控制站（主控制卡）的设置。在对话框的右侧纵向排列了四个命令按钮，分别为：整理、增加、删除、退出。这些命令按钮的作用如图 1－3－8 所示：

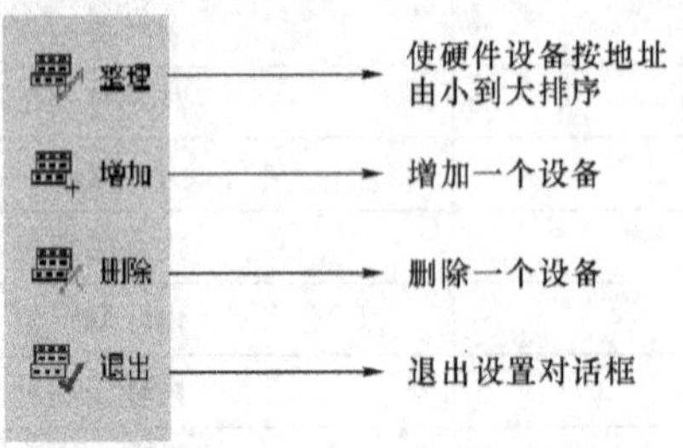

图 1－3－8　主机设置命令按钮

（2）点击“增加”按钮，增加控制站。

（3）填写相应控制站的参数。

注释：对该控制站的相应文字说明。

IP 地址：JX－300XP 系统主控制卡在 SCnetII 网络中的地址。

JX－300XP 系统中最多可组 63 个控制站，控制站 IP 地址要求在 2～127 之间，对 TCP/IP 协议地址采用表 1－3－5 所示的系统约定。

表 1－3－5　控制站 IP 地址

<table>
<tr><th rowspan="2">类别</th><th colspan="2">地址范围</th><th rowspan="2">备　注</th></tr>
<tr><th>网络码</th><th>主机码</th></tr>
<tr><td rowspan="2">控制站地址</td><td>128.128.1</td><td>2～127</td><td rowspan="2">每个控制站包括两块互为冗余的主控制卡。每块主控制卡享用不同的网络码。IP 地址统一编排，相互不可重复。地址应与主控卡硬件上的跳线地址匹配</td></tr>
<tr><td>128.128.2</td><td>2～127</td></tr>
</table>

由于本系统中只有一个控制站，并且主控制卡冗余配置，所以，将互为冗余的两块主控制卡 IP 分别指定为“2”和“3”，此处需在 IP 地址一栏中填写“128.128.1.2”。

周期：表示采样、控制和运算的周期，默认为 0.5，单位为秒，该周期值范围在 0.1～5.0 秒之间，必须为 0.1 秒的整数倍。在大部分场合下，0.5 秒的周期已经可以满足控制要求。本系统采用的周期为 0.5 秒。

类型：通过软件和硬件的不同配置可构成不同功能的控制结构，如控制站、逻辑站、采集站。它们的核心单元都是主控制卡 XP243X。本系统为控制站。

型号：主控卡的型号，在 JX－300XP 系统中只有一个型号，为 XP243X。

通信：数据通信过程中要遵守的协议。目前通信采用 UDP 用户数据报协议。UDP 协议是 TCP/IP 协议的一种，具有通信速度快的特点。

冗余：冗余单元栏显示为“✓”，则表示当前主控制卡设为冗余单元，即该控制站中具备两块互为冗余的主控制卡。要取消冗余单元设置，再单击相应冗余单元栏，使“✓”

消隐。本系统要求冗余配置，所以单击相应的单元栏，使其显示为“✓”。采用了这样的配置，就不再需要对 IP 地址为 3 的那块主控制卡进行设置了，系统会根据冗余规则自行寻找另一块卡件。

网线：JX－300XP 系统中，每个控制站有两块主控制卡，每块主控制卡都具有两个通信口，位于上方的通信口称为网络 A，位于下方的通信口称为网络 B，当两个通信口同时被使用时称为冗余网络通信。所以在此必须填写需要使用网络 A、网络 B 还是冗余网络进行通信冗余。

本系统中采用冗余网络，选择“冗余”选项。

冷端和运行：不用设置。填写完整上述参数，主控制卡设置完毕。效果如图 1－3－9 所示。

（4）点击“操作站”标签名，使操作站选项卡突出显示，可对操作站进行配置。

（5）点击“增加”按钮，增加操作站。

（6）填写相应的参数。

注释：对该站点的相应文字说明。

IP 地址：JX－300XP 系统操作站在 SCnetII 网络中的地址。

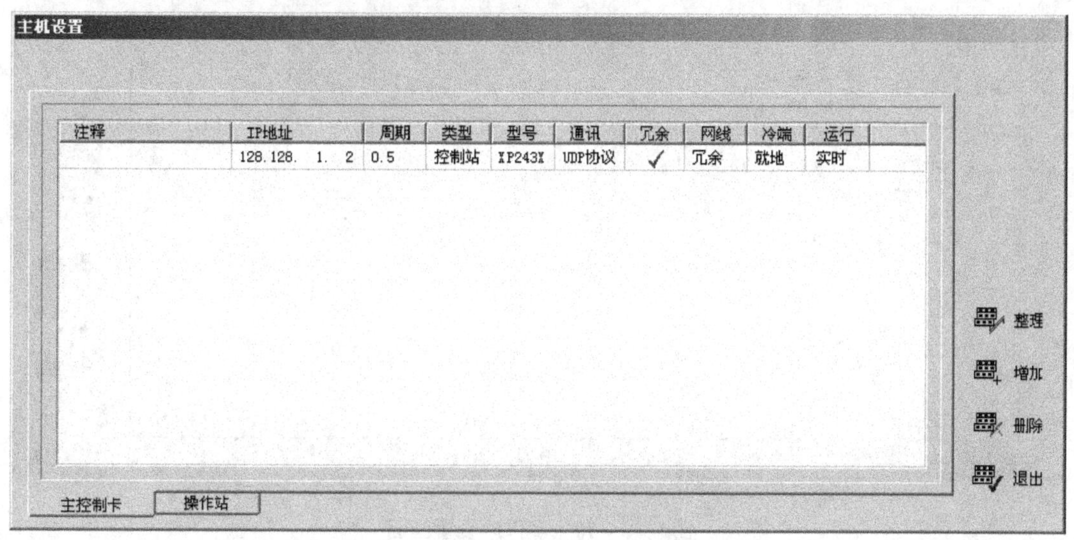

图 1－3－9　控制站设置画面

JX－300XP 系统中最多可组 72 个操作站或工程师站，这些站点的 IP 要求在 129～200 之间，对 TCP/IP 协议地址采用表 1－3－6 所示的系统约定。

表 1－3－6　操作站 IP 地址

类　别	地　址　范　围		备　注
	网络码	IP 地址	
操作站地址	128.128.1	129～200	每个操作站包括两块互为冗余的网卡。两块网卡享用同一个 IP 地址，但应设置不同的网络码。IP 地址统一编排，不可重复
	128.128.2	129～200	

在组态工作中，为了使工程组态具有可读性及一致性，方便系统维护人员及其他人员对系统组态进行维护，必须遵循一定的规范来进行。一般的，对操作站或工程师站的地址及计算机名采用：工程师站 IP 地址 130，计算机名为“ES130”；普通操作站 IP 地址 131、132、133…，计算机名为“OS131”“OS132”“OS133”…。

在工程的项目中只配置了一台计算机作工程师站兼操作站，在这里可将系统中的工程师站（代操作站）IP 分别指定为 130，所以在 IP 地址一栏中填写“128. 128. 1. 130”。系统会根据冗余规则自动识别该站点的另一块网卡的地址“128. 128. 2. 130”。

类型：操作站类型分为工程师站、数据站和操作站三种，可在下拉组合框中选择。

① 工程师站主要用于系统维护、系统设置及扩展。

② 操作站是操作人员完成过程监控任务的操作界面。

③ 数据站是用于数据处理的，目前系统保留，尚未使用。

在本系统中，类型选择为工程师站。填写完整上述参数，操作站、工程师站设置完毕。效果如图 1－3－10 所示。

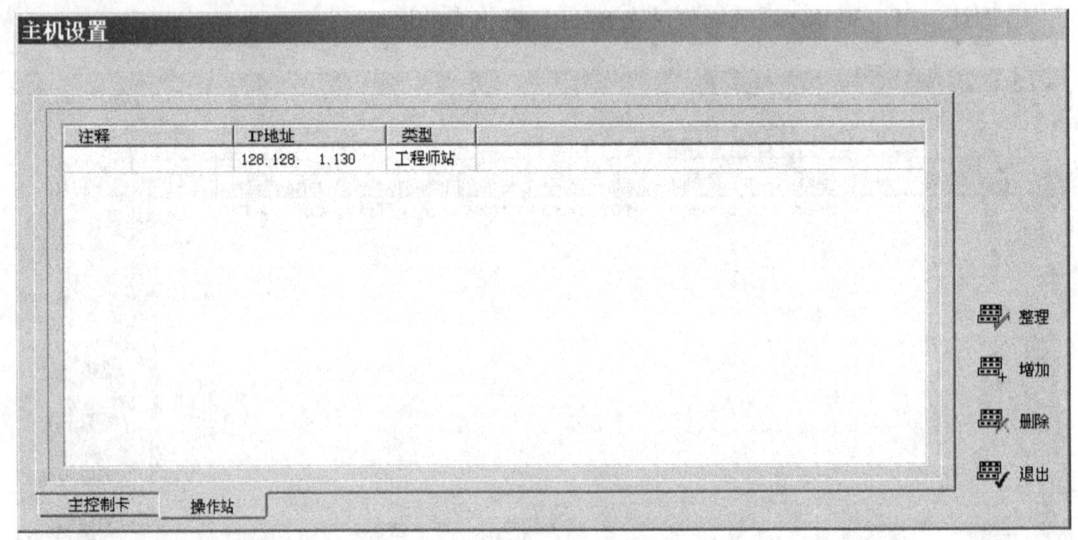

图 1－3－10　操作站设置画面

（7）点击“退出”按钮，退出主机设置。

主机设置完成以后，可以进行控制站的 I/O 组态，I/O 组态主要包括下面的一些内容：

① 数据转发卡设置。

② I/O 卡件设置。

③ 信号点设置。

2. 数据转发卡设置

I/O 组态首先从数据转发卡组态开始。数据转发卡组态是对某一控制站内部的数据转发卡在 SBUS－S2 网络上的地址以及卡件的冗余情况等参数进行组态。步骤如下：

（1）点击“I/O”工具按钮，或点击［控制站］/ <I/O 组态>菜单项，弹出设置的对话框，如图 1－3－11 所示。

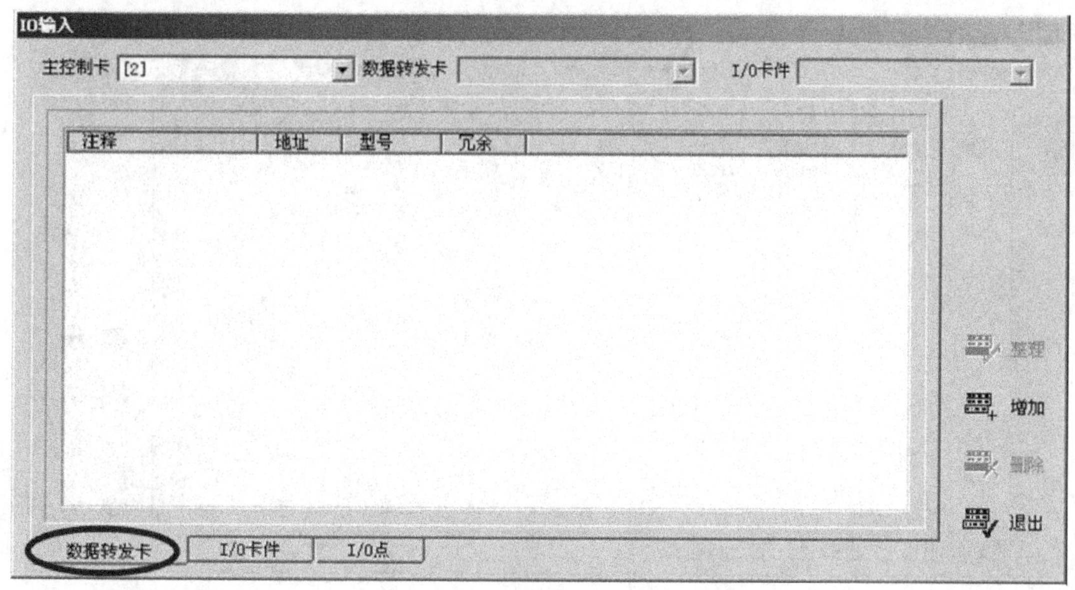

图1－3－11 数据转发卡设置对话框

I/O配置对话框中，当前突出显示的选项卡就是“数据转发卡”，在该画面中，可以进行数据转发卡的设置。

（2）画面上方有一“主控制卡”下拉选择菜单，此项下拉菜单中，列表列出“主机设置”组态中登录的所有主控制卡，您可以通过下拉菜单选择对哪一个控制站的数据转发卡进行设置。比如，若需要设置IP地址为4的控制站下面带载的数据转发卡，就通过下拉菜单选择［4］号地址。该主控制卡一旦确定，数据转发卡窗口中列出的数据转发卡都将挂接在该主控制卡上。一块主控制卡下最多可组16块（8对）数据转发卡。本项目中，只有一个控制站，控制站地址为2，所以主控制卡的下拉选择菜单中，选择［2］号地址。

（3）选择好控制站以后，点击“增加”按钮，在该控制站增加数据转发卡。

（4）填写相应的参数。

注释：对该数据转发卡的相应文字说明。

地址：当前数据转发卡在挂接的主控制卡上的地址，地址值设置为0～15内的偶数，并要求遵循冗余规则，地址不可重复。如系统中有多对数据转发卡，地址必须递增上升，不能跳跃。根据本项目的配置可知，控制站中只有一对冗余的数据转发卡，即数据转发卡要和主控制卡放在同一个I/O机笼，对于放置了主控制卡的机笼，必须将该机笼的数据转发卡的地址设置成00和01。所以在地址栏中，需要填写的地址为“00”。

型号：目前只有XP233可供选择。

冗余：点击此栏将当前组态的数据转发卡设为冗余单元。设置冗余单元的方法及注意事项同主控制卡。本项目中系统采用的数据转发卡为冗余配置，所以需要在相应的栏目中打上勾。这样与地址为“00”的数据转发卡冗余的那块卡件就不必重新设置了，系统会根据冗余规则自动识别该机笼的另一块数据转发卡的地址“01”。填写完整上述参数，数据转发卡设置完毕。效果如图1－3－12所示。

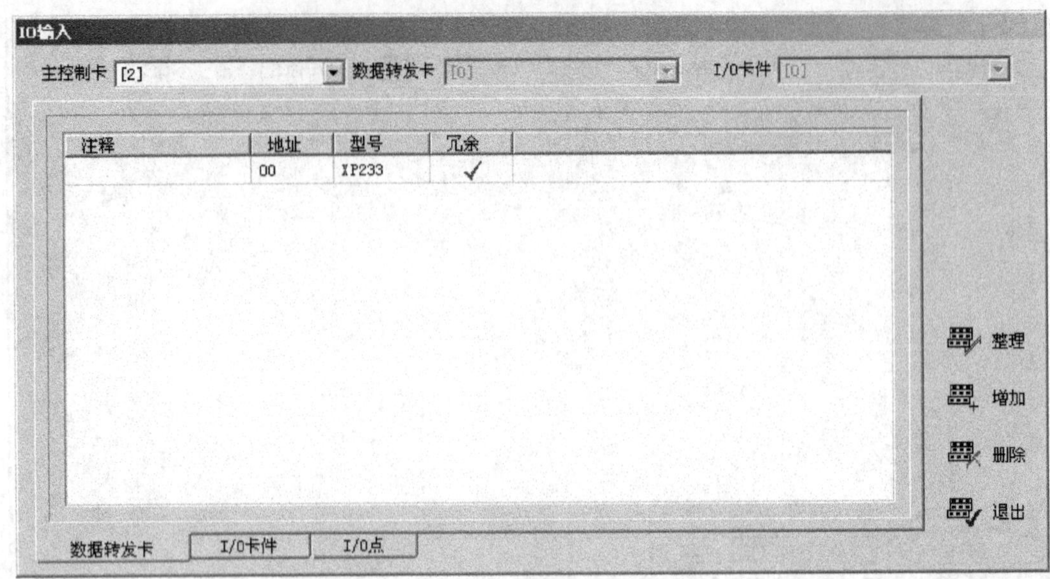

图 1-3-12 数据转发卡设置画面

（5）点击“退出”，完成数据转发卡设置。

3. I/O 卡件设置

数据转发卡设置完毕后，可以进行 I/O 卡件设置。I/O 卡件设置是对 SBUS-S1 网络上的 I/O 卡件型号及地址等参数进行组态。I/O 卡件设置在 I/O 卡件组态画面中进行。步骤如下：

（1）点击“I/O”工具按钮，或点击［控制站］/<I/O 组态>菜单项，弹出设置的对话框。

（2）点击“I/O 输入”对话框中的“I/O 卡件”选项卡，会将相应的组态画面突出显示（如图 1-3-13 所示）。在该画面中，可以进行 I/O 卡件的设置。

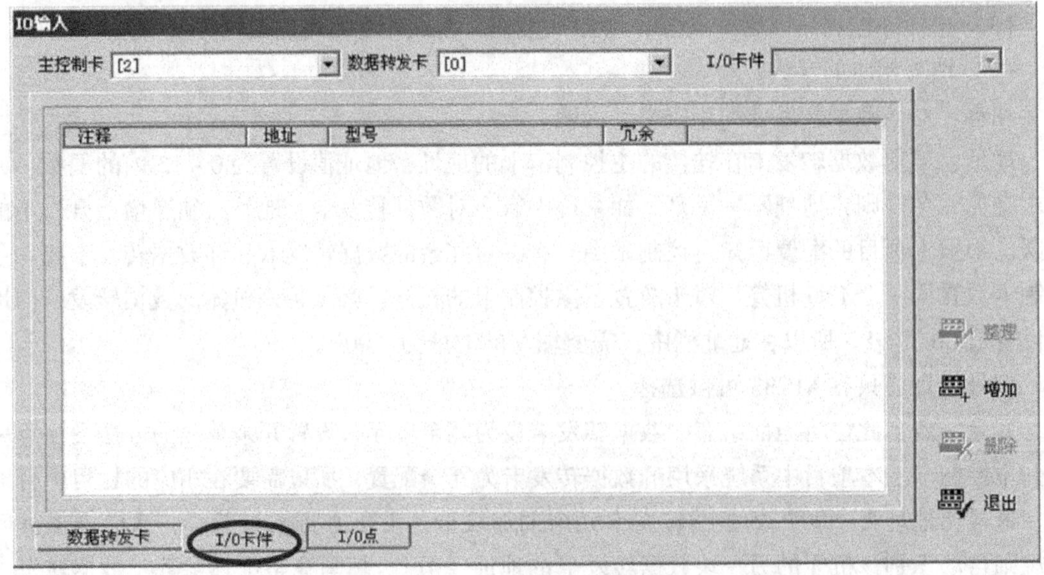

图 1-3-13 I/O 卡件设置对话框

（3）画面上方有“主控制卡”和“数据转发卡”下拉选择菜单，此项下拉菜单中，列表列出“主机设置”组态中登录的所有主控制卡和“数据转发卡设置”中组态过的所有数据转发卡，您可以通过下拉菜单选择对哪一个控制站的哪一个机笼中的I/O卡件进行设置。比如，在主控制卡、数据转发卡设置完毕以后，若需要设置IP地址为4的控制站中，地址为6的机笼中的I/O卡件，就通过主控制卡后面的下拉菜单选择［4］号地址，数据转发卡后面的下拉菜单选择［6］号地址。主控制卡和数据转发卡一旦确定，I/O卡件窗口中列出的I/O卡件都将挂接在该数据转发卡之下。一块（对）数据转发卡下可组16块I/O卡件。本项目中，只有一个控制站、一个机笼，根据前面的组态，在主控制卡的下拉选择菜单中，选择［2］号地址，在数据转发卡的下拉选择菜单中，选择［0］号地址。

（4）选择好控制站及数据转发卡以后，点击“增加”按钮，在该机笼增加I/O卡。

（5）填写相应的参数：

本项目中，根据前面图1－3－1设计完成的卡件布置图，进行I/O卡件参数设置。

注释：对该卡件的相应文字说明。

地址：卡件的地址设置。在系统中I/O卡件的地址范围在00～15之间，I/O卡件的组态地址应与它在控制站机笼中的排列编号相匹配，并要求遵循冗余规则。根据卡件布置图，00、01槽位上插放着冗余工作的两块XP313I卡件。所以本例中地址填写“00”。

型号：从下拉列表中选定当前组态I/O卡件的类型。JX－300XP系统提供多种I/O卡件以供用户选择。本例中该槽位上插放的卡件为XP313I，所以型号一栏中从下拉菜单中选择“XP313（I）6路电流信号输入卡”。

冗余：点击此栏将当前组态的卡件设为冗余单元。设置冗余单元的方法及注意事项同主控制卡。若I/O卡件采用冗余配置，只需在相应的栏目中打上勾。与该卡件冗余的那块卡件不必重新设置，系统会根据冗余规则自动识别另一块I/O卡件。本项目中该槽位卡件是冗余配置的，所以冗余一栏中打勾，系统会自动识别与00号卡件冗余的01号XP313（I）卡件。因此01号卡件不必单独设置。这样00、01号槽位上的卡件就组态完毕了。同样的方法，重复步骤4和5，根据卡件布置图对系统中用到的卡件一一进行组态。组态完毕的效果图如图1－3－14所示。

注释	地址	型号	冗余
	00	XP313(I) 6路电流信号输入卡	✓
	02	XP313(I) 6路电流信号输入卡	✓
	04	XP314(I) 6路电压信号输入卡	
	05	XP314(I) 6路电压信号输入卡	
	06	XP314(I) 6路电压信号输入卡	
	08	XP316(I) 4路热电阻信号输入卡	✓
	10	XP322 4路模拟信号输出卡	✓
	14	XP362X 8路晶体管接点开出卡	
	15	XP363X 8路触点型开入卡	

图1－3－14 I/O卡件设置结果

（6）根据卡件布置图进行 I/O 卡件的组态，如有需要，重复 3、4、5 步骤。将所有的卡件全部组态完毕以后，点击“退出”按钮，I/O 卡件设置完毕。

4. I/O 信号点设置

I/O 卡件设置完毕后，可以进行 I/O 信号点设置。I/O 信号点设置在 I/O 点组态画面中进行。步骤如下：

（1）点击“I/O”工具按钮，或点击［控制站］/<I/O 组态>菜单项，弹出设置的对话框。

（2）点击“I/O 输入”对话框中的“I/O 点”选项卡，会将相应的组态画面突出显示。在该画面中，可以进行 I/O 卡件的设置，如图 1－3－15 所示。

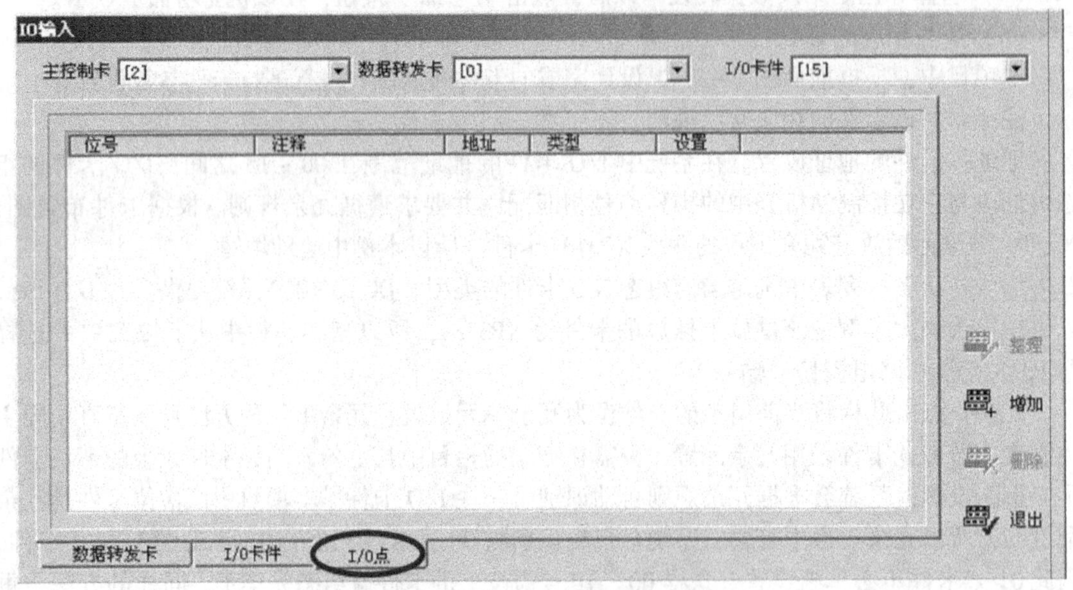

图 1－3－15　I/O 点设置对话框

（3）画面上方有“主控制卡”、“数据转发卡”和“I/O 卡件”下拉选择菜单，此项下拉菜单中，列表列出“主机设置”组态中登录的所有主控制卡、“数据转发卡设置”中组态过的所有数据转发卡和“I/O 卡件设置”中组态的所有 I/O 卡件，我们可以通过下拉菜单选择对某一个控制站的某一个机笼中的某 I/O 卡件下的某信号点进行设置。比如，在主控制卡、数据转发卡和 I/O 卡件设置完毕以后，若需要设置 IP 地址为 4 的控制站中，地址为 6 的机笼中的 0 号 I/O 卡件下面的某个信号，就通过主控制卡后面的下拉菜单选择［4］号地址，数据转发卡后面的下拉菜单选择［6］号地址，I/O 卡件后面的下拉菜单选择［0］号地址。主控制卡、数据转发卡和 I/O 卡件一旦确定，I/O 点窗口中列出的 I/O 信号点都将挂接在该 I/O 卡件之下。本例中，根据表 1－3－1 进行设置。首先将设置机笼中的 00、01 号这两块冗余卡件挂接的信号点，在主控制卡的下拉选择菜单中，选择［2］号地址，在数据转发卡的下拉选择菜单中，选择［0］号地址，在 I/O 卡件的下拉选择菜单中，选择［0］号地址。

（4）选择好控制站、数据转发卡及 I/O 卡件以后，点击“增加”按钮，在卡件下增加信号点。

（5）填写相应的参数：

位号：为了区别不同的信号，需要给每一个信号取一个唯一的名字，即位号名。在这里，根据测点分配图，在该步骤中将首先设置的位号名为PI－102，需按要求进行修改。

注释：对该信号点的相应文字说明。［地址：信号的通道地址设置。通道地址范围的大小与卡件的点数有关，不同的卡件可能会有不同的通道个数。］

本项目中，根据测点分配表，PI－102被安排在00号卡件的0号通道中。在这里，地址应填写“00”。

类型：此项显示当前信号点信号的输入/输出类型，本栏目用户无权修改，栏目中的填充文字是根据卡件的性质来决定的。由于本卡件为XP313I，所以类型为“模拟量输入”。

设置：点击“设置”按钮，在弹出的对话框中，可以对相应信号点的具体参数进行配置，如图1－3－16所示。

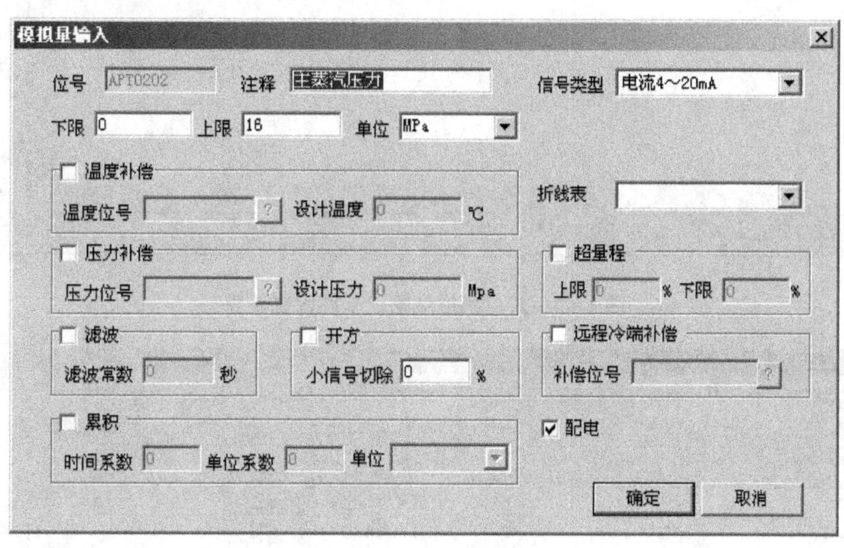

图1－3－16　I/O点参数设置对话框

在弹出的对话框中根据测点的具体情况填写信号的量程、单位，通过下拉菜单选择正确的信号类型。点击“确定”按钮确认上面的操作。第一个信号点就组态完毕了。

（6）重复步骤（4）和（5），继续点击“增加”按钮，根据测点分配图设置该卡件上的其他信号点。工程设计时，这一对冗余配置的XP313（I）卡件上采集了两点信号，富余了四个通道。但是在组态中，为了将来能方便地进行系统扩展，需要在这四个富余的通道上分别组一个空位号。为方便识别，空位号一般采用下面的命名原则：

① 模入点采用“NAI＊＊＊＊”，描述采用“备用”。

② 模出点采用“NAO＊＊＊＊”，描述采用“备用”。

③ 开入点采用“NDI＊＊＊＊”，描述采用“备用”。

④ 开出点采用“NDO＊＊＊＊”，描述采用“备用”。

⑤“＊＊＊＊”中第一位为主控卡地址（取1位），第二位为数据转发卡地址，第三位为卡件地址，第四位为通道地址，地址为整数。

所以需要在富余的02至05通道上按照上述原则分别组上空位号。到此，对于0号卡件的信号点已经组态完毕了。

（7）重复步骤（3）、（4）、（5）、（6），重新选择卡件，根据测点配置表将信号点一一进行组态。组态时要注意对卡件中富余通道上也一定要组态上空的位号，输出卡件组态完毕的效果如图 1－3－17 和图 1－3－18 所示。

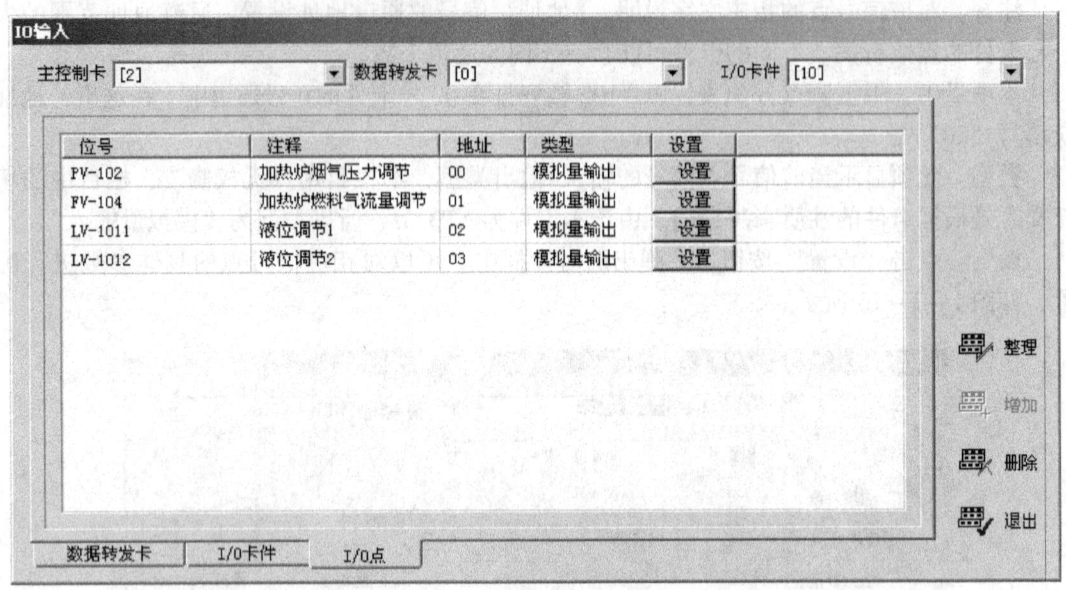

位号	注释	地址	类型	设置
PV-102	加热炉烟气压力调节	00	模拟量输出	设置
FV-104	加热炉燃料气流量调节	01	模拟量输出	设置
LV-1011	液位调节1	02	模拟量输出	设置
LV-1012	液位调节2	03	模拟量输出	设置

图 1－3－17　模拟量输出卡件设置结果

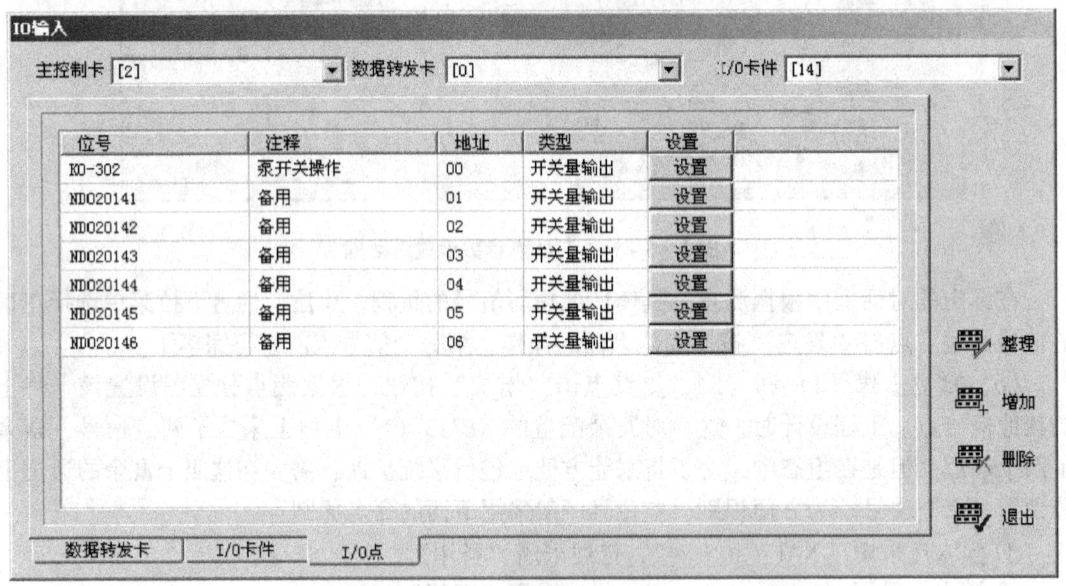

位号	注释	地址	类型	设置
KO-302	泵开关操作	00	开关量输出	设置
NDO20141	备用	01	开关量输出	设置
NDO20142	备用	02	开关量输出	设置
NDO20143	备用	03	开关量输出	设置
NDO20144	备用	04	开关量输出	设置
NDO20145	备用	05	开关量输出	设置
NDO20146	备用	06	开关量输出	设置

图 1－3－18　开关量输出卡件设置结果

（8）点击“退出”按钮，至此，I/O 组态全部完成。

在组态软件界面左侧的显示区中，可以看见树状的系统结构图，前面所组态的卡件和信号点都可以在如图 1－3－19 所示结构图中找到。

5. 常规控制方案组态

在完成控制站硬件的组态工作以后，我们开始进行控制方案的组态工作。控制方案的组态是整个系统组态的核心和重点，DCS 系统要完成的控制运算就是通过控制方案组态来实现的。控制方案的组态有常规控制方案组态和自定义控制方案组态两种方式，对于大部分的控制系统，常规控制方案的组态已经可以满足控制的要求。

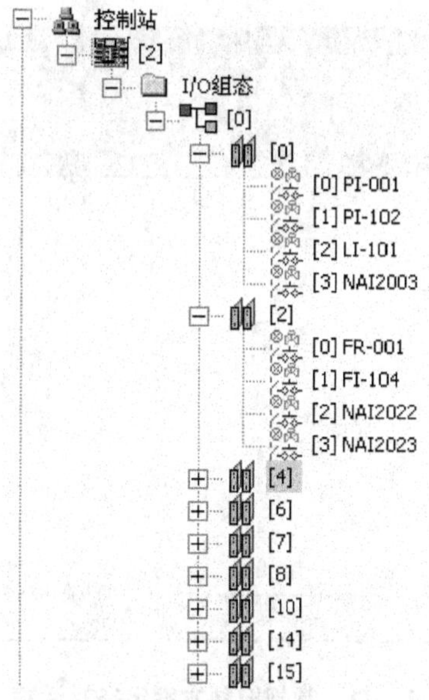

图1-3-19 控制站硬件组态结果

在本项目的控制要求中，回路控制的前两个回路要求都是标准的常规回路，如图1-3-20所示。

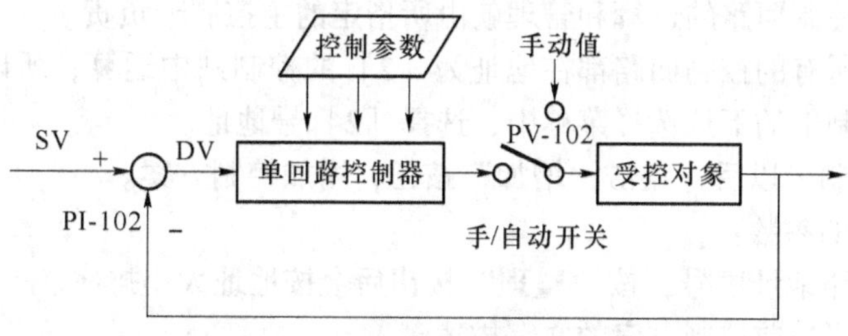

图1-3-20 压力单回路控制原理图

（1）PI-102与PV-102构成了一个单回路，回路号为PIC-102。

（2）原料加热炉出口温度（TI-101）控制是一个串级控制（如图1-3-21所示），其中副回路是流量控制，流量测量信号为FI-104，输给调节阀的信号是FV-104，回路号为FIC-104。主回路是温度控制，温度测量位号为TI-101，回路号为TRC-101。

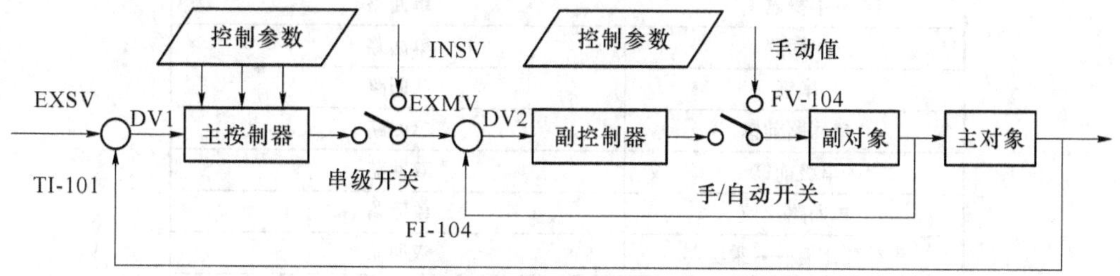

图1-3-21 加热炉出口温度串级控制原理图

在此，我们通过常规控制方案组态来实现。步骤如下：

（1）点击“常规”按钮，或选中［控制站］/<常规控制方案>菜单项，在弹出的对话框中设置常规控制方案，如图 1－3－22 所示。

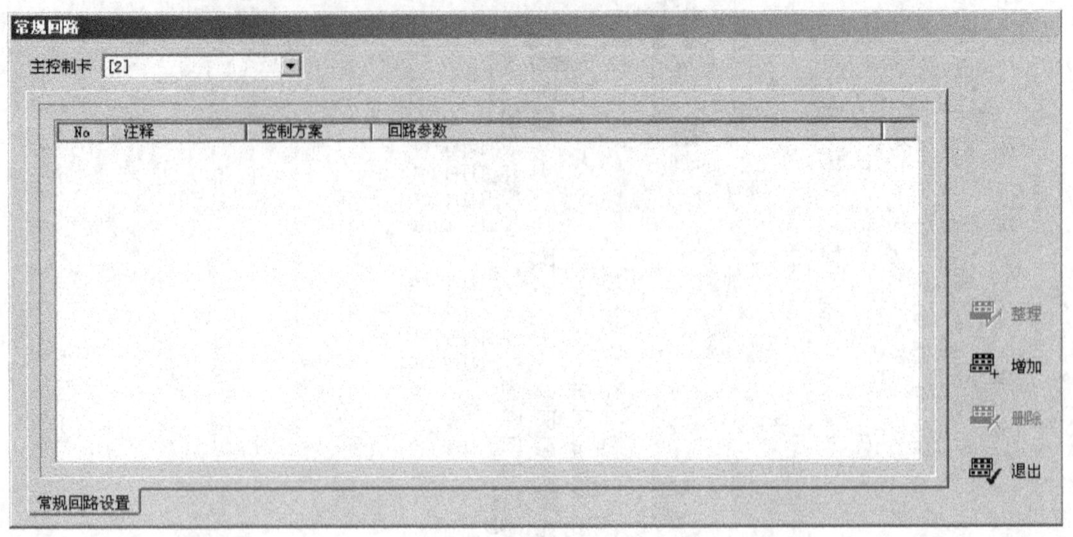

图 1－3－22　常规控制方案组态对话框

（2）画面的上方有一个“主控制卡”的下拉选择菜单，此项下拉菜单中，列表列出所有已组态登录的主控制卡，用户必须为当前组态的控制回路指定主控制卡，主控制卡一旦确定，对后面组态的控制回路的运算和管理就由所指定的主控制卡负责。

在本系统中，所有的控制回路都在地址为［2］的控制站中运算，所以在这里，根据前面的组态，在主控制卡的下拉选择菜单中，选择［2］号地址。

（3）选定主控制卡以后，点击“增加”按钮，增加控制方案。

（4）填写相应的参数：

No：该控制回路地址序号，按“整理”按钮后会按地址大小排序。

注释：此项填写当前控制方案的文字描述。

控制方案：此项列出了 JX－300XP 系统支持的 8 种常用的典型控制方案，见表1－3－7。

表 1－3－7　常规控制方案

控制方案	回　路　数
手操器	单回路
单回路	单回路
串级	双回路
单回路前馈	单回路
串级前馈	双回路
单回路比值	单回路
串级变比值——乘法器	双回路
采样控制	单回路

我们可根据自己的需要在该栏目的下拉菜单中选择适当的控制方案，如图 1－3－23 所示。根据控制要求，我们将首先设置第一个控制回路：PI－102 与 PV－102 构成的一个单回路，回路号为 PIC－102。所以在本栏中选择“单回路”。

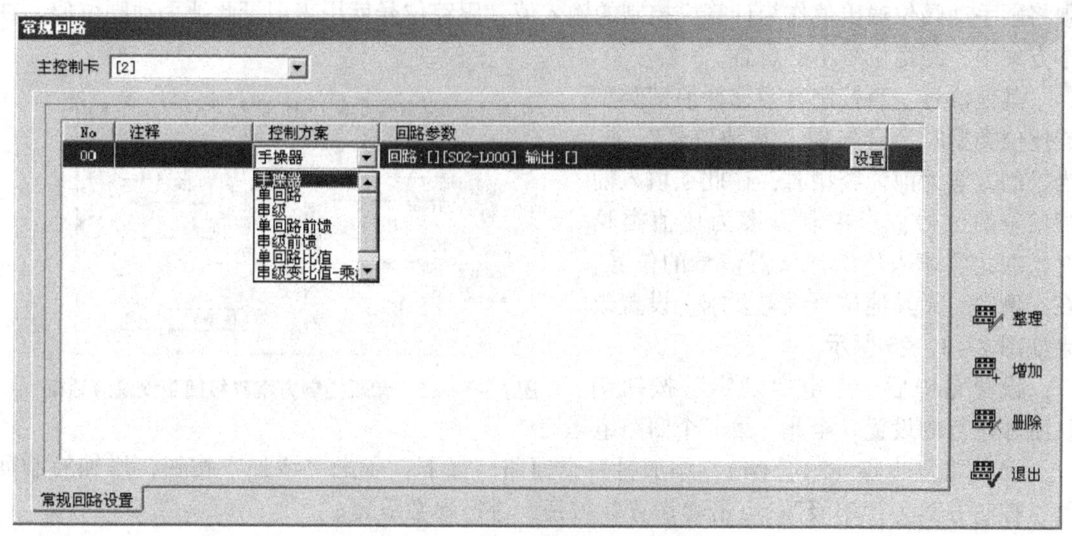

图1－3－23　常规控制方案选择

回路参数：此功能用于确定所组控制方案的输出方法。单击后面的设置按钮，在弹出的回路设置对话框中可进行回路参数的设置，如图1－3－24所示。

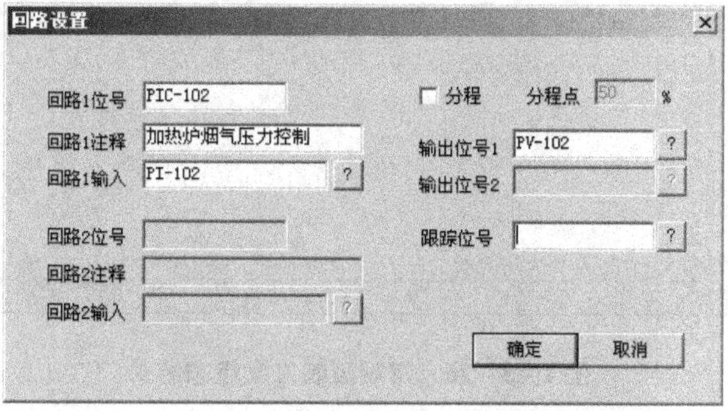

回路设置
回路1位号 PIC-102
回路1注释 加热炉烟气压力控制
回路1输入 PI-102
回路2位号
回路2注释
回路2输入
分程　分程点 50 %
输出位号1 PV-102
输出位号2
跟踪位号
确定　取消

图1－3－24　常规控制方案单回路设置对话框

回路1/回路2功能组用以对控制方案的各回路进行组态（回路1为内环，回路2为外环，对于单回路的控制只需要填写回路1功能组信息）。其中回路位号项填入该回路的位号；回路注释项填入该回路的说明描述；回路输入项填入相应输入信号的位号，常规控制回路输入位号只允许选择AI模入量，位号也可通过 ? 按钮查询选定。

在本方案中，只有一个回路，所以“回路1位号”项中填写“PIC－102”，“回路1注释”项中填写相应的注释，“回路1输入”项中填写“PI－102”。

当控制输出需要分程输出时，选择分程选项☑分程，并在分程点输入框中填入适当的百分数（如分程点为40%时，填写40）。如果分程输出，输出位号1填写回路输出＜分程点时的输出位号，输出位号2填写回路输出＞分程点时的输出位号。如果不加分程控制，则只需填写输出位号1项。

常规控制回路输出位号只允许选择AO模出量，位号可通过一旁的 ? 按钮进行查询。在本方案中，没有分程控制，不选择分程项□分程，在“输出位号1”项中填写“PV－102”。

跟踪位号：当该回路外接硬手操器时，为了实现从外部硬手动到自动的无扰动切换，必须将硬手动阀位输出值作为计算机控制的输入值，跟踪位号就用来记录此硬手动阀位值。在本方案中，跟踪位号不必设置。

其他位号：当控制方案选择前馈类型或比值类型时，会出现“其他位号”项。当控制方案为前馈类型时，在此项填入前馈信号的位号；当控制方案为比值类型时，在此项填入传给比值器信号的位号。在本例中，无其他位号设置要求。设置效果如图 1－3－25 所示。

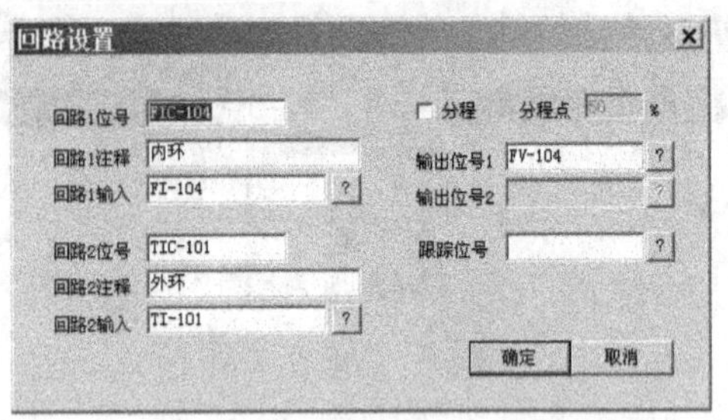

图 1－3－25　常规控制方案串级回路设置对话框

设置完毕后，点击“确定”按钮确认刚才进行的设置。至此，第一个回路组态完成了。

（5）重复步骤（3）、（4），添加另一个回路，如下：点击“增加”按钮，增加控制回路，控制方案为“串级”；点击“设置”按钮，进行参数设置。

点击“确定”按钮，确认上述操作。效果如图 1－3－26 所示。

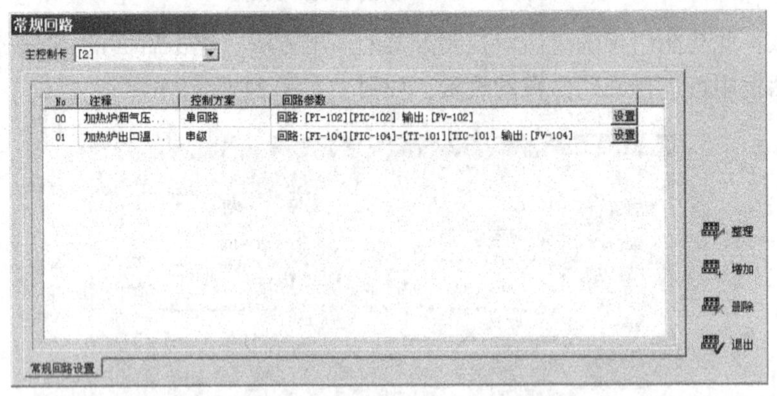

图 1－3－26　常规控制方案组态结果

（6）项目要求中的常规回路全部组态过以后，点击“退出”按钮，退出常规控制回路组态。

1.3.5　知识进阶：自定义控制方案的组态

常规控制回路的输入和输出只允许 AI 和 AO，对一些有特殊要求的控制，用户必须根据实际需要自己定义控制方案。用户自定义控制方案可通过 SCX 语言编程和图形编程二种方式实现。

在本工程项目中，有两个控制要求，分别是：

（1）原料油储罐液位（LI－101）调节采用分程控制，回路自动时 A 阀（LV－1011）、B 阀（LV－1012）采用 $B=1.0-A$ 的方式调节，在手动时，A 阀、B 阀都可以分别手动调节。

（2）对进入原料油加热炉的原料油流量 FI－001 进行累积，一定权限的操作者可以手动将累积值清零。

1. 自定义控制方案组态文件的建立

对这些仅用常规控制方案无法实现的控制要求，通常需要用编程的方法来完成，把这类控制方案称为自定义控制方案。JX－300XP 系统提供了两种实现自定义控制方案的编程方法，分别是SCX语言编程和图形化组态，在此我们介绍采用图形化组态软件的方法实现自定义控制方案的组态。用图形化组态软件编程需要先建立一个自定义控制方案文件，方法如下：

(1) 点击“算法”按钮，或选中[控制站]/<自定义控制方案>菜单项，在弹出的对话框中设置控制方案如图1-3-27所示。

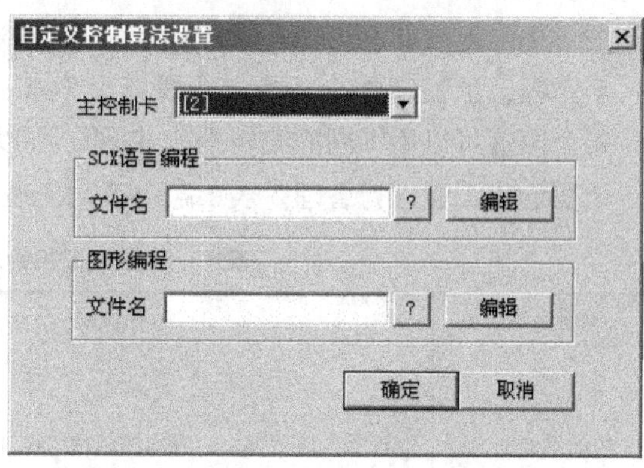

图1-3-27 自定义控制方案设置对话框

(2) 画面的上方有一个“主控制卡”的下拉选择菜单，此项下拉菜单中，列表列出所有已组态登录的主控制卡，用户必须为当前组态的自定义控制方案指定主控制卡，主控制卡一旦确定，对下面组态的控制方案的运算和管理就由所指定的主控制卡负责。

在本项目中，所有的控制方案都在地址为[2]的控制站中运算，所以在这里，根据前面的组态，在主控制卡的下拉选择菜单中，选择[2]号地址。

(3) 对话框下部为图形化组态软件(图形编程)的登录框，此框中“文件名”一栏中填入与当前控制站相对应的图形编程文件文件名，图形文件以“.PRJ”为扩展名。旁边的 ? 按钮提供文件查询功能。

可以采用这样的方法来新建一个图形化组态文件：在“文件名”一栏中填入想建立的文件名，然后点击“编辑”按钮，进入图形化组态软件的操作界面，这样，一个新的图形化组态工程文件就建立了，并且被自动保存在相应的路径下，用户可以在弹出的软件界面中进行控制方案的编写。真正的图形化编程的工作是在如图1-3-28所示的界面中完成的。

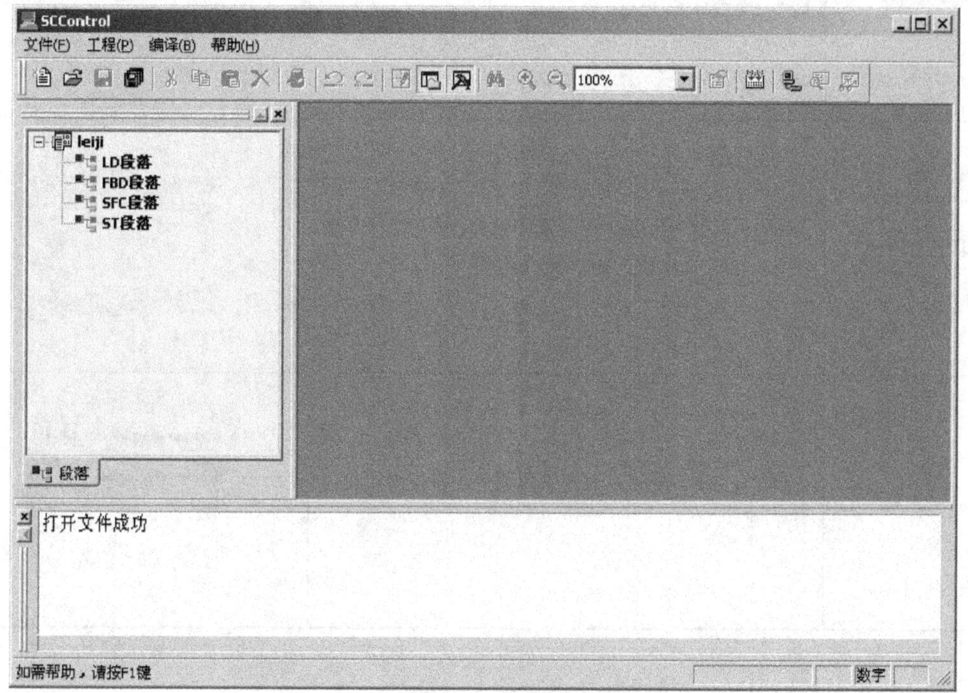

图1-3-28 图形化组态编程界面

2. 了解图形化组态软件

(1) 工程管理

图形化组态软件 SCControl 对图形编程文件进行工程化管理。一个控制站的所有程序叫做一个工程，工程包含一个或多个段落（Section），按类型段落可分为程序段落和模块段落。每个段落可以用不同的编辑器来实现。可以通过 SCControl 菜单栏上的工程管理菜单来对一个图形化工程进行管理。表 1－3－8 对工程管理器菜单选项进行介绍。

表 1－3－8　工程管理器菜单选项表

菜单选项	功能说明	参考图
控制站地址	设置与该工程相对应的控制站的地址	
数据类型编辑器	用户可以用数据类型编辑器生成自己的数据类型。通过导入/导出功能，用户可以将数据类型导出到一个文件中，供其他工程使用；或者将其他工程编辑好的数据类型导入到本工程中使用	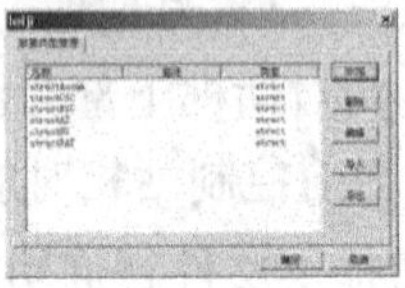
变量编辑器	通过变量编辑器可以增加/删除全局变量，或者将全局变量进行导入/导出	
段落管理	通过段落管理器可以增加/删除段落；或者将段落进行导入/导出，实现工程间的段落共享	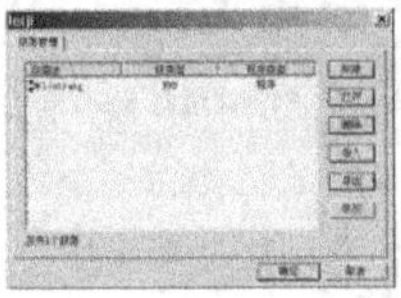
任务管理	通过任务管理器可以改变不同段落的执行周期和执行顺序	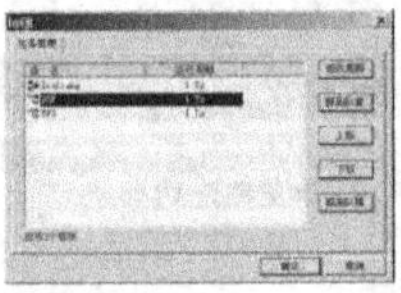

（2）段落编辑器

图形编程的编程语言包括功能块图（FBD）、梯形图（LD）、顺控图（SFC）及 ST 语言。支持国际标准 IEC61131－3 数据类型子集。用户可以使用数据类型编辑器生成自己的数据类型。编程时针对不同情况合理地选择不同的编辑器会起到事半功倍的效果。

① 功能块图（FBD）编辑器

a. 功能块程序的构成

组成功能块程序的基本元素是功能块，例如 ADD_FLOAT ，每一个功能块都有各自不同的功能，同时具有输入/输出两类引脚。数据通过输入引脚送入到功能块，经过处理后的结果通过输出引脚送出。功能块程序就是通过不同的功能块按照一定的顺序连接在一起对信号进行处理，最后输出使用者想要的结果。选用哪种类型的功能块以及功能块之间的连接顺序取决于控制方案的要求。

b. 功能块程序的执行次序

在功能块程序内那些输入只连接变量或位号或常数的模块，被称为区段的起始模块；当有多个起始模块时，在图形区域中位置最上的模块称为启动模块。功能块程序的执行从启动模块开始，程序内的执行次序由数据流决定。功能块程序中区段间的执行次序由区段的启动模块在段落图形中的位置决定。执行次序由上到下。图 1－3－29 说明了功能块图的执行次序。

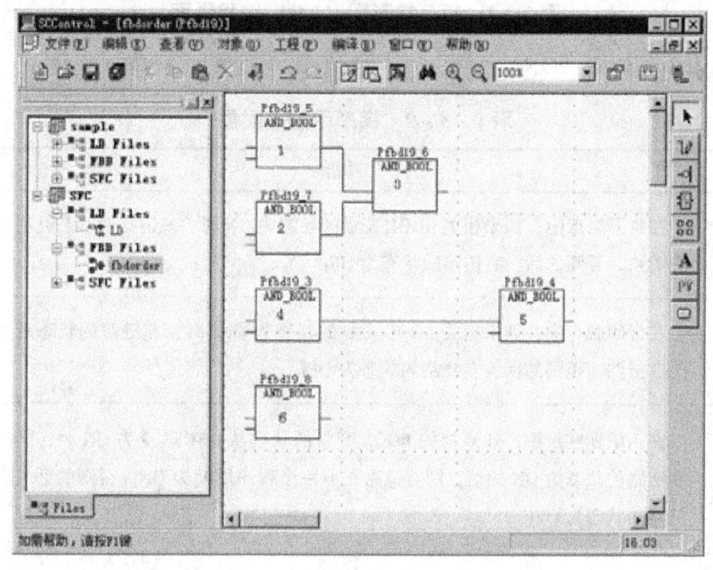

图 1－3－29　功能块图（FBD）编程界面

c. 功能块库

功能块图编辑器提供了丰富的功能块库，通过调用这些功能块可以大大节省编程时间，使编程工作简单易行。功能块库包括 IEC 模块库，辅助模块库和自定义模块库。其中，IEC 模块库和辅助模块库包含了系统定义的各种常用模块；用户可以将自己制作的模块存放到自定义模块库中，以供其他的程序调用。

② 梯形（LD）图编辑器

梯形图编辑器将基本的功能块、线圈、触点和信号（变量、位号）组成梯形图。梯形图段落的设计对应于继电器开关的梯级。图形的左边是汇流条，相应于梯级的相线。只有直接或间接与相线有开关量相连的元素在编程期间被“扫描”。右汇流条缺省不画出。但可以认为所有的线圈和 FFB 开关量输出都连接到右汇流条上，从而建立电流回路。

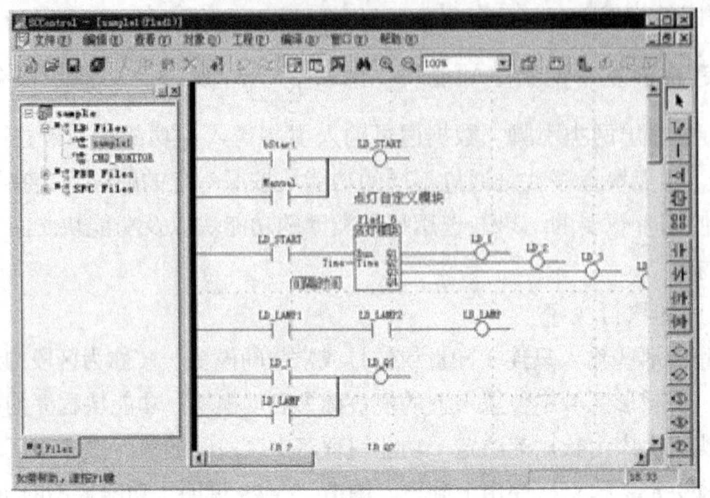

图 1－3－30　梯形图（LD）编程界面

a. 触点（如表 1－3－9 所示）

表 1－3－9　梯形图触点类型

触点类型	功能	参考图
常开触点	在常开触点中，如果相关 BOOL 变量的状态为 ON 时，左链路的状态复制至右链路。否则的话，右链路的状态为 OFF	─┤/├─
常闭触点	在常闭触点中，如果相关 BOOL 变量的状态为 OFF 时，左链路的状态复制至右链路。否则的话，右链路的状态为 OFF	─┤\├─
正跳变触点	在正跳变触点中，如果相关 BOOL 变量的状态从 OFF 跳变为 ON 时，同时左链路的状态为 ON 的话，则右链路在下一个程序周期为 ON。否则的话，右链路的状态为 OFF	─┤p├─
负跳变触点	在负跳变触点中，如果相关 BOOL 变量的状态从 ON 跳变为 OFF 时，同时左链路的状态为 ON 的话，则右链路在下一个程序周期为 ON。否则的话，右链路的状态为 OFF	─┤N├─

b. 线圈（如表 1－3－10 所示）

表 1－3－10　梯形图线圈类型

线圈类型	功能	参考图
常开线圈	在线圈中，左链路的状态复制至相关的布尔变量和右链路。线圈通常跟在触点之后，但它们也能够后接触点	—( )—
常闭线圈	在常闭线圈中，左链路的状态复制至右链路。左链路的取反状态复制至相关的布尔变量。如果左链路为 OFF，则右链路将为 OFF，而相关变量将为 ON	—(/)—
置位线圈	在置位线圈中，左链路的状态复制至右链路。如果左链路为 ON，则相关的布尔变量置为 ON。否则的话，它保持不变。相关布尔变量能够借助复位线圈复位	—(S)—
复位线圈	在复位线圈中，左链路的状态复制至右链路。如果左链路为 ON，则相关的布尔变量置为 OFF。否则的话，它保持不变。相关布尔变量能够借助置位线圈置位	—(R)—
正跳变线圈	在正跳变线圈中，左链路的状态复制至右链路。如果左链路从 OFF 跳变为 ON，则相关的布尔变量将在一个程序周期内为 ON	—(P)—
负跳变线圈	在负跳变线圈中，左链路的状态复制至右链路。如果左链路从 ON 跳变为 OFF，则相关的布尔变量将在一个程序周期内为 ON	—(N)—

c. 梯形图程序的执行次序

在梯形图区段输入只连接变量或位号或常数或左汇流条的被称为区段的起始模块。区段内有多个起始模块时，在图形区域中位置最上的模块称为启动模块。梯形图区段从启动模块开始执行。梯形图区段内的执行次序由区段内的数据流决定。梯形图段落中区段间的执行次序由区段的启动模块在段落图形中的位置决定。执行次序由上到下。图 1－3－31 说明了梯形图的执行次序。

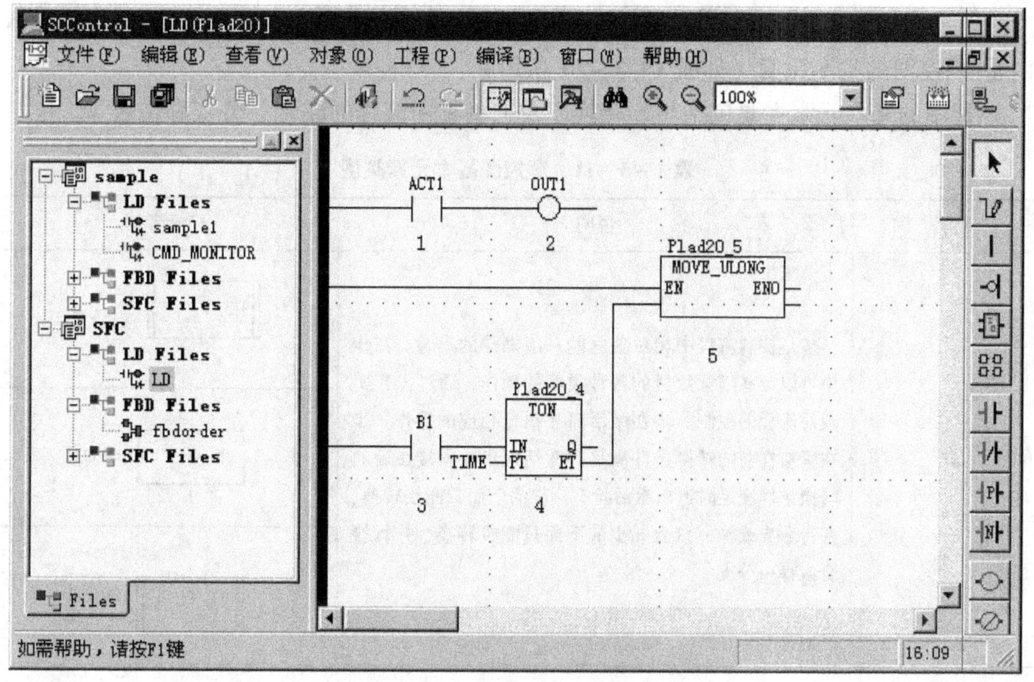

图 1－3－31　梯形图（LD）执行次序

③ 顺控图（SFC）编辑器

顺控图用步和转换构件程序段，步中通过定义操作实现对流程的操纵。通过转换实现流程的按顺序前进。顺控图编程界面如图 1－3－32 所示。

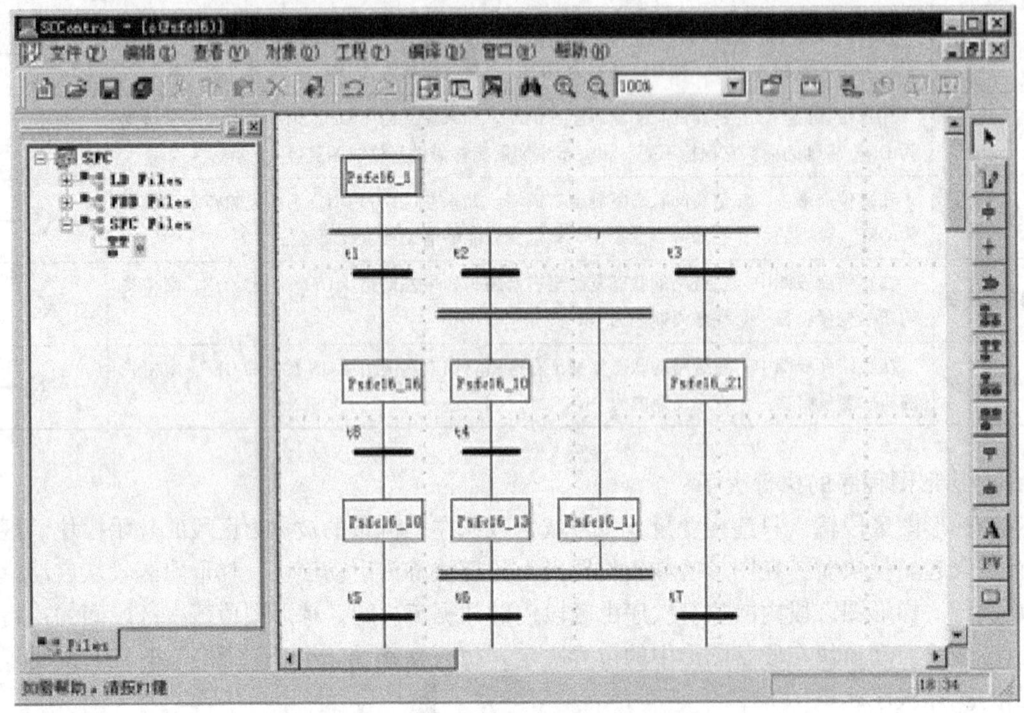

图 1－3－32　顺控图（SFC）编程界面

a. 顺控图的基本元素（如表 1－3－11 所示）

顺控图的基本元素主要包括步、转换以及控制程序流程的跳转、分支和结合。

表 1－3－11　顺控图基本元素类型

元素	说明	参考图
步	步是控制流程中相对独立的一组操作的集合。在步中可以定义随意数目的各种类型的操作，通过操作实现对流程的控制。步在激活时才执行相应的操作。步在紧接在前的转换条件满足时激活。步在紧接在后的转换条件满足时退出激活状态。步的上面只能接转换、并行分支或择一接合。步的下面只能接转换、并行接合或择一分支	P3_1 起始步
		P3_2 中间步
		P3_3 终止步

续表

元素	说明	参考图
转换	转换用来指明将控制从一个步转移到其他步的条件。当转换条件满足时，紧接在前的步从激活态变成不激活态。然后紧接在后的步将从不激活态转变成激活态。只有当所有紧接在前的步都在激活状态时，转换的条件才被测试。转换条件由一个布尔变量或布尔表达式定义。转换的上面只能接步、择一分支、并行接合。转换的下面只能接步、择一接合、并行分支、跳转	转换
其他	跳转允许程序从不同的步继续执行。根据跳转目标的不同，可以构成顺序跳转和顺序环路，不能在不同的并行区域间跳转	跳转
	择一分支提供了在 SFC 程序中实现条件控制的控制流程选择执行的方法。在择一分支结构内只能有一个分支被激活；分支跳转的优先级从左到右；择一分支和择一接合必须一一对应；分支必须结束于同一择一接合或者结束于跳转	择一分支 择一结合
	并行分支使流程中几个子流程同时进行。各分支的执行同时进行，不相互影响。只有当所有的分支的最后一步都激活时，才测试并行接合紧接的转换的条件是否满足。并行分支和并行接合必须一一对应；在并行结构内部的跳转不能跳到并行结构的外部	并行分支 并行结合

b. 步的属性

在顺控图（SFC）编辑器中，双击步，将弹出如图 1－3－33 所示的属性对话框，在这里可以对步的属性（如图 1－3－34 所示）进行设置。

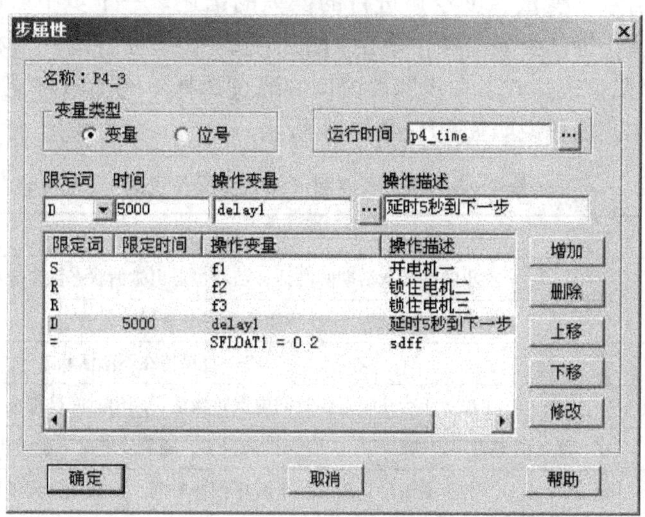

图 1－3－33　顺控图（SFC）步属性设置界面

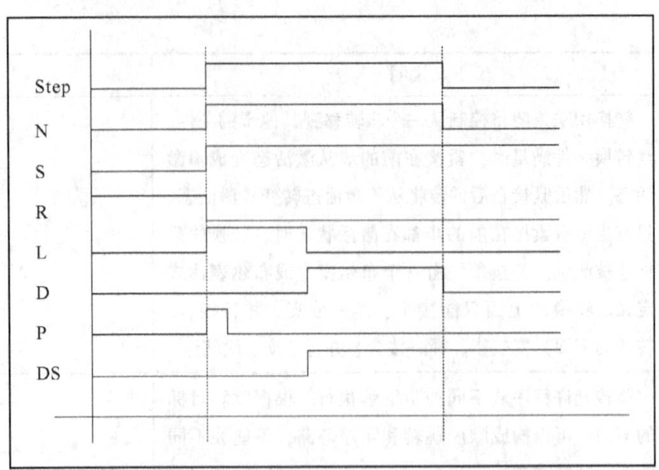

图 1-3-34　顺控图（SFC）操作执行情况

表 1-3-12　顺控图（SFC）步属性

属性内容	说　明
运行时间	指定将步的激活时间赋给 ULONG 类型的变量用于显示
变量类型	指定选择变量时使用系统位号浏览还是使用变量浏览
限定词	指定当前操作的类型
时间	指定当前操作的限定时间
操作变量	指定操作的对象
操作描述	用于对当前操作添加注释

通过增加、删除按钮在当前步中加入或删除操作。选择操作后可以通过上移和下移更改操作的执行次序。通过修改按钮可以修改当前操作。

c. 操作

操作是对系统信号（变量、位号）进行的操纵的描述。一个步中可以有 0 个或多个操作。操作有多种类型，操作类型由操作限定词来描述。操作可以是一个布尔变量（操作变量），也可以是一个赋值表达式。在步属性窗口内通过选择不同的限定词可以选择不同的操作，并可以编辑操作。操作说明如表 1-3-13 所示。

表 1-3-13　顺控图（SFC）操作说明

操　作	说　明
N 操作	在步的整个激活期间激活，随着步退出激活状态恢复成不激活状态
S 操作	在步激活后将一直保持激活
R 操作	在步激活后将一直保持在不激活状态
L 操作	在步激活后在限定的时间内保持激活，超出时间恢复成不激活状态
D 操作	在步激活后经过限定的时间后，变为激活状态，随着步变成不激活状态，操作恢复成不激活
P 操作	在步激活后只激活一个程序扫描时间，然后恢复成不激活状态
DS 操作	在步激活后经过限定的时间后，变为激活状态，并一直维持
=　赋值操作	表示在步的整个激活期间赋值操作一直进行直到步退出激活状态恢复成不激活状态

在以上类型的操作中，操作变量只能定义为布尔量，其中使用L、D、DS 操作限定词时必须指定限定时间。限定的时间单位是ms。在使用赋值操作限定词时，必须指定赋值表达式。操作执行情况如图1－3－34所示。

d. 控制变量

在SCControl软件的菜单项中选择［对象］/<变量定义>将弹出如图1－3－35对话框，选中其中标签为SFC控制变量的选项卡，可以设置控制变量来控制SFC程序的运行，变量使用说明如表1－3－14所示。

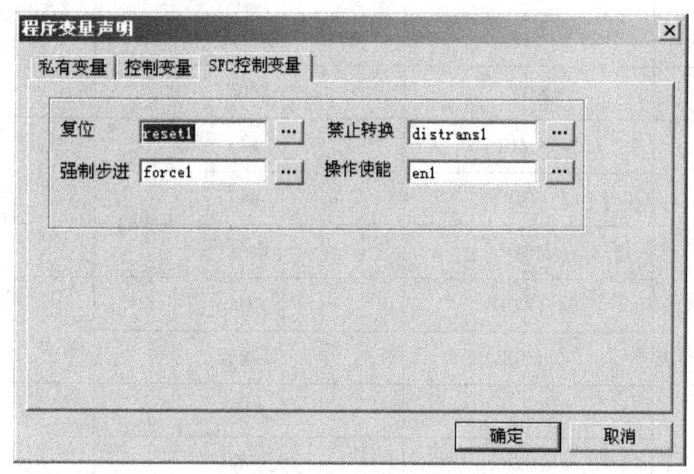

图1－3－35 顺控图控制变量选项卡

表1－3－14 顺控图（SFC）控制变量使用说明

控制变量	使用说明
运行控制变量	为ON时，SFC程序正常执行。为OFF时，所有其他控制变量都无效，SFC程序停止运行
复位变量	状态为ON时，SFC程序起始步被设置为激活步，其他步都强制变为不激活状态，顺控程序从头开始重新执行。当运行变量为OFF时，复位变量无效
禁止转换变量	当禁止转换变量为ON时，当前激活步将一直保持执行而不管紧接的转换条件是否满足。转换条件测试将不进行。禁止转换变量受运行变量和复位变量的影响
强制步进变量	步进变量为ON时，当前激活步不管转换条件是否满足，都变为不激活状态，按顺序的下一步变为激活状态。强制步进变量受以上所有变量的影响
操作使能变量操作	操作使能变量为ON时，步中的操作才被执行

④ ST语言

在SCControl中可以把ST语言和其他图形编程语言组合使用，其使用主要有如下几个方面：在工程中加入ST语言段落。可以编制函数和模块；可以在梯形图和功能块图中插入文本代码模块，在模块中用ST语言编程；可以在顺控图中的步的操作中使用“＝”（赋值操作）操作限定词，然后可以用ST语言编程；在顺控图的转换条件中可以使用ST语言的逻辑表达式来指定条件。

a. 运算符

按运算优先级从高到低有（如表 1－3－15 所示）：

表 1－3－15　运算符及其优先级

类型	运算符	描述	优先级
其他	( )	表达式运算	9
	.	取结构成员	8
	[ ]	取数组成员	
	-	单目负	7
逻辑运算	NOT	取反	
算术运算	*（MUL）	乘	6
	/（DIV）	除	
	MOD	取余	
	+（ADD）	加	5
	-（SUB）	减	
比较运算	>	大于	4
	> =	大于等于	
	< =	小于等于	
	<	小于	
	=	等于	
	< >	不等于	
逻辑运算	AND	与	3
	XOR	异或	2
	OR	或	1

b. 语句（如表 1－3－16 所示）

表 1－3－16　ST 语言语句

语句	例子	说明
赋值语句	A = B; A = B + 1;	赋值语句将“ = ”右边表达式的值赋给左边的变量
函数调用、功能块调用	A = FUNC（P1，P2）; FB1（IN1，OUT1，OUT2）;	函数和功能块的调用包括函数名或功能块名随后跟着小括号对，括号内为参数，参数间由逗号隔开。调用功能块时要严格按照输入输出顺序，先输入输入参数，再输入输出参数，参数顺序按照定义时的顺序

续表

语句	例子	说明
RETURN	RETURN；	返回语句
IF	IFA >0THENB =1； ELSEIFA > －5THENB =2； ELSEB =3； END_ IF；	IF语句规定了一组语句在规定的逻辑表达式为TRUE时执行。当逻辑表达式为FALSE时，这些语句不被执行，或在ELSE（ELSEIF）中规定的另一组语句被执行
CASE	TW =FUNC1（）； CASETWOF 1：I =1； 2：I =2；ELSEI =3；END_ CASE；	CASE语句规定了整数类型的选择项，以及选择项在不同的值时的几组语句组。当选择项等于某个规定的值时，相应的语句组被执行，当没有规定的值符合时在ELSE中的语句组将被执行（在CASE语句中定义了ELSE分支）
FOR	J =10； FORI =1TO100BY2 DO IFB1THENJ = 1；EXIT； END_ IF； END_ FOR；	在FOR语句例中，I为控制变量，1为初始值，100为终止值，2为步进值。在FOR语句中控制变量的初始值、终止值、步进值必须是相同的整型。步进值缺省为1。终止条件的判断一开始就进行，当初始值大于终止值时，规定的语句组一次都不会执行
WHILE	J =1； WHILEJ < =100ANDB1DO J =J +2； END_ WHILE；	条件的判断一开始就进行，当条件一开始就变FALSE时，规定的语句组一次都不会执行
REPEAT	J =1；REPEATJ =J +2； UNTILJ =101ORB1 END_ REPEAT；	终止条件的判断在语句组执行一次后才进行，所以规定的语句组至少会执行一次
EXIT	EXIT；	跳出语句
EMPTY	；	空语句

3. 用图形化组态软件实现自定义控制方案

熟悉了图形化组态软件之后，我们可以采用图形化组态的方式实现下面的控制要求：对进入原料油加热炉的原料油流量FR－001进行累积，一定权限的操作者可以手动将累积值清零。参考步骤如下：

（1）自定义一个8字节的累积量FQ－001，用以存放累积值。自定义一个开关量CLR，用来对积量进行清零。CLR为ON时累积量清零，同时累积模块停止累积；CLR为OFF时，重新开始累积。

打开组态软件，在组态软件中，点击 A= 变量，弹出如图1－3－36所示对话框：

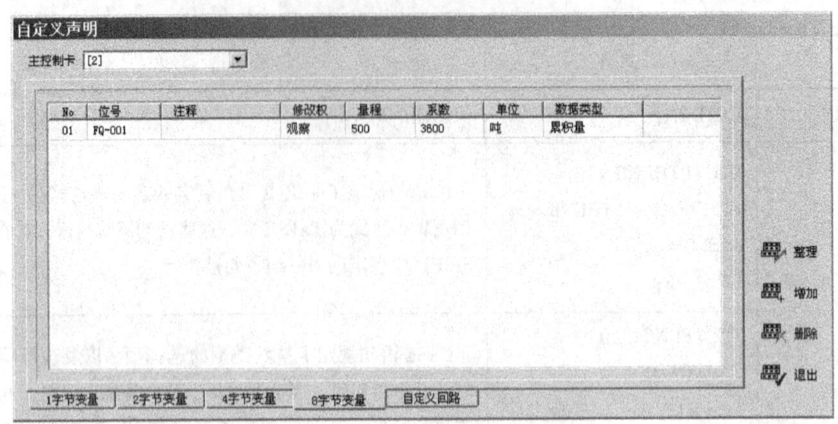

图 1-3-36 自定义变量对话框

选中“8 字节变量”标签，单击“增加”来定义一个八字节的累积量。

自定义 8 字节累积量系数问题是这样的：若瞬时量 FI-001 单位为吨/小时，累积量 FQ-001单位为吨，则自定义累积量系数为 3600、量程为瞬时量量程。设置结果如图 1-3-36 所示。

选中“1 字节变量”标签，按同样的步骤定义一个开关量 CLR。该开关量的修改权限设为“工程师”，表明只有工程师以上级别的用户才有权对累积量清零；ON 描述为“停止累积”，颜色为红色，OFF 描述为“正在累积”，颜色为绿色，这些颜色和描述将会在监控画面中对应的模拟仪表上显示。CLR 设置后结果如图 1-3-37 所示。至此，变量定义完成了。

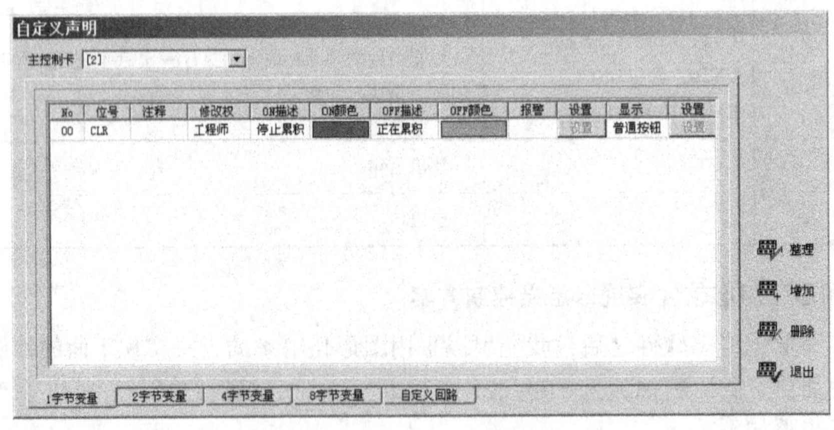

图 1-3-37 1 字节开关量定义对话框

(2) 在图形化组态软件界面中创建新段落。

点击［文件］/<新建程序段>命令项，或使用［工程］/<段落管理>添加 FBD 程序段落并命名，然后点击确定按钮，弹出编辑界面，如图 1-3-38 所示。

（3）编写程序代码，对于 FBD 段落，程序主要是由各种功能块和不同的信号组成的。

通过点击右侧的工具按钮，在下面的对话框中选中需要使用的功能块，点击“确定”按钮，可以将相应的功能块添加到编辑区，如图1－3－39所示。

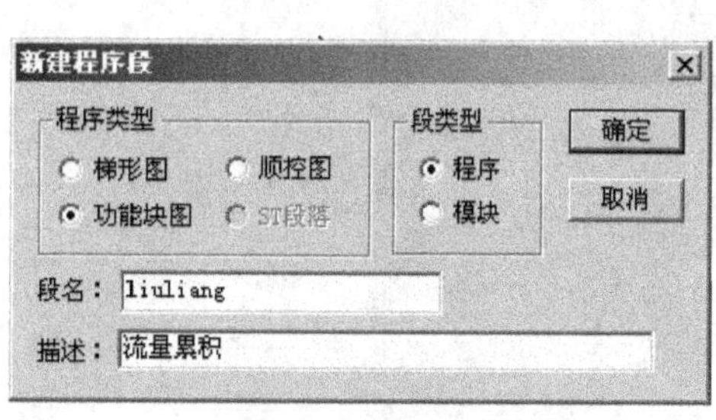

图1－3－38　新建程序段对话框

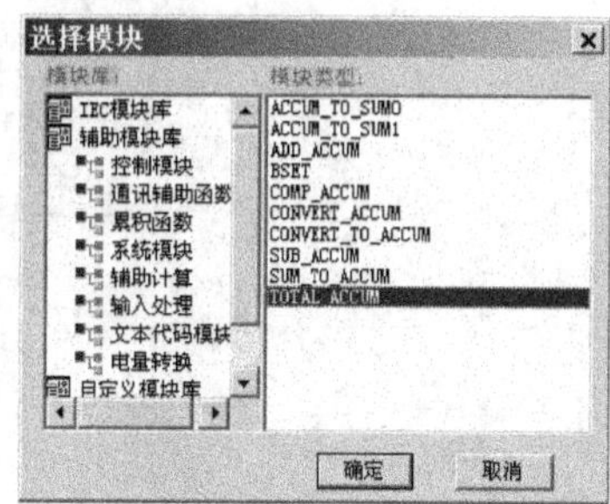

图1－3－39　功能块库

接下来把所有用到的功能块添加到编辑区，如图1－3－40所示。

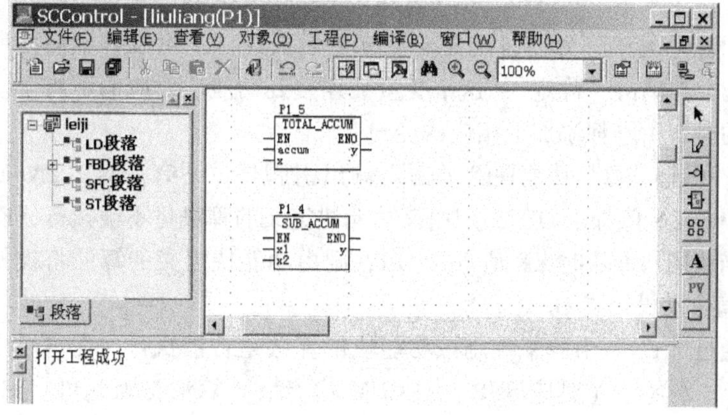

图1－3－40　功能块图编辑界面

双击功能块，弹出如图1－3－41所示对话框，可在功能块的引脚上连接变量。通过“输入、输出”的参数选择，可以分别设置输入输出引脚：

单击与不同引脚相对应的“浏览”按钮，将弹出如图1－3－42所示的对话框，用户可以一步一步地给相应的引脚添加变量。

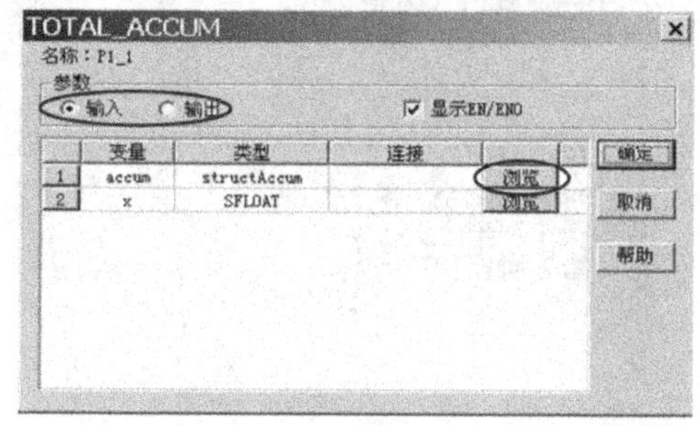

图1－3－41　设置功能块输入输出引脚

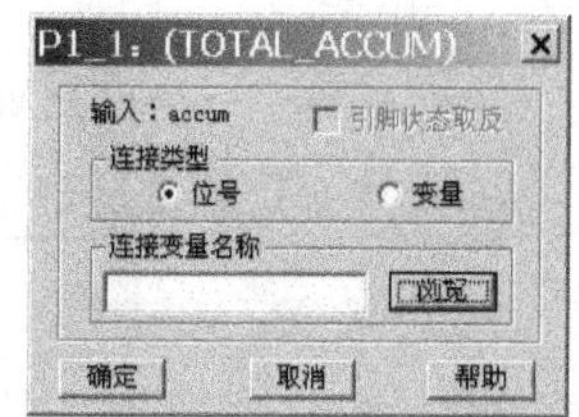

图1－3－42　设置功能块引脚变量

单击“浏览”按钮，可以浏览所有组态过的量（通过“连接类型”可以选择浏览位号或者变量），如图 1-3-43 所示。

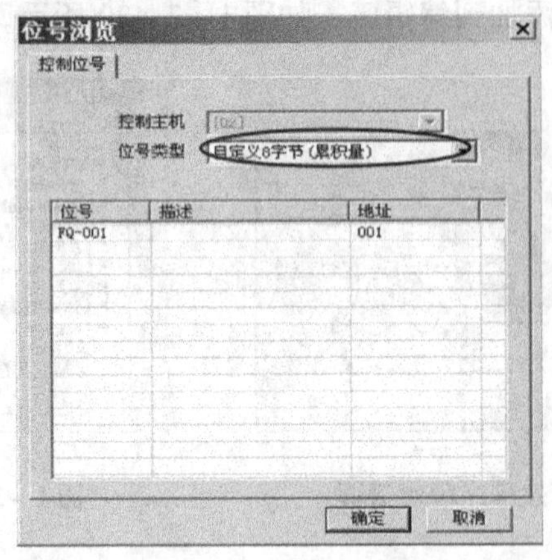

图 1-3-43　设置功能块引脚变量

通过选择“位号类型”为“自定义 8 字节（累积量）”，可以看到前面所定义过的累积量 FQ-001，选中并单击“确定”，这个变量被连接到功能块对应的引脚上。按照刚才的步骤，将功能块的所有引脚都添加上相应的变量。

“EN/ENO”引脚：每个功能块除了输入输出引脚外，还有一对“EN/ENO”引脚，如果当调用功能块时 EN 值等于 OFF，则由该功能块定义的算法将不被执行，ENO 值自动设置成 OFF。如果当调用功能块时 EN 值等于 ON，则由功能块定义的算法将被执行，算法执行完成后，ENO 值自动设置成 ON。

因此可以通过“EN”引脚来控制该功能块的算法是否被执行。在本段中，开关量 CLR 为 ON 时，执行“清零”（对应 SUB_ ACCUM 功能块）算法，因此可将 CLR 连接到“清零”模块的“EN”引脚；开关量 CLR 为 OFF 时，执行“累积”（对应 TOTAL_ ACCUM 功能块）算法，因此可将 CLR 取反，然后连接到“累积”模块的“EN”引脚。程序编好后，参考代码如图 1-3-44 所示。

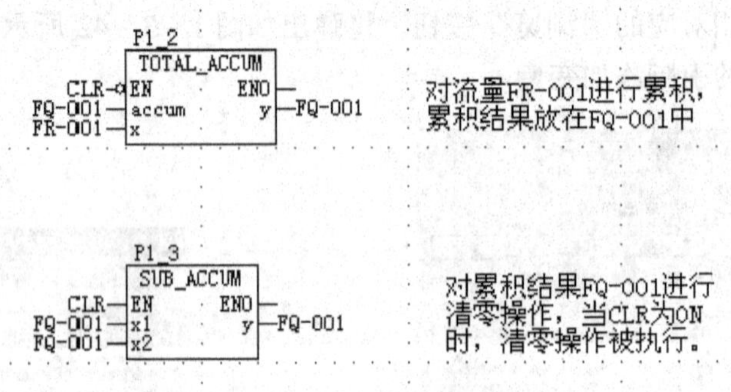

图 1-3-44　流量累积程序代码

（4）接下来，需要对程序进行编译。

点击工具条上的 “生成目标代码” 按钮（此功能也可通过菜单栏中选择［编译］/<编译工程>实现），在“错误信息栏”中将显示编译过程中的错误。点击错误信息，编辑区中对应的出错模块将被标志出来，用户可以根据提示进行修改，直至系统提示编译成功后，再到组态软件中进行联编，直至成功，如图1－3－45所示。

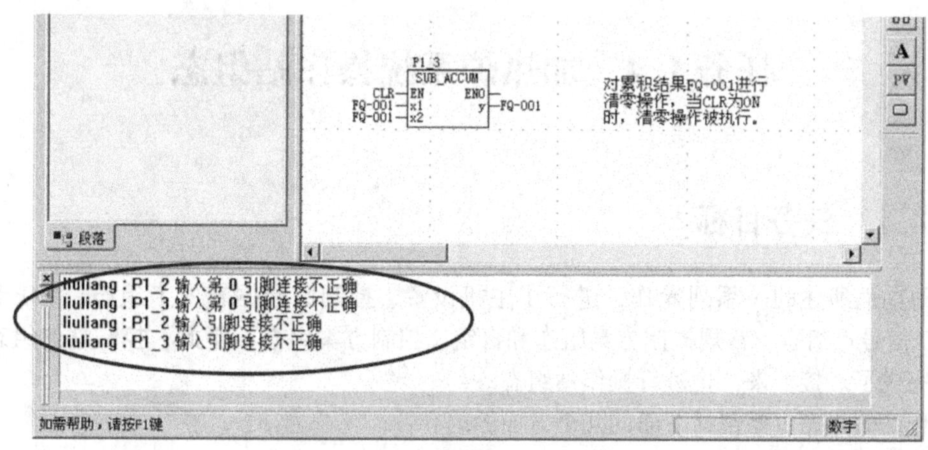

图1－3－45　流量累积程序编译结果

1.3.6　问题讨论

1. 控制站组态的顺序是怎样的？

2. 如图1－3－46所示当把地址为06的I/O卡件设为冗余工作时，弹出“无法冗余”的提示，思考出错的原因及解决的办法。

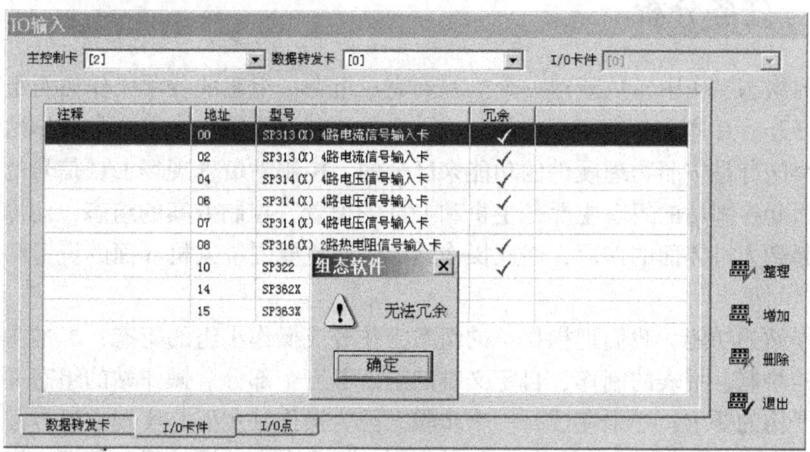

图1－3－46　问题与讨论2用图

3. 如现有系统扩展的需要，要求增加如下信号：

位　号	描　述	量　程	备　注
TI－201	原料油储罐出口温度	(0～200)℃	E型热电偶
PI－201	反应物加热炉入口压力	(－100～0) Pa	4～20mA
PI－202	反应物加热炉出口压力	(－100～0) Pa	4～20mA

该如何操作?

4. 因系统工艺变更，取消反应物加热炉炉膛温度 TI－102，怎么处理?

5. 在一个控制站中，最多可以有多少个常规控制回路?

任务 1.4　加热炉系统操作站组态

1.4.1　任务目标

经过前面所述的一系列操作，进行了主机设置、控制站数据转发卡组态、I/O 卡件组态、I/O 信号点组态、常规控制方案组态和自定义控制方案组态，至此，控制站的组态工作就已经完成了。接下来，将进行操作站组态。

操作站的组态主要包括下面的几个方面的内容:

(1) 操作小组的组态

(2) 标准操作画面的制作

(3) 流程图的绘制

(4) 报表的制作

(5) 自定义键的组态

接下来依然针对加热炉的项目，进行操作站的组态工作。

1.4.2　任务分析

在系统的组态工作中，从新建一个工程到完成组态，组态的各项工作按照组态树所提供的树状结构展开。总体上分为两个大部分，一个是控制站的组态，一个是操作站和操作小组的组态。这个区分是按照物理硬件的功能来区分的，控制站负责现场 I/O 信号的处理运算和控制运算，因此控制站的组态主要是主机和 I/O 的设置、控制方案的组态，而操作站在控制系统中主要起到人机界面的作用，因此操作站的组态主要围绕人机界面的设置和功能的实现来展开。

根据操作站的功能，我们把操作站的组态工作分成操作小组的组态、标准操作画面的制作、流程图的绘制、报表的制作、自定义键的组态等五个部分。操作站的组态并不是像控制站一样有着严格的要求，必须完成每一个步骤。因为操作站主要是实现人机界面，所以操作站的组态实际上主要是各种画面的组态，而不同的操作者有不同的操作习惯，因此要想较好地实现操作站组态，就必须对系统的应用者进行需求分析，根据使用者的操作习惯和工艺对操作画面的需求来进行组态设计。在这些内容中，操作站的数量和操作小组的数量定义是严格按照工艺对现场操作人员的数量要求来定义的，而且这个内容是操作站组态的前期必须完成的工作，否则后面的工作无法做。接下来到各种画面，这些画面就可以根据操作站的习惯来进行组态，并不是每种画面都有严格的数量和内容要求，包括报警、趋势、自定义键的组态都是根据操作者的要求来进行的，或者说组态工程师要在人机界面的设计上充分考虑岗位的管理和操作者的使用方便性，只有综合考虑了这些内容后，才能做出令操作者感到好用的人机界面。

1.4.3　相关知识：流程图制作软件的使用

流程图的制作是操作站组态中非常重要的一项内容，因为大部分的操作者习惯在流程图画面下监控生产，所以，流程图画面的好坏在很大程度上决定着操作者对控制系统的认可度。

一般的，流程图制作的步骤如下：

（1）在组态软件中进行流程图文件登录；

（2）启动流程图制作软件；

（3）设置流程图文件版面格式（大小、格线、背景等）；

（4）根据工艺流程要求，用静态绘图工具绘制工艺装置的流程图；

（5）根据监控要求，用动态绘图工具绘制流程图中的动态监控对象；

（6）绘制完后，用样式工具完善流程图；

（7）保存流程图文件至硬盘上，以登录时所用文件名保存；

绘制流程图有如下注意事项：

（1）在进行流程图绘制之前，需要仔细阅读设计院提供的图纸，对于一些涉及设备、测点很多，画面非常复杂的流程图，建议在工艺人员的协助下进行图纸的分割，使监控界面中看到的流程图画面能够清晰、直观地描述现场的工艺流程。流程图制作界面如图1－4－1所示。

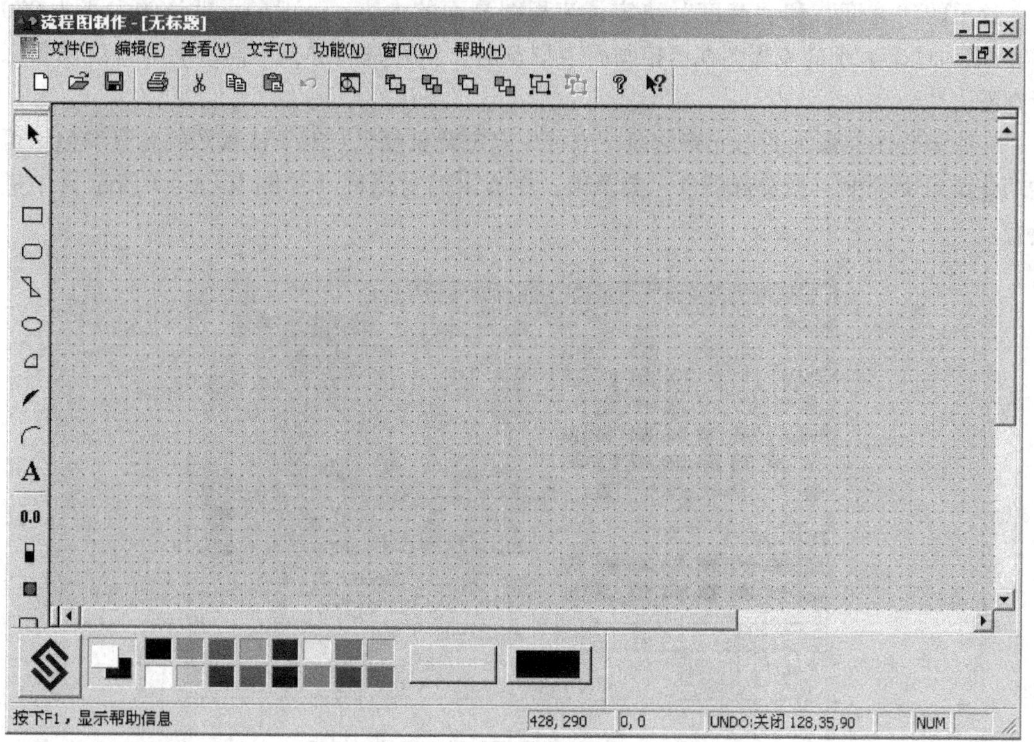

图1－4－1　流程图制作界面

（2）绘制流程图，首先要确定流程图的画面大小和背景颜色等属性。点击“流程图属性”菜单项，如图 1－4－2 所示。

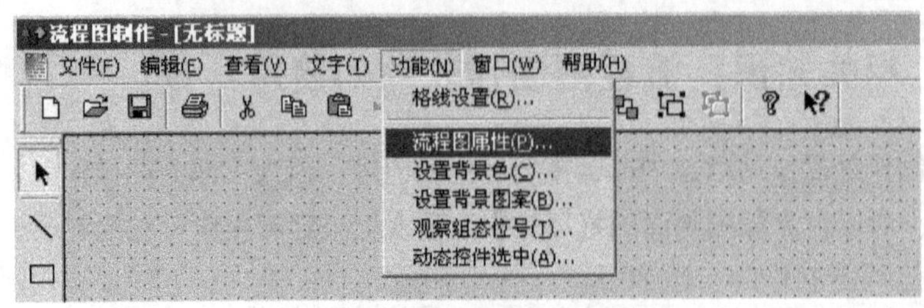

图 1－4－2　流程图功能设置菜单

弹出设置框如图 1－4－3 所示。

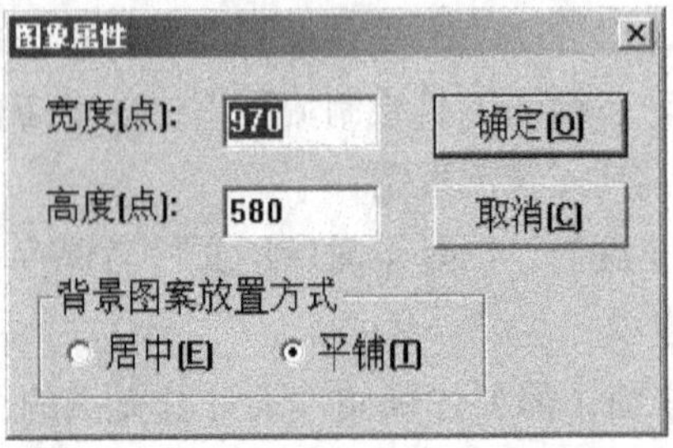

图 1－4－3　流程图属性设置对话框

这里的“宽度”和“高度”决定了流程图画面的大小，一般的，默认的大小为 970 * 580，因为这个大小的流程图在监控画面中浏览时，正好是满屏，不需移动屏幕滚动条来进行查看。

一张流程图在添加图形元素之前，应首先确定背景颜色。对于流程图的背景颜色，可以在功能菜单中选中“设置背景色”菜单项，在弹出的对话框（如图 1－4－4 所示）中进行设置：

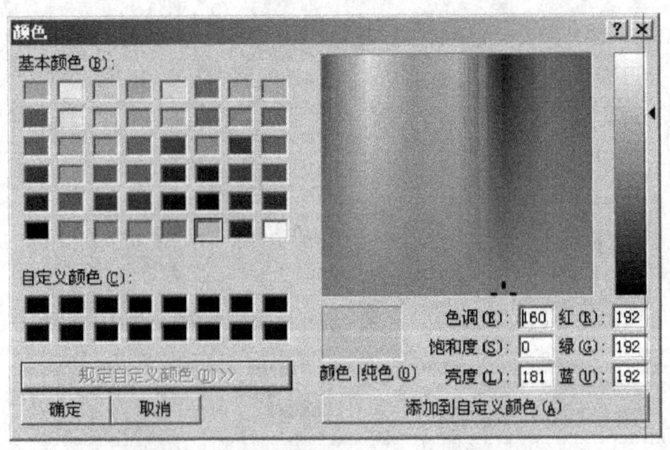

图 1－4－4　流程图颜色属性设置对话框

一般的，考虑到操作员的工作需要，背景色不宜设置的很花哨，灰色、黑色和绿色是比较常见的选择。

（3）在流程图上添加图形元素

对于流程图制作软件，出现在画面上的图形元素大致可以分为两类：静态的图形元素和动态的图形元素。

静态图形元素包括出现在流程图画面上的直线、弧线、各种矩形、圆、多边形等各种工业装置的基本组成单元以及标注的字符等；

动态图形元素主要是指流程图画面上出现的动态数据、动态棒状图、动态开关、命令按钮等。图形元素的绘制主要通过软件界面左侧的绘制工具栏上的功能按钮来实现。把鼠标移至某一功能按钮，在其旁边将出现该功能按钮的名称，同时画面下方的信息栏将提示相关的操作信息，如图1－4－5所示。

图1－4－5　流程图图形元素工具条

单击某一功能按钮即选中该功能，同时该功能按钮呈按下状态（未被选中的功能按钮呈突起状态），表明此时可以进行该种图形元素的绘制。利用绘制工具在流程图画面上添加各种图形元素的方法很简单，介绍如下。

（1）直线：

绘制：单击按钮，将光标移至作图区，光标呈“+”字形状。将“+”字移至直线起始点按住左键拖动鼠标至直线终点，放开左键，即完成该直线的绘制。完成的直线两个端点各有一个黑色的小方块，此方块为直线的选中标志。多条直线的绘制可以重复上述操作。结束直线绘制操作可以单击鼠标右键或选择其他操作。

移动：用光标箭头点住直线两端选中标志的中间部分（但不能点两端的选中标志），直线呈反色显示，拖动鼠标即可移动该直线。直线在移动过程中为深灰色。

改变直线的长度或倾斜度：用光标箭头点住直线的选中标志（两端中的任意一个），拖动鼠标即可改变直线的长度或倾斜度，可以重复本操作直至满意为止。直线在改变过程中为深灰色。

（2）矩形：

绘制：单击按钮，将光标移至作图区，光标呈“+”字形状。将“+”移至矩形起始点（即矩形左上角），按住左键拖动鼠标至矩形终点，放开左键，即完成该矩形的绘制。完成的矩形四个端点各有一个黑色的小方块，此方块为矩形的选中标志。多个矩形的绘制可以重复上述操作。结束矩形绘制操作可以单击鼠标右键或选择其他操作。

移动：用光标箭头点住矩形内的任意部分（包括边框，但不能点四角的选中标志），矩形呈反色显示，拖动鼠标即可移动该矩形。矩形在移动过程中为深灰色的矩形框（即便已选择了填充功能）。

改变矩形的形状：用光标箭头点住矩形的选中标志（四角中的任意一个），拖动鼠标即可改变矩形的形状。矩形在改变过程中为深灰色的实线矩形框。

(3) 圆角矩形：

绘制：▢的使用和矩形绘制工具相同，请参照矩形绘制工具的操作过程。

改变形状：用光标箭头点住圆角矩形四角的选中标志，拖动鼠标可改变圆角矩形的大小。用光标箭头点住圆角矩形内部左上角的圆角选中标志，拖动鼠标可改变圆角矩形的圆角弧度。

(4) 多边形：

绘制：单击按钮，将光标移至作图区，光标呈“+”字形状。自多边形起始点用鼠标左键点一下然后放开，可以看到从起始点引出一条直线，移动鼠标至多边形的下一个顶点，点一下继续移动鼠标，重复上述操作直至倒数第二个顶点，单击鼠标右键，即完成一个多边形的绘制。完成的多边形每个端点各有一个黑色的小方块，此方块为多边形的选中标志。多个多边形的绘制可以重复上述操作。结束多边形绘制操作可以单击鼠标右键或选择其他操作。

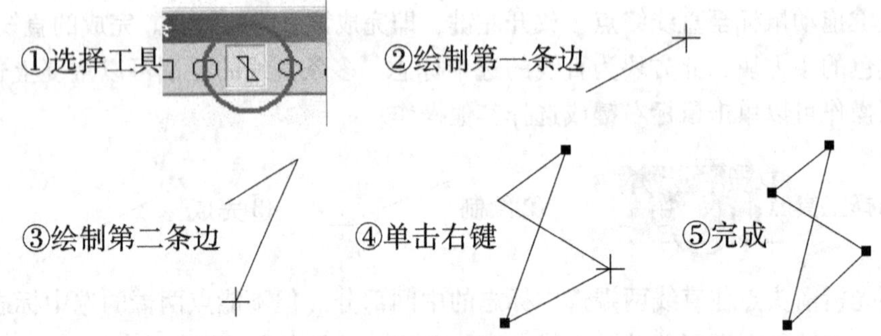

移动：用光标箭头点住多边形的边线或内部（但不能点各顶点的选中标志），多边形呈反色显示，拖动鼠标即可移动该多边形。多边形在移动过程中为深灰色的多边形框。

改变多边形的形状：用光标箭头点住多边形的选中标志，拖动鼠标即可改变多边形的形状。多边形在改变过程中为深灰色的实线多边形框（即便已选择了填充功能）。多边形绘制工具只能用于绘制封闭图形。

(5) 椭圆：

绘制：椭圆绘制工具的使用和矩形绘制工具基本相同，请参照矩形绘制工具的操作过程。

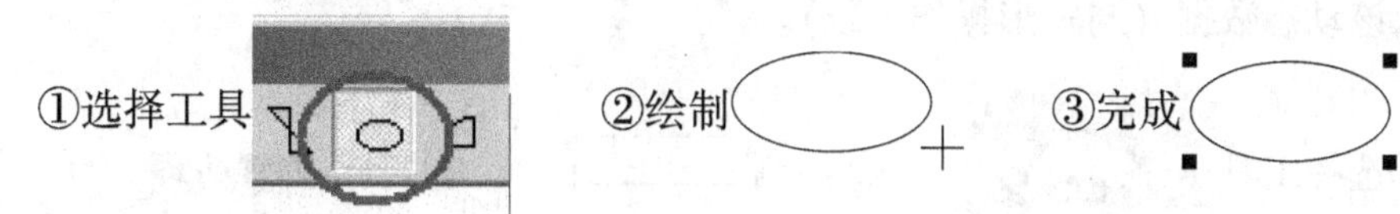

(6) 饼状图:

绘制:单击按钮,将光标移至作图区,光标呈"+"字形状,按住左键拖动鼠标,画面上将出现一个随鼠标移动而改变形状的饼状图形,放开左键,即完成该饼状图的绘制。完成的饼状图周围有四个黑色的小方块,此方块为饼状图的选中标志。多个饼状图的绘制可以重复上述操作。结束饼状图绘制操作可以单击鼠标右键或选择其他操作。

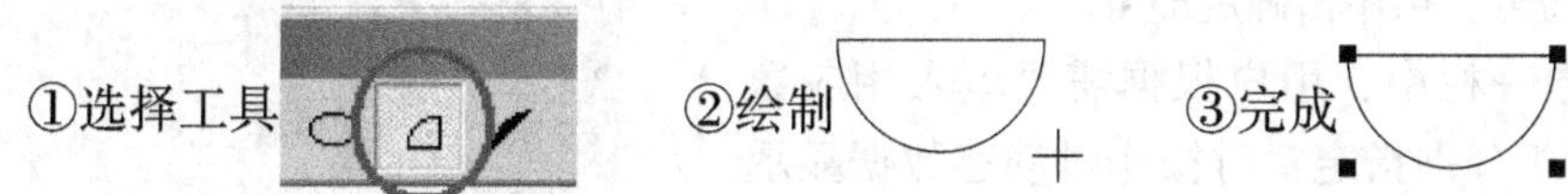

移动:用光标箭头点住饼状图选中标志内的任意部分(但不包括选中标志),饼状图呈反色显示,拖动鼠标即可移动该饼状图。饼状图在移动过程中为深灰色的饼状图框(即便已选择了填充功能)。

改变饼状图的形状:用光标箭头点住饼状图的一个选中标志,拖动鼠标即可改变饼状图的形状。饼状图在改变过程中为深灰色的饼状图框。

(7) 弧状图:

绘制:弧状图绘制工具的使用和饼状图绘制工具基本相同,请照饼状图绘制工具的操作过程。

(8) 弧线:

弧线绘制工具的使用和饼状图绘制工具基本相同,请参照饼状图绘制工具的操作过程。

(9) 文字:

添加:单击**A**按钮,将光标移至作图区,光标呈"|"字形状。将"|"移至欲写入文字的位置,单击,可以看到一个文字写入框和一个闪烁的光标: ,此时就可以写入文字了。按Esc键结束当前文字的写入,移动鼠标将"|"移至其他欲写入文字的位置,单击,重新开始一段文字的写入。结束文字输入操作可以单击鼠标右键或选择其他操作。如果想修改已写入的文字,请在写入的文字上双击鼠标右键;如欲改变文字的字体和大小可以选择文字/选择字体命令。选中文字后按住左键拖动鼠标可以移动文字。

(10) 动态数据:

添加:单击0.0按钮,将光标移至作图区,光标呈"+"字形状。在需要加入动态数据的位置加入该动态数据（与矩形操作一致）。

设置：双击该动态数据框，就会弹出动态数据设定对话窗口，如图1-4-6所示。

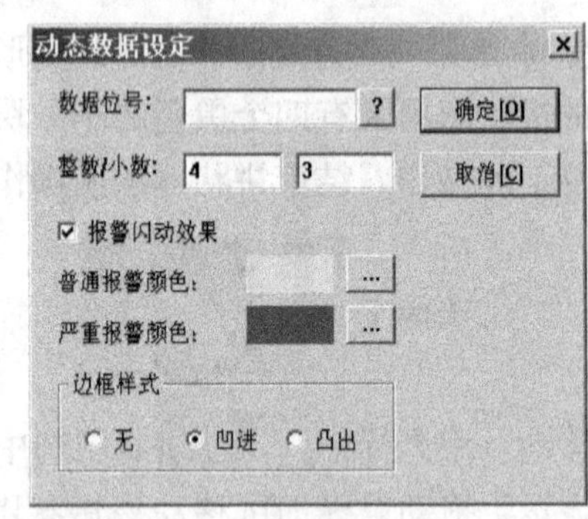

图1-4-6　动态数据设定对话框

在数据位号一栏中填入需要显示的数据位号，如果不清楚具体位号，可以单击位号查询按钮 ? ，进入数据引用对话窗口，在数据引用对话窗口中，用鼠标左键选定所需位号，再单击确定即可。

整数/小数一栏中，用户根据需要填入相应数字，该功能用于分别指定实时操作时动态数据显示的整数和小数的有效位数。

报警闪动效果一栏中，前面的复选框打勾☑表示该功能有效，当该数据比较重要时请选取该功能，以使其报警状态能及时引起操作员注意；对于报警颜色，用户可以按下按钮 ... ，在颜色选取对话框根据实际情况以及习惯来选择。

边框样式一栏用于改变该动态数据的外观，如下：

（11）动态棒状图：

添加：单击按钮，将光标移至作图位置，移动“+”字光标画出合适的棒状图，即完成棒状图绘制。

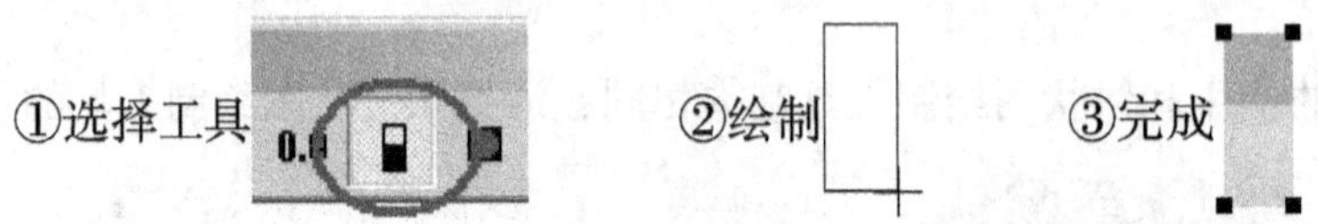

设置：双击动态棒状图框，进入动态液位设定对话框，如图1-4-7所示。

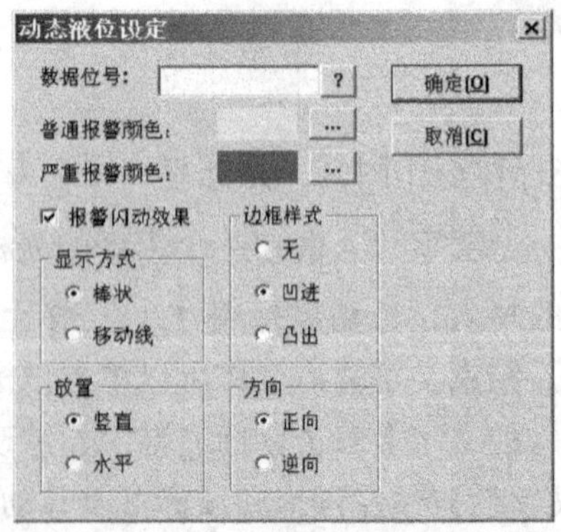

图1-4-7　动态棒图设定对话框

依次设定数据位号、报警色、报警闪动效果；根据实际情况及具体要求分别选择相应的显示方式、放置方式、方向以及该动态液位的边框样式。

（12）动态开关：

添加：单击 按钮，将光标移至作图位置，移动“＋”字光标画出合适大小的开关，即完成开关绘制。

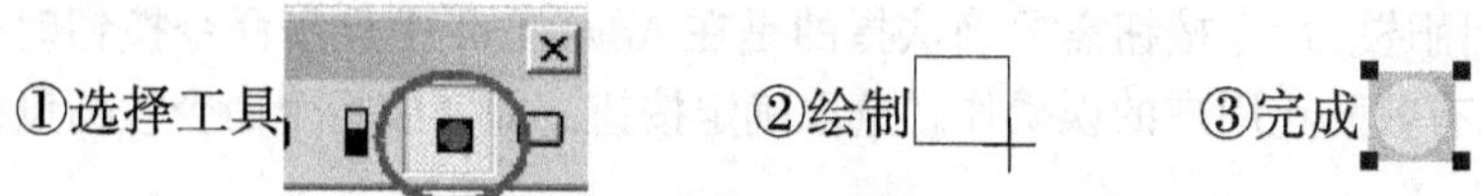

设置：双击动态开关，进入动态开关样式设定对话框，如图1－4－8所示。

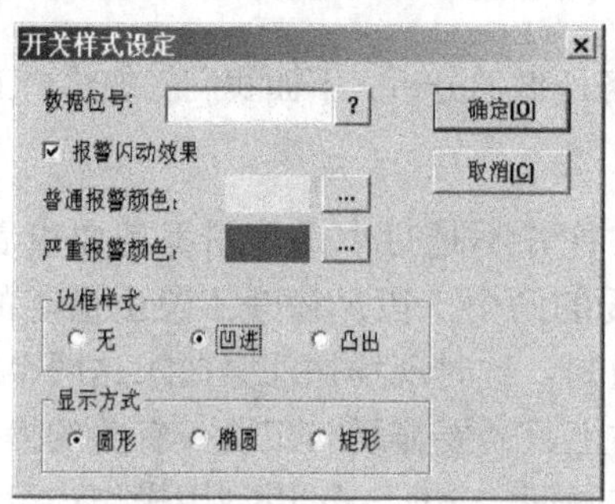

图1－4－8 动态开关设定对话框

依次设定数据位号、报警色、报警闪动效果；根据实际情况及具体要求分别选择相应的显示方式及边框样式。

（13）命令按钮：

添加：用户使用命令按钮工具 可以在流程图界面添加自定义按钮。在实时监控软件的流程图画面，操作人员可以点击按钮来实现如翻页和赋值的功能，大大简化了操作步骤。命令按钮的绘制方法同矩形的绘制。

设置：双击命令按钮图框，进入命令按钮设定对话窗口，如图1－4－9所示。

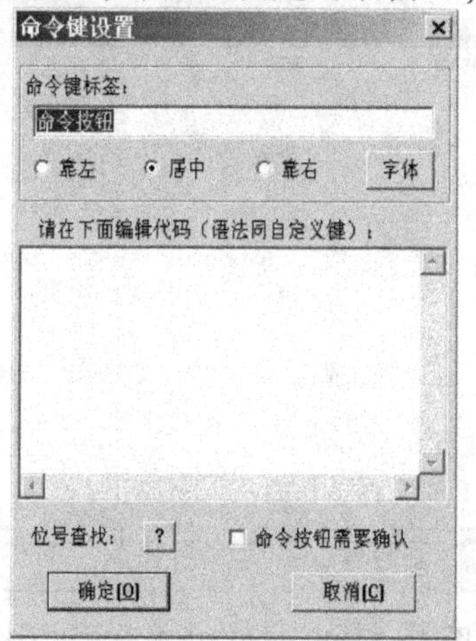

图1－4－9 命令按钮设置对话框

命令键标签一栏填写命令按钮标签的名称，选择靠左、居中或靠右可改变按钮标签的位置，单击“字体”可对按钮标签进行字体编辑。单击位号查找 ? 按钮，进入位号引用对话窗，在位号引用对话窗口中，用鼠标左键选定所需位号，再单击确定，即可引用所需位号。在编辑代码区域，填写命令按钮的自定义语言，其语法类似自定义键，具体操作在后面自定义键组态语言的内容中进行阐述。命令按钮需要确认指的是在 AdvanTrol 中点击命令按钮时会提示是否要执行，这样可以有效防止用户的误操作。选取确定按钮，即完成一个命令按钮设定。

1.4.4　任务实施：加热炉系统操作站组态

根据前面对操作站组态任务所做的分析，下面我们就加热炉工程项目进行操作站的组态。

1. 操作小组的组态

在实际的工程应用中，往往并不是每个操作站都需要查看和监测所有的操作画面，例如，某工程采用 DCS 控制现场的两个工段，每个工段由指定的操作工分别在两台不同的操作站上进行监控操作，众所周知，这时现场往往会要求这两个操作站上可以显示完全独立的两组画面，即工段一的操作站上只需要显示与工段一有关的操作画面，工段二的操作站上只需要显示与工段二有关的操作画面，这时，可以利用操作小组对操作功能进行划分，每一个不同的操作小组可观察、设置、修改指定的一组标准画面、流程图、报表、自定义键。系统运行时两个操作站上运行不同的操作小组，从而满足现场应用需要。

对于一些规模较大的系统，一般建议设置一个总操作小组，它包含所有操作小组的组态内容，这样，当其中有一操作站出现故障，可以运行此操作小组，查看出现故障的操作小组运行内容，以免耽搁时间而造成损失。

操作小组的组态步骤如下：

（1）点击“操作小组”按钮 操作小组，或选中［操作站］/<操作小组设置>菜单项，在弹出的对话框中设置操作小组。

（2）点击“增加”按钮，增加操作小组，如图 1－4－10 所示。

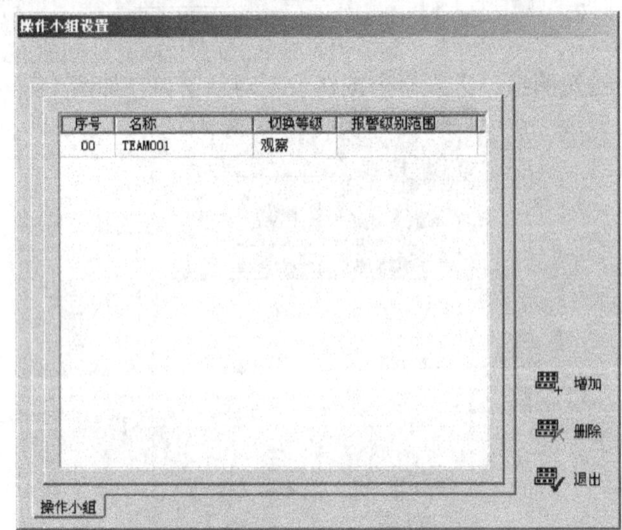

图 1－4－10　操作小组设置对话框

（3）填写相应的参数。

序号：此栏填入操作小组设置时的序号，操作小组最多可以有16个，序号的范围是00～15。

名称：此栏为各操作小组的名字。在本项目中，将该操作小组起名为“加热炉”。

切换等级：从此栏下拉菜单中为操作小组选择登录等级，JX－300XP系统提供观察、操作员、工程师、特权四种操作等级。在AdvanTrol监控软件运行前，需要选择启动操作小组名称，该操作小组启动后，用户便可以看见指定的操作画面。当切换等级选为观察时，表明该操作小组对观察、操作员、工程师和特权级别的用户都是开放的，任何级别的用户都可以在监控中操作该小组的画面。当切换等级选为操作员时，表明该操作小组对操作员、工程师和特权级别的用户是开放的，除观察级别以外的用户都可以在监控中操作该小组的画面。当切换等级选为工程师时，表明该操作小组对工程师和特权级别的用户是开放的，工程师和特权级别的用户可以在监控中操作该小组的画面。当切换等级选为特权时，表明该操作小组仅对特权级别的用户开放，只有特权级别的用户才可以在监控中操作该小组的画面。本项目中，将切换等级选为“操作员”。

报警级别范围：限制该操作小组可以查看的报警信息的级别，该功能可以过滤与本小组无关的一些报警信息。如此处填写“1－5，8”，则表示该小组能够查看级别为1、2、3、4、5、8的报警信息。此处不填写，表示本小组可以查看所有级别的报警信息。本项目中，此处不填写。

（4）如有必要，重复步骤2、3，添加其他操作小组。

（5）点击“退出”按钮，完成操作小组设置。

至此，我们根据项目所提出的要求，完成了操作小组的设置，下一步进行标准操作画面的制作。系统的标准画面组态是指对系统已定义格式的标准操作画面进行组态。其中包括总貌画面、趋势曲线、控制分组、数据一览等四种操作画面的组态，以下将分别介绍说明。

2. 趋势画面的组态

（1）点击“趋势”按钮，或选中［操作站］／<趋势画面>菜单项，在弹出的对话框（如图1－4－11所示）中设置标准趋势画面。

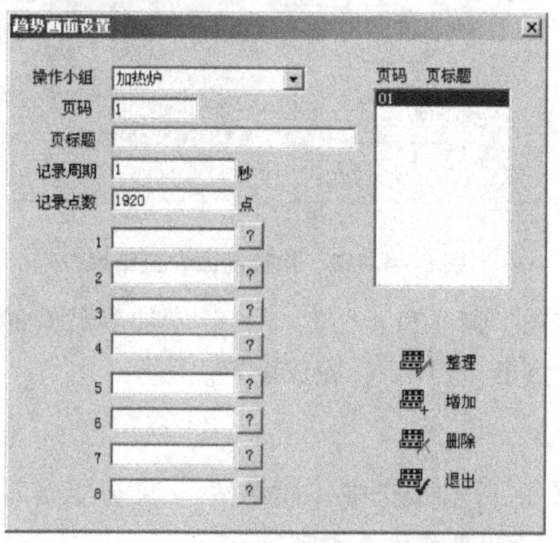

图1－4－11　趋势画面设置对话框

（2）画面上方有一“操作小组”下拉选择菜单，此项指定趋势画面的当前页在哪个操作小组中显示。本项目中只有一个操作小组，所以选择“加热炉”。

（3）选择好操作小组以后，点击“增加”按钮，在该操作小组中增加趋势画面。

（4）设置画面内容。

页码：此项选定对哪一页趋势画面进行组态。JX－300XP 系统至多提供 640 页的趋势画面，一般的，对页码不必修改。

页标题：指定该页趋势画面的页标题，即对该页内容的说明。本项目可描述为“加热炉趋势”或其他。

记录周期：此项指定当前页中所有趋势曲线共同的记录周期，时间单位“秒”。记录周期必须为整数秒，取值范围为 1～3600。

记录点数：此项指定当前页中所有趋势曲线共同的记录点数，取值范围 1920～2592000。根据记录点数和周期，可以计算出某信号的趋势数据保存的时间长短。本项目中，对一些信号需要保留 30 天的趋势数据，在这里，将记录点数设为 2592000，周期设为 1，则每一条趋势曲线都是每 1 秒钟记录一点，一共保留最近的 2592000 点，总保留时间为 1×2592000 秒，约等于 30 天，30 天以前的数据将被刷新。

趋势曲线组：每页趋势画面至多包含八条趋势曲线，每条曲线通过位号来引用。一旁的 ? 按钮提供位号查询的功能。本项目中，设置效果如图 1－4－12 所示。

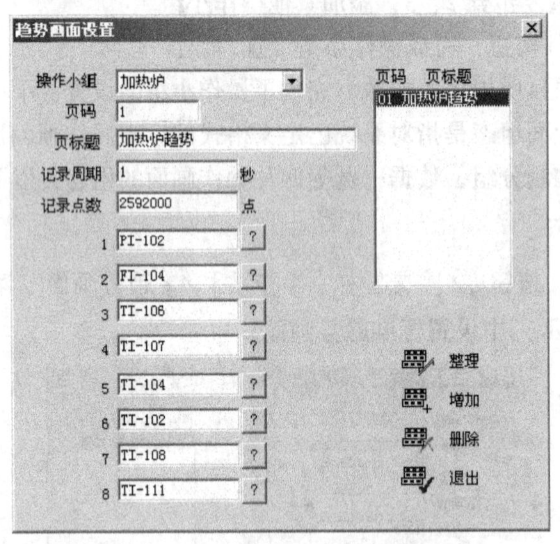

图 1－4－12　趋势画面设置结果

（5）根据需要，可重复步骤（2）、（3）、（4），增加多幅画面。

（6）画面设置完毕，点击“退出”，完成设置。

3. 分组画面的组态

（1）点击“分组”按钮，或选中［操作站］／<分组画面>菜单项，在弹出的对话框（如图 1－4－13 所示）中设置标准分组画面。

（2）画面上方有一“操作小组”下拉选择菜单，此项指定分组画面的当前页在哪个操作小组中显示。本项目中只有一个操作小组，所以选择“加热炉”。

（3）选择好操作小组以后，点击“增加”按钮，在该操作小组中增加分组画面。

（4）设置画面内容。

页码：此项选定对哪一页分组画面进行组态。JX－300XP系统至多提供320页的分组画面。一般的，对页码不必修改。

页标题：指定该页分组画面的页标题，即对该页内容的说明。本项目可根据要求描述为“原料油加热炉分组”或其他。

仪表组：每页仪表分组画面至多包含八个仪表，每个仪表通过位号来引用。一旁的 ? 按钮提供位号查询的功能。本项目中，根据操作要求我们一共制作了三页分组画面，分别是原料油加热炉分组画面、反应物加热炉分组画面、回路分组画面，设置效果如图1－4－14、图1－4－15和图1－4－16所示。

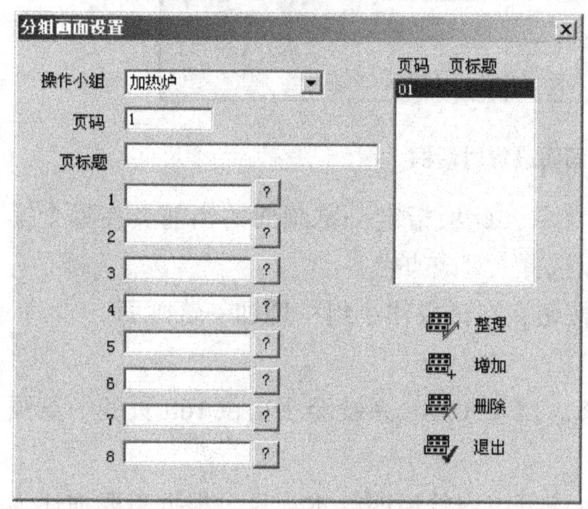

图1－4－13　分组画面设置对话框

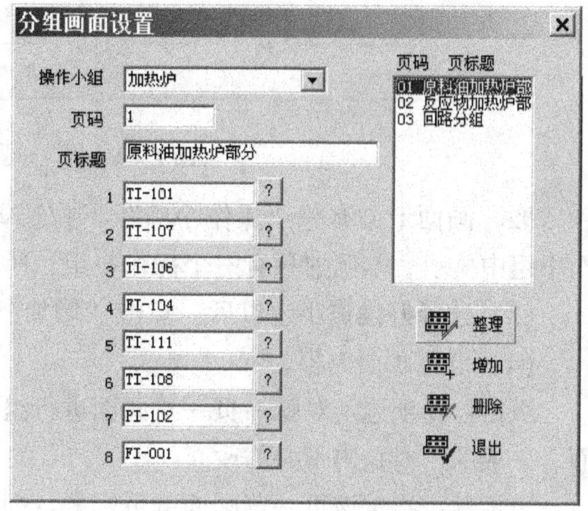

图1－4－14　加热炉分组画面一

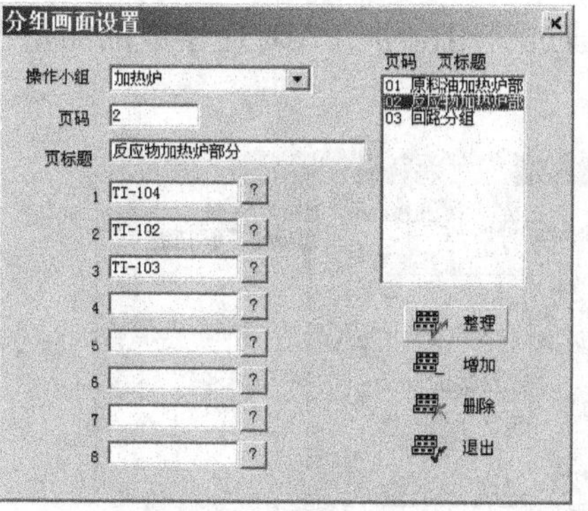

图1－4－15　加热炉分组画面二

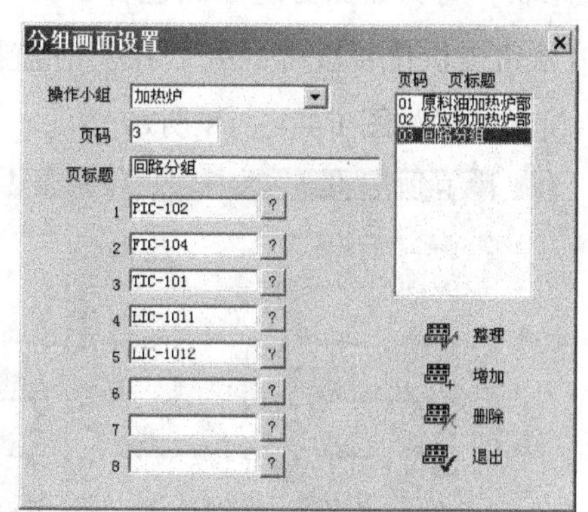

图1－4－16　加热炉分组画面三

（5）根据需要，可重复步骤（2）、（3）、（4），增加多幅画面。

（6）画面设置完毕，点击“退出”，完成设置。

4. 一览画面的组态

（1）点击“一览”按钮，或选中［操作站］/<一览画面>菜单项，在弹出的对话框（如图 1－4－17 所示）中设置标准一览画面。

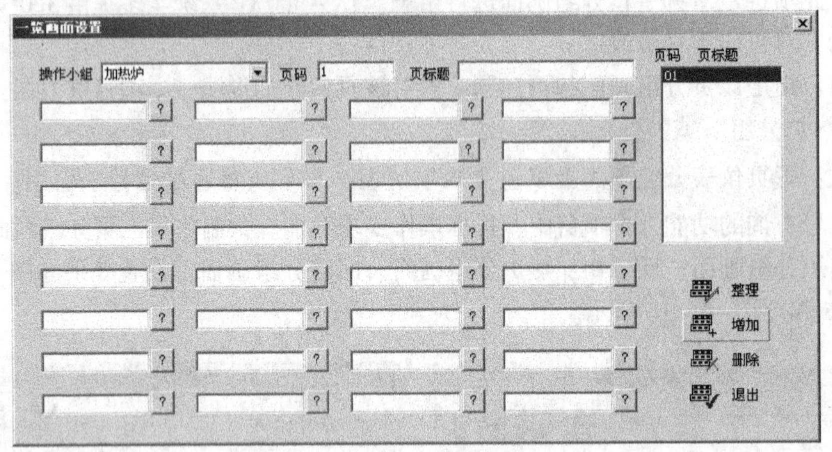

图 1－4－17　一览画面设置对话框

（2）画面上方有一“操作小组”下拉选择菜单，此项指定一览画面的当前页在哪个操作小组中显示。本例中只有一个操作小组，所以选择“加热炉”。

（3）选择好操作小组以后，点击“增加”按钮，在该操作小组中增加一览画面。

（4）设置画面内容。

页码：此项选定对哪一页一览画面进行组态。JX－300XP 系统至多提供 160 页的一览画面。一般的，对页码不必修改。

页标题：指定该页一览画面的页标题，即对该页内容的说明。本项目可根据需要描述为“原料油加热炉一览”或其他。

显示块：每页数据分组画面包含 8×4 共 32 个显示块。每个显示块中填入引用位号，一旁的 ? 按钮提供位号查询服务。在实时监控中，通过引用位号引入对应参数的测量值。本例中，设置效果如图 1－4－18 所示。

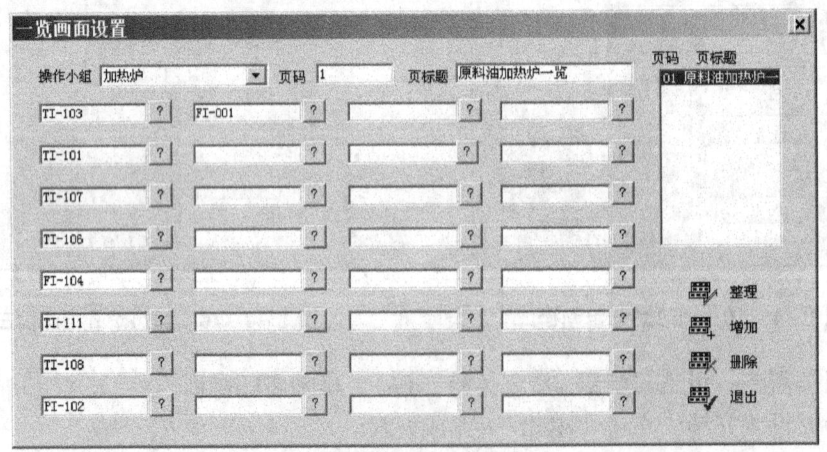

图 1－4－18　一览画面设置结果

（5）根据需要，可重复步骤（2）、（3）、（4），增加多幅画面。

（6）画面设置完毕，点击“退出”，完成设置。

5. 总貌画面的组态

（1）点击“总貌”按钮 # 总貌，或选中［操作站］/<总貌画面>菜单项，在弹出的对话框（如图1－4－19所示）中设置标准总貌画面。

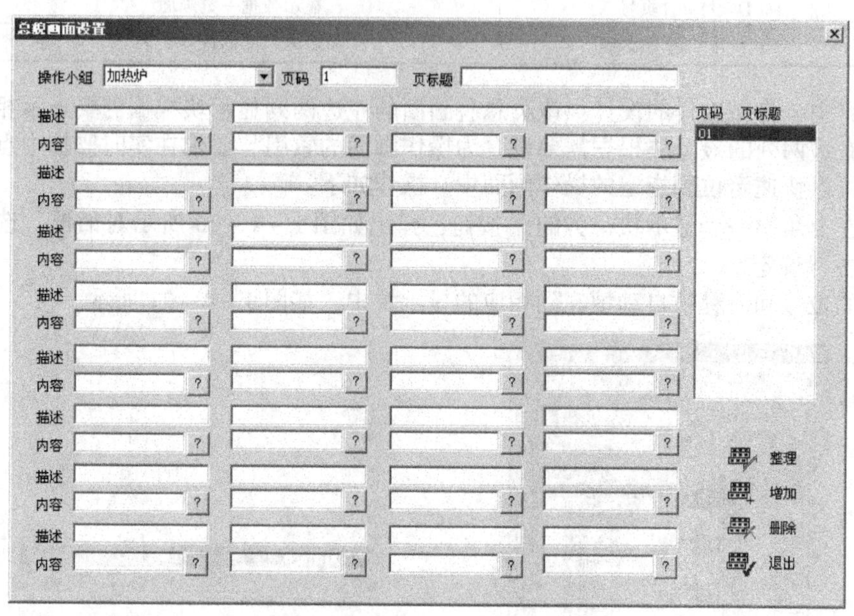

图1－4－19　总貌画面设置对话框

（2）画面上方有一“操作小组”下拉选择菜单，此项指定总貌画面的当前页在哪个操作小组中显示。本项目中只有一个操作小组，所以选择“加热炉”。

（3）选择好操作小组以后，点击“增加”按钮，在该操作小组中增加总貌画面。

（4）设置画面内容。

页码：此项选定对哪一页总貌画面进行组态。JX－300XP系统至多提供160页的总貌画面。一般的，对页码不必修改。

页标题：指定该页总貌画面的页标题，即对该页内容的说明。本项目可描述为“加热炉总貌”。总貌画面组态窗口右边有一列表框，在此列表框中显示已组态的总貌画面页码和页标题，用户可在其中选择一页进行修改等操作，也可使用PageUp和PageDown键进行翻页。

显示块：每页总貌画面包含8×4共32个显示块。每个显示块包含描述和内容两行：上行写说明注释；下行填入引用位号，一旁的 ? 按钮提供位号查询服务。通过选择［操作主机］引用画面标识位号，还可对总貌画面页、分组画面、趋势曲线、流程图画面、数据一览画面等进行索引，见表1－4－1所示。

表 1-4-1　总貌画面标识符格式及功能说明

标识符格式	说明
{%OV} + {页号 N}	显示总貌画面第 *N* 页
{%CG} + {页号 N}	显示分组画面
{%TG} + {页号 N}	显示趋势画面
{%GR} + {页号 N}	显示流程图画面
{%DV} + {页号 N}	显示数据一览画面
{*} + {符号文字}	显示 * 后面的符号文字

本项目中，将做这样的设计：该页总貌画面的左边两列显示块根据需要显示相关位号实时信息，右边两列的显示块根据需要设置为操作画面的索引，要求在实时监控中点击相应的显示块时可以快速定位到指定的操作画面中。操作如下：

点击左上角第一个显示块一旁的 ? 按钮，弹出如图 1-4-20 所示对话框，选择需要的位号，点击“确定”。

指定的位号和注释被自动填充到相应的显示块中，如图 1-4-21 所示。

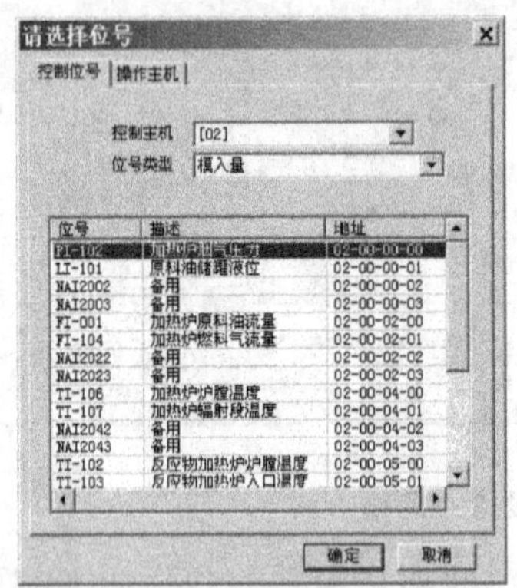

图 1-4-20　位号选择对话框

图 1-4-21　位号填充

同样的方法，设置其他位号，设置效果如图 1-4-22 所示。

图 1-4-22　总貌画面位号显示设置结果

点击第三列第一行显示块一旁的 ? 按钮，弹出位号选择对话框，点击“操作主机”标签使相应的画面突出显示，效果如图 1－4－23 所示。

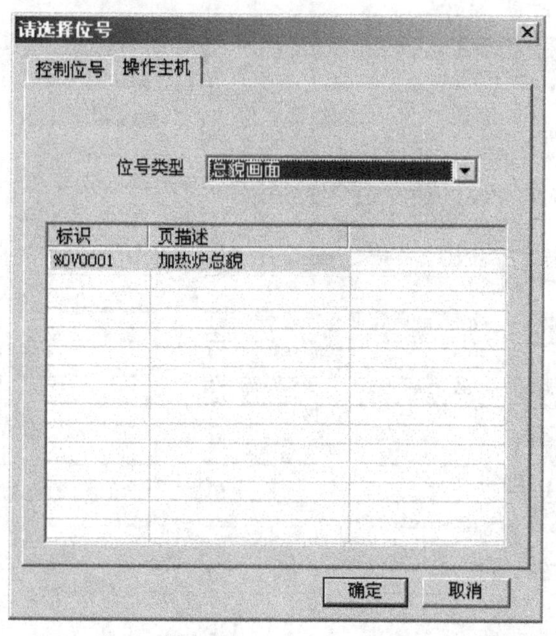

图 1－4－23　操作主机设置对话框

在这里可以通过引用画面标识位号来对操作画面进行索引。

在该画面中，有一位号类型下拉菜单，效果如图 1－4－24 所示。

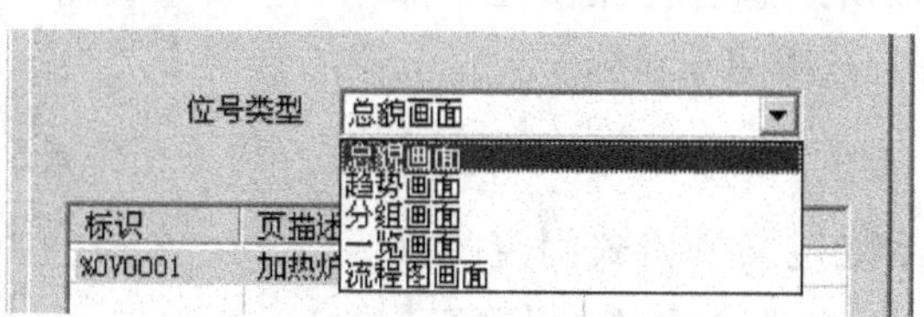

图 1－4－24　操作画面选择对话框

在这里，需要进行手动选择。位号类型中可以选择总貌画面、趋势画面、分组画面、一览画面和流程图画面。当某一类型的画面被选中以后，下面的列表中会以页码先后为序显示出所有该类型的画面，可以对任一张画面进行选择。设置完成后，点击“确定”按钮，确认前面的选择，这时将返回总貌画面的设置页，效果如图 1－4－25 所示。

图 1－4－25　总貌画面显示设置

这样，在运行监控软件的时候，点击该页总貌画面的相应显示块，指定的操作画面便会自动弹出。同样的方法，设置其他画面索引，设置效果如图 1－4－26 所示。

总貌画面设置

操作小组：加热炉　页码：1　页标题：加热炉总貌

	列1	列2	列3	列4
描述	加热炉烟气压力	加热炉烟囱温度	原料油加热炉部分	
内容	PI-102	TI-108	%CG0001	
描述	加热炉原料油流量	反应物加热炉出口温	反应物加热炉部分	
内容	FI-001	TI-104	%CG0002	
描述	原料油储罐液位	反应物加热炉炉膛温	回路分组	
内容	LI-101	TI-102	%CG0003	
描述	加热炉出口温度	反应物加热炉入口温	加热炉趋势	
内容	TI-101	TI-103	%TG0001	
描述	加热炉辐射段温度	反应物加热炉炉膛温	原料油加热炉一览	
内容	TI-107	TI-102	%DV0001	
描述	加热炉炉膛温度		加热炉流程	
内容	TI-106		%GR0001	
描述	加热炉燃料气流量			
内容	FI-104			
描述	加热炉热风道温度			
内容	TI-111			

页码　页标题
01　加热炉总貌

整理　增加　删除　退出

图 1－4－26　总貌画面设置结果

至此，上述四种标准操作画面的组态完成，在组态软件界面左侧的显示区中，可以看见树状的系统结构图，前面所组态各种操作画面都可以在如图 1－4－27 所示结构图中找到。

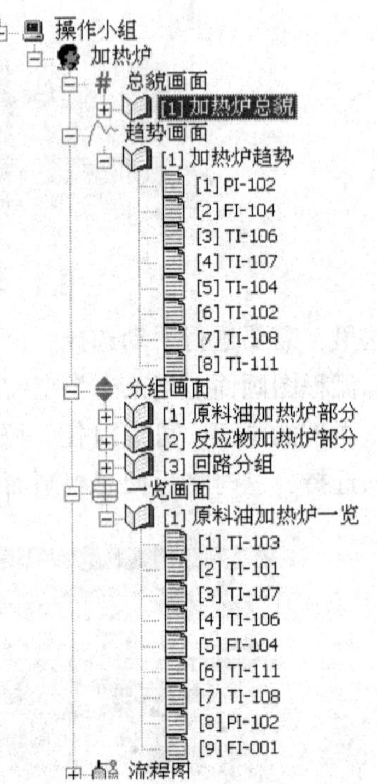

图 1－4－27　操作画面组态结果

6. 流程图的绘制

标准的操作画面是系统定义的格式固定的操作画面，实际工程应用中，仅用这样的操作画面，还不能形象的表达现场各种特殊的实际情况。JX－300XP 系统有专门的流程图制作软件来进行工艺流程图的绘制。

在本项目中，有一幅工艺流程图需要绘制，那么首先请大家来一起探讨究竟如何建立流程图文件，如何将流程图文件和组态文件联系到一起。一般的，流程图软件的登录和文件的建立按照下面的步骤进行：

（1）流程图登录：系统流程图登录是通过流程图登录窗口完成的。点击“流程图”按钮，或选中［操作站］／<流程图>菜单项，即可进入系统流程图登录窗口，如图 1－4－28 所示。

（2）画面上方有一“操作小组”下拉选择菜单，此项指定流程图画面的当前页在哪个操作小组中显示。本项目中只有一个操作小组，所以选择“加热炉”。

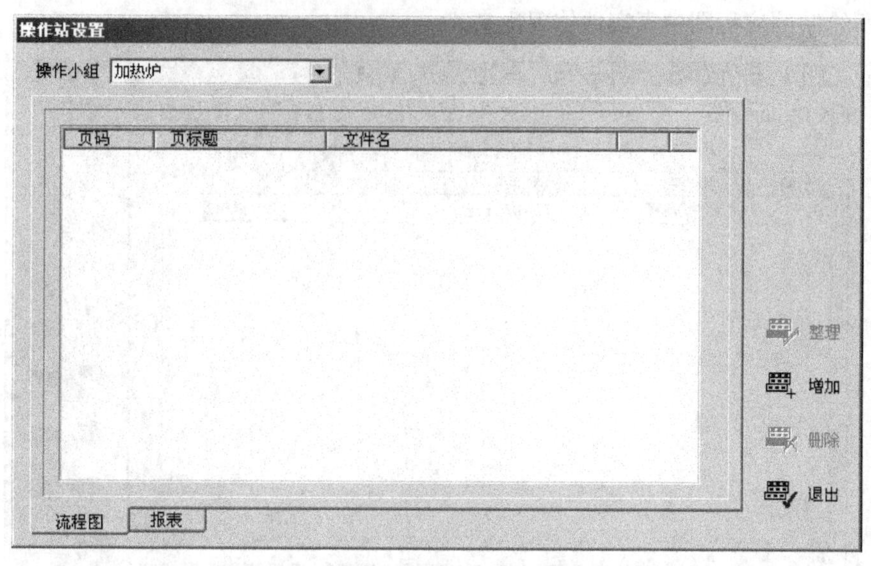

图1－4－28 流程图文件登录窗口

（3）选择好操作小组以后，点击“增加”按钮，在该操作小组中增加一条流程图画面的链接信息。

（4）填写相关参数：

页码：此项选定对哪一页流程图进行组态，每一页包含一个流程图文件。JX－300XP系统至多提供640页的流程图页面。一般的，对页码不必修改。

页标题：此项显示指定页的页标题，即对该页内容的说明。本项目中，定义的流程图起名为“加热炉流程”。

文件名：此项选定欲登录的流程图文件。流程图文件必须以“.SCG”为扩展名，并存放在指定的文件夹中。每个“＊.SCG”文件包含一幅流程图。

如流程图文件已存在，并正确存放，文件名可通过后边的 ? 按钮选择。此时点击 编辑 按钮，将启动流程图制作软件，对当前选定的流程图文件进行编辑组态。但本项目中，需要的流程图文件还没有建立，点击 ? 按钮，出现的是如图1－4－29所示的空列表：所以此处文件名必须手动填写，将该流程图文件命名为“加热炉.scg”。参数设置效果如图1－4－30所示。

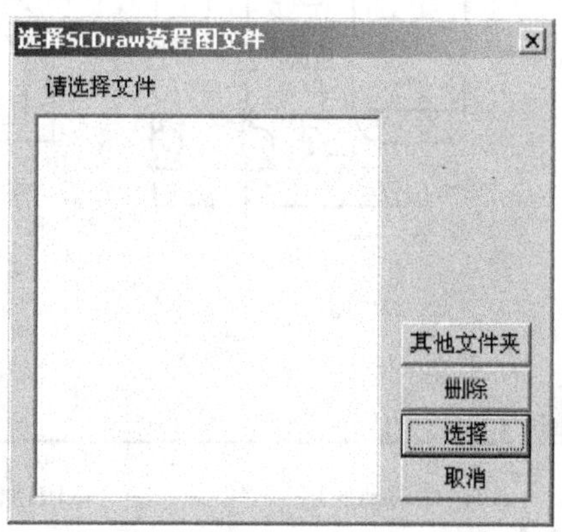

图1－4－29 流程图文件选择窗口

（5）点击“编辑”按钮，将启动流程图制作软件，这时，一个流程图文件就新建成功了。弹出的界面如前面图1－4－1所示。接下来，对照项目要求中提交的图纸，如图1－4－31所示。

画面中主体设备为两个加热炉和一个原料油储罐，设备由一些管线连接，设备和管线上有一些仪表、阀门、泵，另外图纸中的 TI-001 等图案表示需要监控的测点信号，以上所有信息都需要在所绘制的流程图中真实地体现出来。

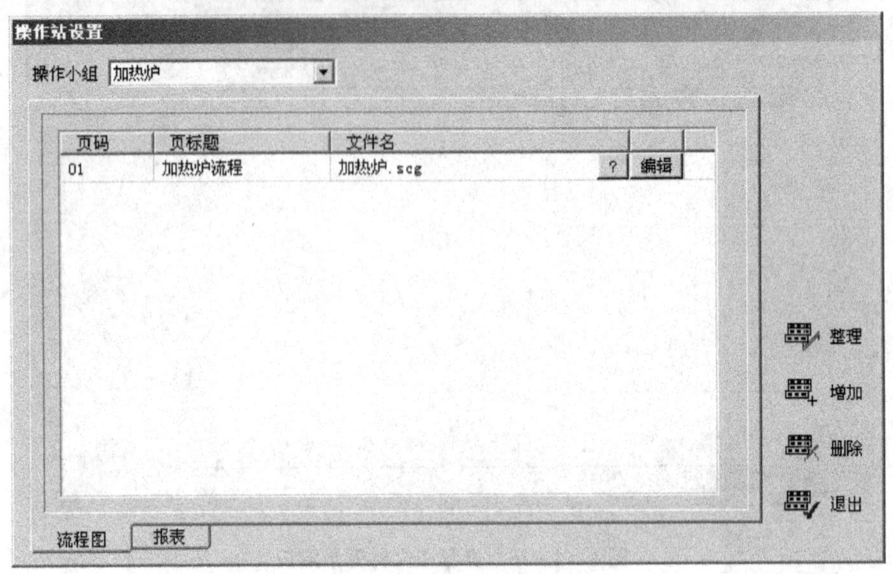

图 1-4-30　新建流程图文件结果

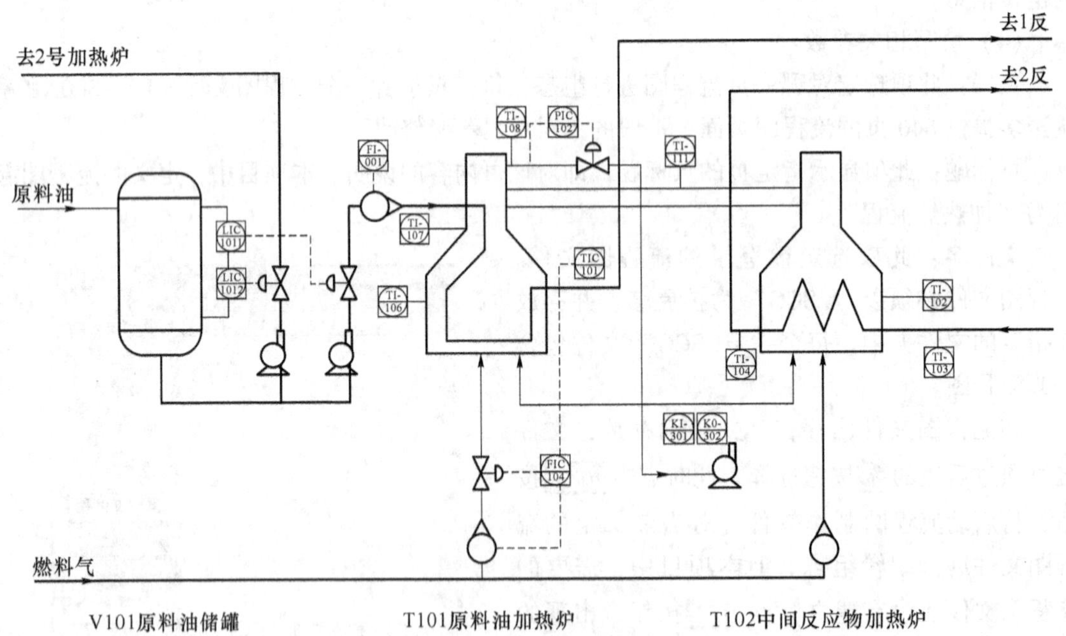

图 1-4-31　加热炉项目控制工艺流程图

接下来将按以下步骤进行图形的绘制：

第一步：确定主体设备的位置，并添加到流程图画面中：首先用多边形绘制工具来绘制加热炉的形状，如图 1-4-32 所示。

用椭圆绘制工具和矩形绘制工具来绘制原料油储罐的形状，如图 1-4-33 所示。

将绘制好的图形移动到画面合适的位置上。如图 1－4－34 所示。

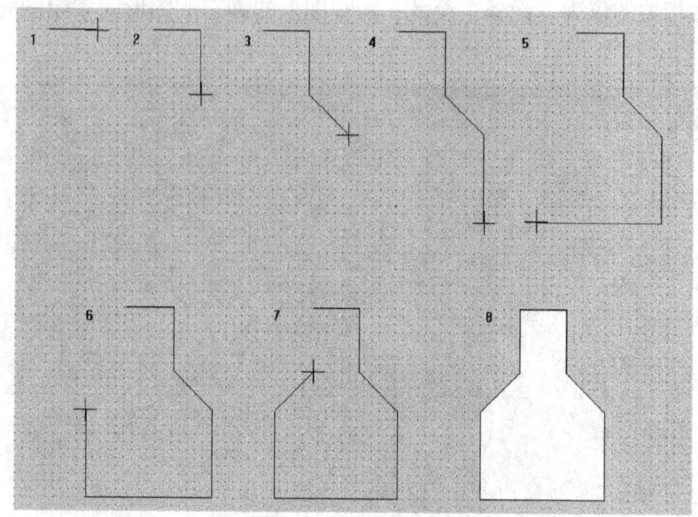

图 1－4－32　加热炉流程图绘制一

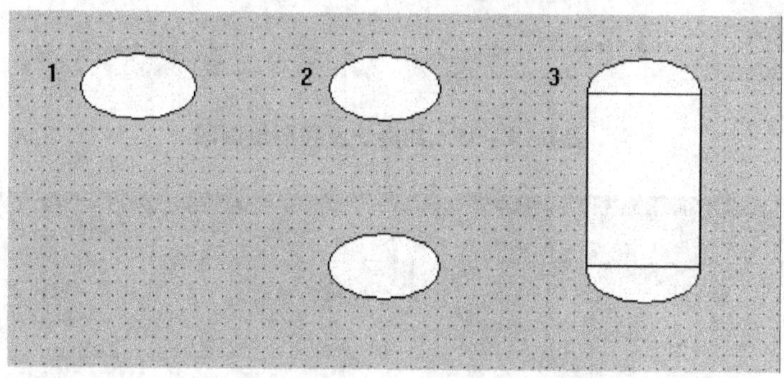

图 1－4－33　加热炉流程图绘制二

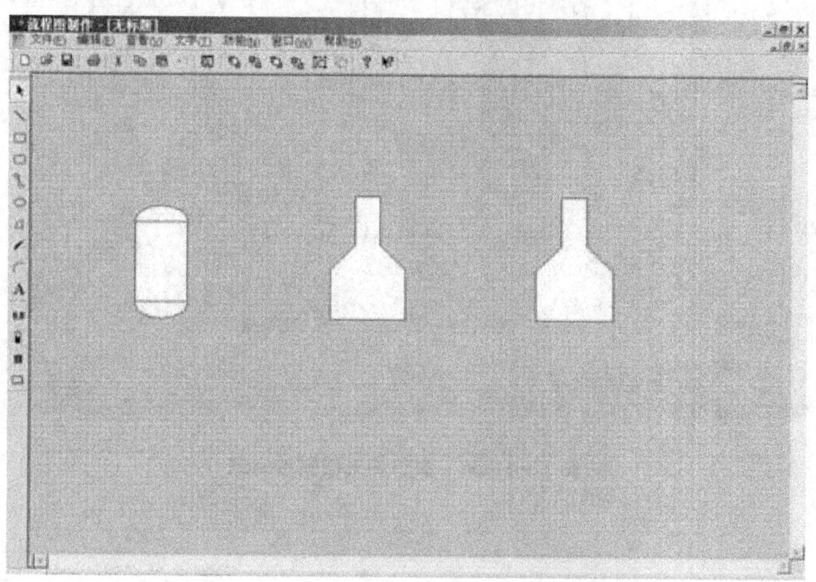

图 1－4－34　加热炉流程图绘制三

第二步：根据图纸添加管线，如图 1－4－35 所示。

第三步：添加相关的仪表、设备；至此，流程图上的静态的图形元素绘制完毕，如图 1－4－36 所示。

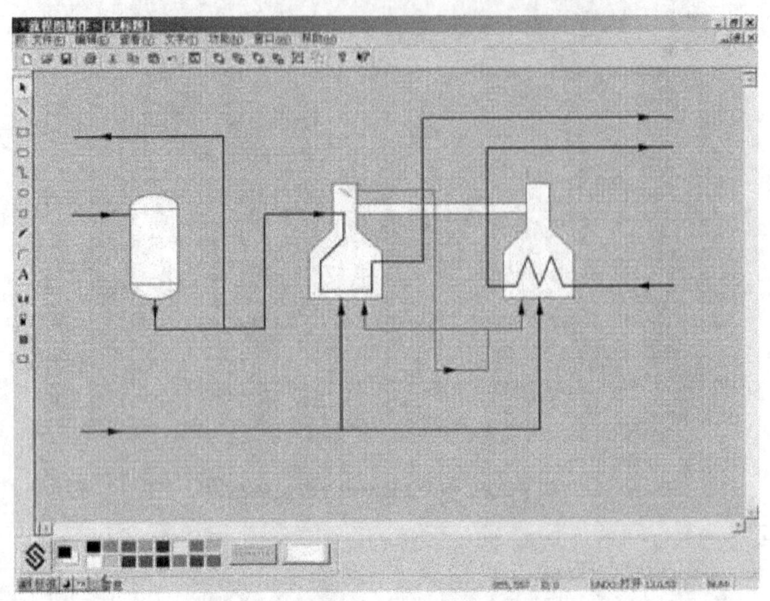

图 1－4－35　加热炉流程图绘制四

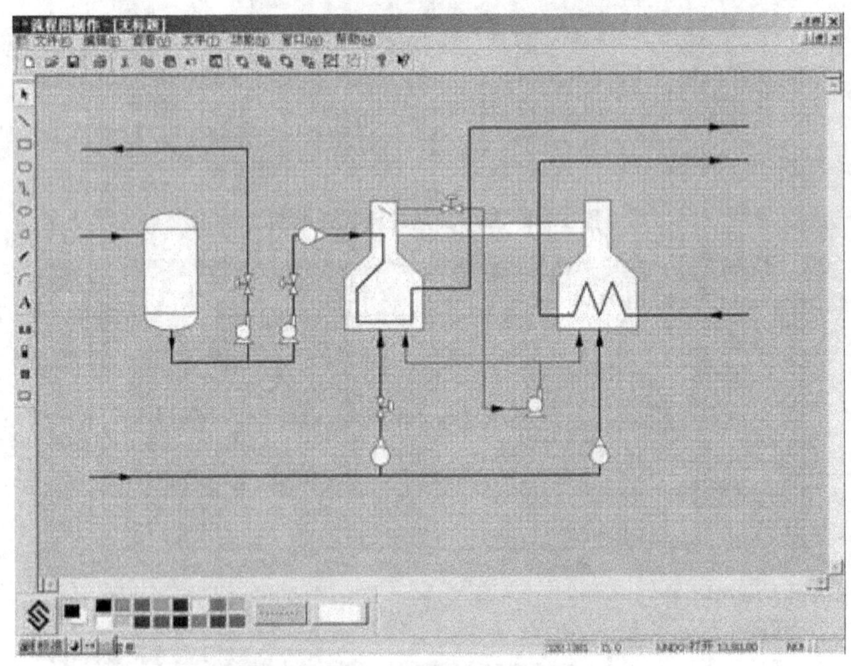

图 1－4－36　加热炉流程图绘制五

第四步：添加动态的数据。一些需要在实时监控画面中进行观测的数据，必须以动态数据的形式进行添加。点击工具栏中的 0.0 按钮，在流程图上合适的位置添加动态数据框，如图 1－4－37 所示。

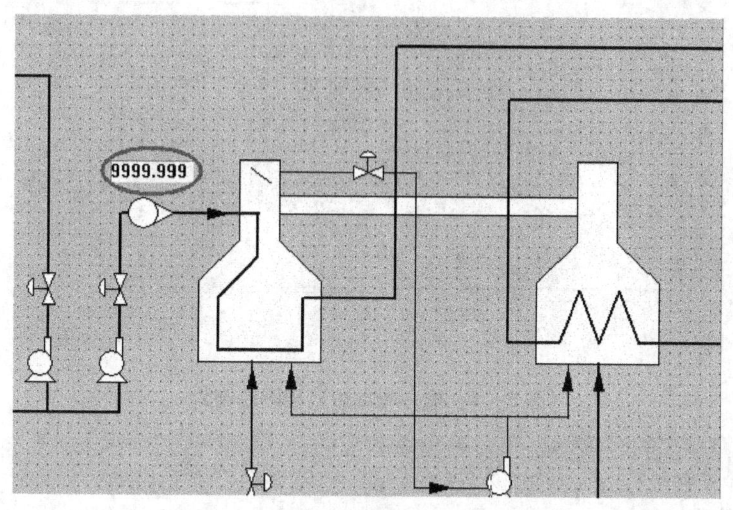

图 1－4－37　加热炉流程图动态数据添加

双击该动态数据框，进行设置：数据位号栏中填写相应的数据位号，也可以通过后面的 ? 按钮进行查找。在此处，根据图纸要求填入“FI－001”。“整数/小数”设置框用来设置显示时该数据的整数和小数位数。在此处根据需要，分别设置为 3 和 2。效果如图 1－4－38 所示。

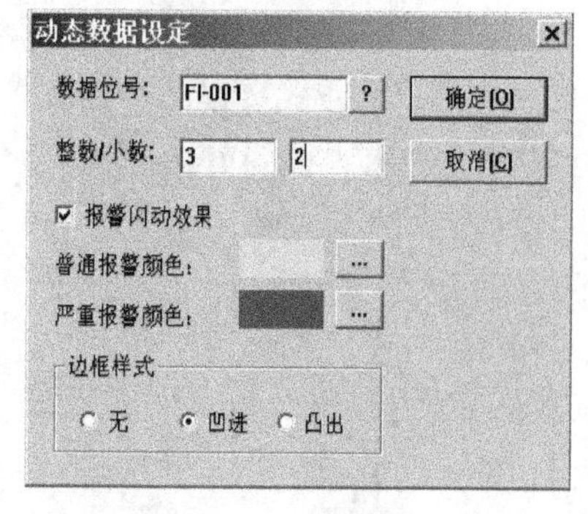

图 1－4－38　动态数据设定对话框

按照同样的方法，对其他动态数据进行添加。为了查阅方便，将相应的位号名以文本的形式添加到动态数据旁边。效果如图 1－4－39 所示。

第五步：填写设备、管线标注，调整画面元素位置及颜色等，使画面清晰美观，这样一张流程图的绘制就完成了，如图 1－4－40 所示。

（6）图形元素绘制完毕以后，应保存流程图，点击“保存”按钮，如下图所示，文件名与组态登录时一致，并注意保存在正确的路径下，如图 1－4－41 所示。

（7）关闭流程图制作软件，回到系统组态软件的界面上。打开操作站设置对话框，在流程图页面点击 ? 按钮，弹出如图 1－4－42 所示选择框。

列表中有一流程图文件名为“加热炉”，和前面栏目中填写的一致。点击“编辑”按钮弹出刚才绘制的流程图，可以进行修改。如此检查，说明该流程图文件和组态文件的连接正确。至此，流程图的制作和连接都已经完成。如有需要，重复上面的步骤继续添加流程画面。

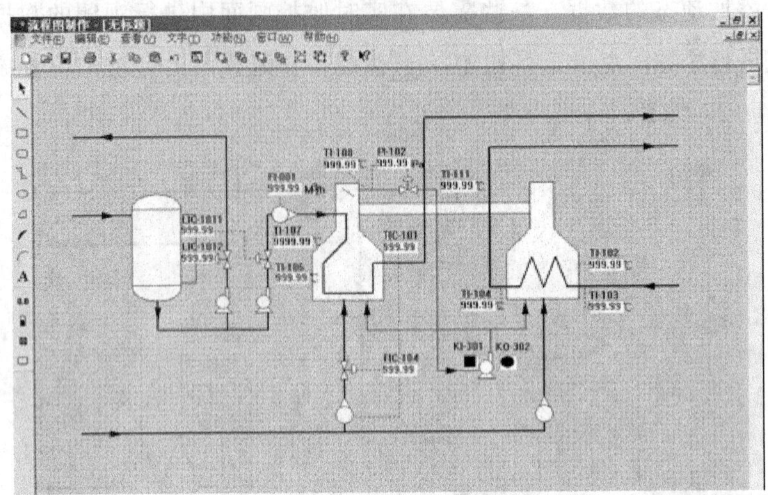

图 1－4－39　加热炉流程图绘制六

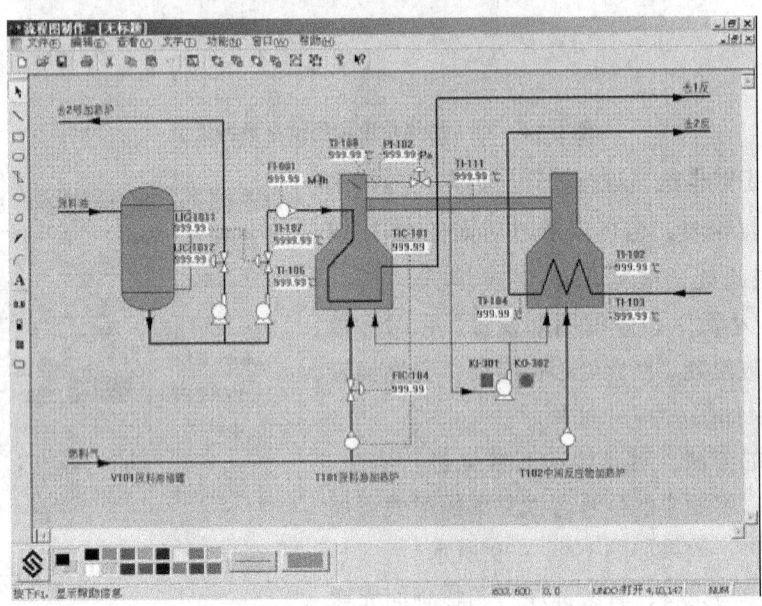

图 1－4－40　加热炉流程图绘制结果

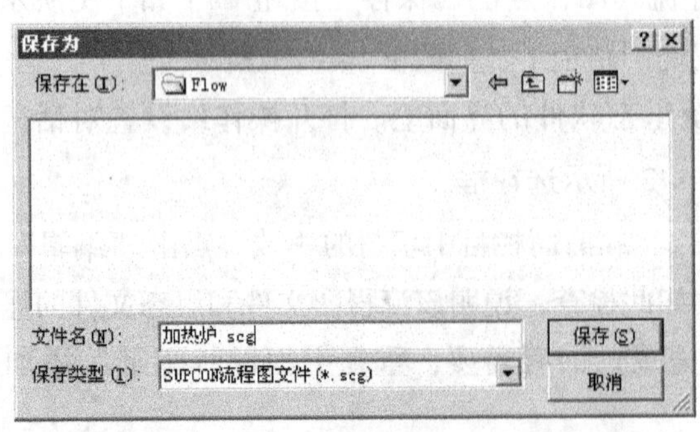

图 1－4－41　加热炉流程图文件保存

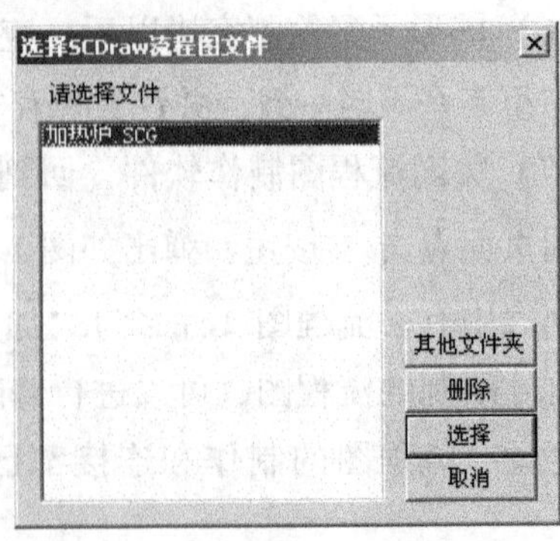

图 1－4－42　流程图文件选择

1.4.5　知识进阶：报表和自定义键的组态

前面所做的操作站组态包括了操作小组的设置、各种操作画面的设置和流程图的制作，一般认为这些工作是操作站组态的基本内容，也是直接决定操作人员工作环境的因素。除了这些工作以外，操作站的组态还包括报表的制作和自定义键的组态以及光字牌的组态，这些内容涉及岗位的管理，与各个岗位的内涵有直接的联系，下面我们介绍报表的制作和自定义键的组态。

1. 报表的制作

传统的工业控制中，报表由操作人员记录完成。对于 JX－300XP 系统，数据报表则可以根据一定的配置自动生成。这样的配置由专门的报表制作软件来进行。在加热炉项目中，有一张报表需要自动生成，要求如下：

制作班报表，记录 PI－102，TI－101，TI－102，TI－106 四组数据；要求每一小时记录一次数据，每天 8：00，16：00，0：00 打印。样表如表 1－4－2 所示。

表 1－4－2　加热炉班报表

加热炉报表（班报表）									
班　组	组长			记录员			年	月	日
时间		9：00	10：00	11：00	12：00	13：00	14：00	15：00	16：00
内容	描述	数据							
PI－102	加热炉烟气压力/Pa	－75.15	－75.98	－74.89	－77.25	－75.25	－75.84	－75.46	－75.35
TI－101	加热炉出口温度/℃	430.65	431.68	433.52	430.98	430.25	430.76	438.31	432.56
TI－102	反应物加热炉炉膛温度/℃	650.02	651.63	650.35	650.96	651.98	650.35	651.21	649.32
TI－106	加热炉炉膛温度/℃	480.31	485.65	487.62	485.24	481.69	480.35	475.65	480.12

对上面的报表制作要求进行分析，可以得知样表中显示的一部分内容是固定不变的，如表头、文字描述；另一部分内容是根据实际时间和信号数值的变化而变化的，如记录的时间和数据。所以在报表制作时需要注意，对这两部分内容将采用不同的方法编辑。

报表中的时间和数据均要求每小时记录一次，这一点表明该报表的记录周期为一小时。报表为班报表，每个数据记录 8 次，8 小时打印一张，这一点表明该报表的输出周期为 8 小时。报表要求在每天 8：00、16：00、0：00 打印，这个特殊的要求表明，报表的打印条件也是在制作过程中不能忽视的一个问题，这一点可以采用事件的方式来实现。实现方法需要按照下面的步骤来进行：

（1）首先是报表制作软件的登录，系统报表登录是通过报表登录窗口完成的。点击“报表”按钮，或选中［操作站］／<报表>菜单项，即可进入系统报表登录窗口，如图 1－4－43 所示。

（2）画面上方有一“操作小组”下拉选择菜单，此项指定系统报表的当前页在哪个操作小组中打印。本项目中只有一个操作小组，所以选择“加热炉”。

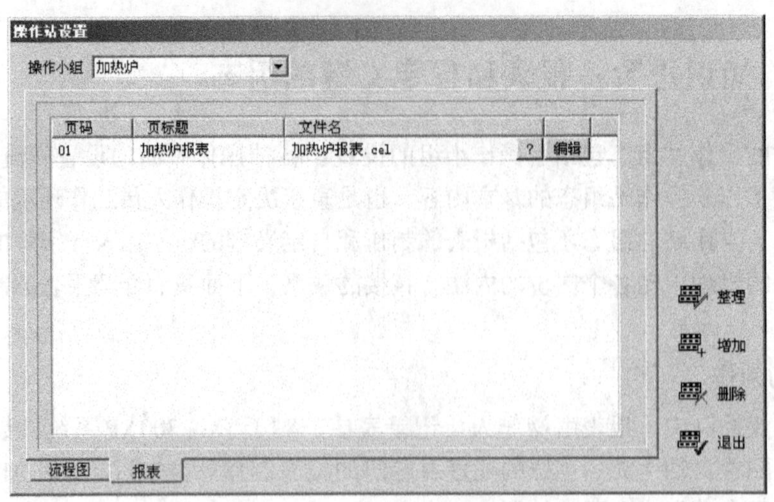

图 1-4-43　报表文件登录窗口

（3）选择好操作小组以后，点击“增加”按钮，在该操作小组中增加一条系统报表的链接信息。

（4）填写相关参数。

页码：此项选定对哪一份报表进行组态，每一页包含一个报表文件。JX-300XP 系统至多提供 128 页的流程图页面。一般的，对页码不必修改。

页标题：此项显示指定页的页标题，即对该页内容的说明。本项目中，所定义的报表起名为“加热炉报表”。

文件名：此项选定欲登录的报表文件。报表文件必须以“.CEL”为扩展名，并存放在指定的文件夹中。每个“*.CEL”文件包含一份报表。如报表文件已存在，并正确存放，文件名可通过后边的 ? 按钮选择。此时点击 编辑 按钮，将启动报表制作软件，对当前选定的报表文件进行编辑组态。但本例中，需要的报表文件还没有建立，点击 ? 按钮，出现的是如下图所示的空列表，所以此处文件名必须手动填写，将该报表文件命名为“加热炉报表.scg”。参数设置效果如图 1-4-44 所示。

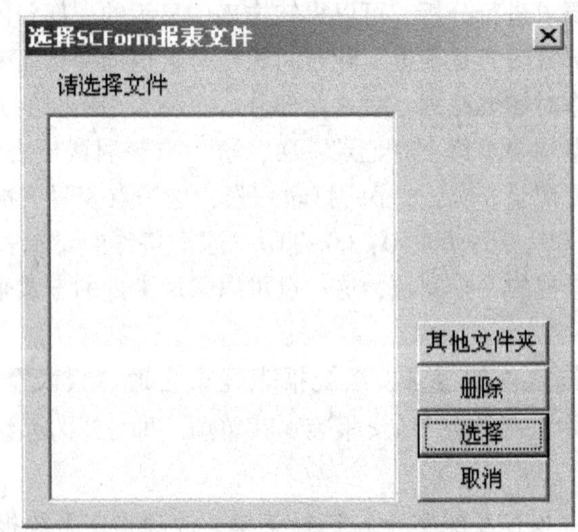

图 1-4-44　报表文件选择窗口

（5）点击“编辑”按钮，启动报表制作软件，弹出界面如图1－4－45所示。

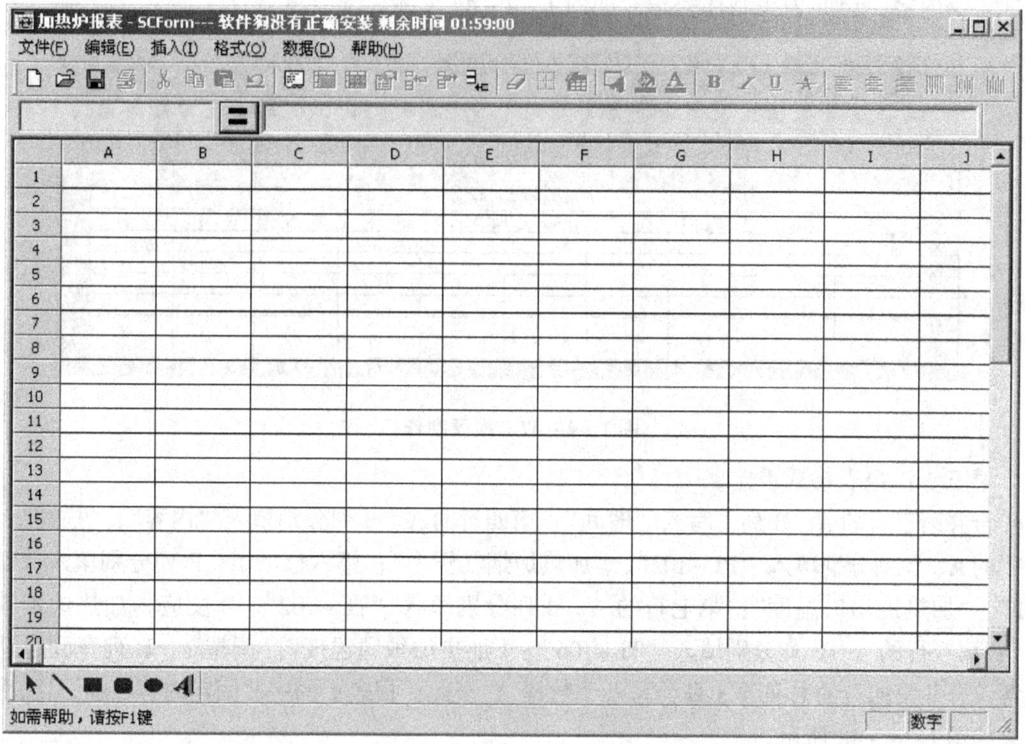

图1－4－45　报表文件编辑界面

（6）成功进入报表制作软件以后，根据以下步骤进行报表的编辑：

第一步：根据原始样表设计要求确定所需的行列数，本项目中的报表为8行，10列。删除多余的行列。

第二步：制作表头。

合并第一行的所有单元格：选中第一行，单击工具栏中的“合并单元格”按钮，或用快捷键“ALT＋X”，即可合并第一行单元格。双击合并后的单元格，即可在此合并格内填入相应内容“加热炉报表（班报表）”，如图1－4－46所示。

图1－4－46　报表制作一

相同的方法合并第二行的所有单元格，并填入“班　组　班长　记录员　年　　月　日”等内容，至此表头制作完毕，如图 1－4－47 所示。

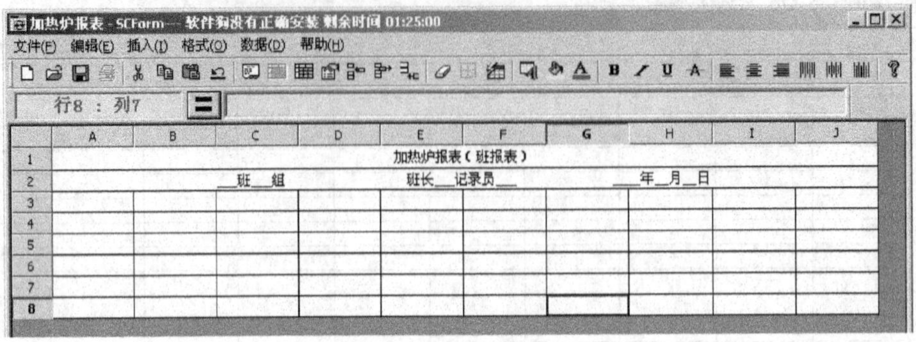

图 1－4－47　报表制作二

第三步：报表格式设定。

合并第三行的 A、B 列，写入“时间”；第四行的 A、B 列分别填入“内容”、“描述”；第五行的 A、B 列分别填入“PI－102”、“加热炉烟气压力”；第六行的 A、B 列分别填入“TI－101”、“加热炉出口温度”；第七行的 A、B 列分别填入“TI－102”、“反应物加热炉炉膛温度”；第八行的 A、B 列分别填入“TI－106”、“加热炉炉膛温度”。调整 A、B 列宽到合适的位置。合并第四行的 C 列至 J 列，写入“数据”。至此，报表上的一些固定内容已经设置完毕。效果如图 1－4－48 所示。

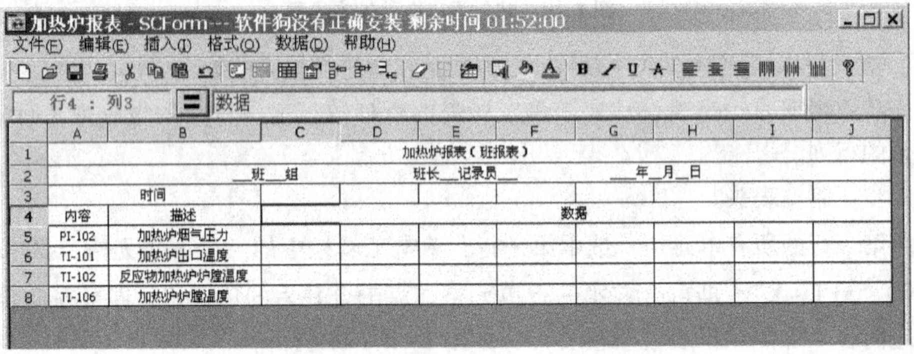

图 1－4－48　报表制作三

第四步：时间对象的组态和填充。

报表上的第二行中一些单元格要求填充数据记录的时间，这些时间对象要求为 ××：××（时：分）形式。为此首先进行时间量的组态。选中［数据］／<时间引用>菜单项，弹出时间量组态对话框，对 Timer1 进行组态：引用事件一栏为“NO EVENT”，时间格式一栏通过下拉菜单选择××：××（时：分）；“说明”中可进行相关的注释。请注意，对任何一个单元栏目进行设置以后，都需要按键盘“回车”键对刚才的操作进行确认。时间组态效果如图1－4－49所示。

时间对象 Timer1 组态完毕，以后在编辑界面上任何单元格引用 Timer1，生成的报表就会在相应单元格中以××：××（时：分）的形式记录当前时间。点击“退出”，回到编辑界面。

时间量组态

时间量	引用事件	时间格式	说明
Timer1	No Event	xx:xx(时:分)	
Timer2			
Timer3			
Timer4			
Timer5			
Timer6			
Timer7			
Timer8			
Timer9			
Timer10			
Timer11			

清除(D)　退出(X)

图1－4－49　报表时间量组态一

选中第三行的C列至J列，用填充位号的方式快速地填写时间对象：单击菜单栏“编辑”中的“填充”菜单项，或用快捷键“ALT＋S”，即可弹出“填充序列”对话框，如图1－4－50所示。先选择要填充数据的类别，在这里是时间对象，起始值为Timer1［0］；单击“确定”完成。效果如图1－4－51所示。

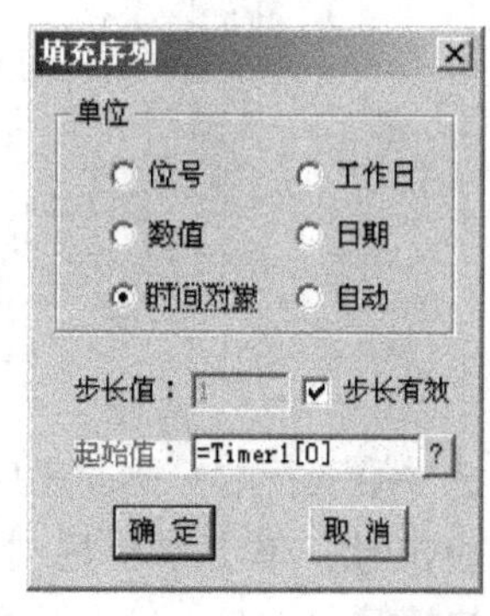

图1－4－50　报表时间量组态二

这里的Timer1［0］表示监控软件启动以后，记录的第一个时间填写在该单元格中，Timer1［1］为间隔了一个记录周期（记录周期的长短在［数据］/<报表输出>菜单项中定义）以后记录的时间，Timer1［2］、Timer1［3］、…可依次类推。

加热炉报表 - SCForm--- 软件狗没有正确安装 剩余时间 01:35:00

	A	B	C	D	E	F	G	H	I	J
1	加热炉报表（班报表）									
2	___班___组			班长___记录员___			____年__月__日			
3	时间		=Timer1[0]	=Timer1[1]	=Timer1[2]	=Timer1[3]	=Timer1[4]	=Timer1[5]	=Timer1[6]	=Timer1[7]
4	内容	描述	数据							
5	PI-102	加热炉烟气压力								
6	TI-101	加热炉出口温度								
7	TI-102	反应物加热炉炉膛温度								
8	TI-106	加热炉炉膛温度								

图1－4－51　报表时间量组态结果

第五步：位号的组态和填充。

样表上的第五行至第八行中一些单元格要求填充指定位号的实时数据，这些数据均要求记录两位小数。对于需要进行记录的数据，首先必须进行位号的引用。

选中［数据］/<位号引用>菜单项，弹出位号量组态对话框；先对位号PI－102进行引用：位号名一栏为“PI－102”，引用事件一栏为“NO EVENT”，模拟量小数位数一栏为2，“说明”中可进行相关的注释。请注意，对任何一个单元栏目进行设置以后，都需要按键盘“回车”键对刚才的操作进行确认。

位号引用完毕，以后在编辑界面上任何单元格引用该位号，生成的报表就会在相应单元格中记录当前位号数值。同样的方法，引用另外几个位号，效果如图 1－4－52 所示。点击“退出”，回到编辑界面。

位号量组态

	位号名	引用事件	模拟量小数位数	说明
1	PI-102	No Event	2	
2	TI-101	No Event	2	
3	TI-102	No Event	2	
4	TI-106	No Event	2	

清 除(D)　退 出(E)

图 1－4－52　报表数据组态一

选中第五行的 C 列至 J 列，用填充位号的方式快速地填写相应位号：单击菜单栏“编辑”中的“填充”菜单项，或用快捷键“ALT＋S”，即可弹出“填充序列”对话框，如图 1－4－53 所示，先选择要填充数据的类别，在这里是位号，起始值为｛PI－102｝［0］。单击“确定”完成。

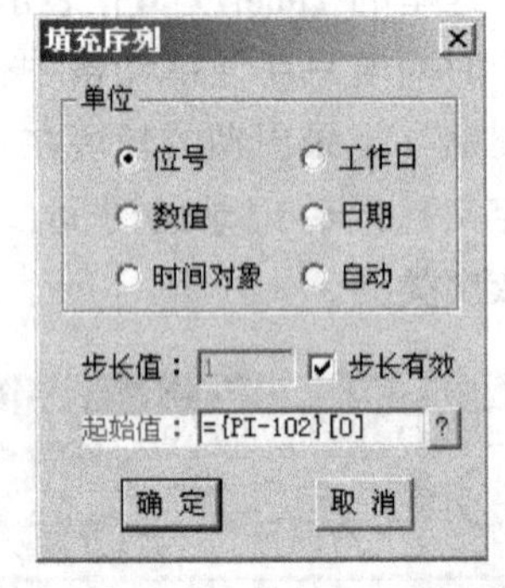

图 1－4－53　报表数据组态二

采用同样的方法，填充另外的一些位号，效果如图 1－4－54 所示。

这里的｛PI－102｝［0］表示监控软件启动以后，将对｛PI－102｝记录的第一个工程值填写在该单元格中，｛PI－102｝［1］为间隔了一个记录周期（记录周期的长短在［数据］/<报表输出>菜单项中定义）以后记录的工程值，｛PI－102｝［2］、｛PI－102｝［3］、…可依次类推。

加热炉报表 - SCForm

文件(F)　编辑(E)　插入(I)　格式(O)　数据(D)　帮助(H)

1行 × 8列　数据

	A	B	C	D	E	F	G	H	I	J
1	加热炉报表（班报表）									
2	__班__组　班长__记录员__　____年__月__日									
3	时间		=Timer1[0]	=Timer1[1]	=Timer1[2]	=Timer1[3]	=Timer1[4]	=Timer1[5]	=Timer1[6]	=Timer1[7]
4	内容	描述	数据							
5	PI-102	加热炉烟气压力	={PI-102}[0]	={PI-102}[1]	={PI-102}[2]	={PI-102}[3]	={PI-102}[4]	={PI-102}[5]	={PI-102}[6]	={PI-102}[7]
6	TI-101	加热炉出口温度	={TI-101}[0]	={TI-101}[1]	={TI-101}[2]	={TI-101}[3]	={TI-101}[4]	={TI-101}[5]	={TI-101}[6]	={TI-101}[7]
7	TI-102	反应物加热炉炉膛温度	={TI-102}[0]	={TI-102}[1]	={TI-102}[2]	={TI-102}[3]	={TI-102}[4]	={TI-102}[5]	={TI-102}[6]	={TI-102}[7]
8	TI-106	加热炉炉膛温度	={TI-106}[0]	={TI-106}[1]	={TI-106}[2]	={TI-106}[3]	={TI-106}[4]	={TI-106}[5]	={TI-106}[6]	={TI-106}[7]

图 1－4－54　报表数据组态结果

至此，报表的样式设置和数据填充都已经完成。

第六步：报表事件组态。选中［数据］/<事件定义>菜单项，弹出事件组态对话框（如图1－4－55所示）。

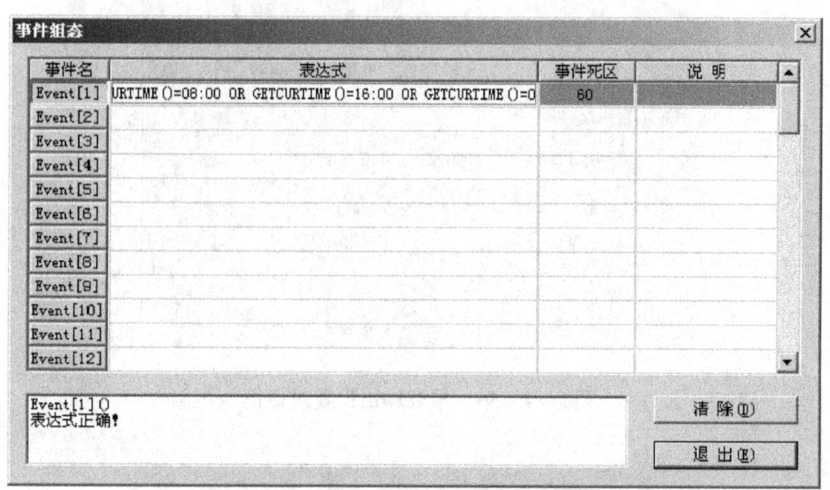

图1－4－55　报表事件组态

对 Event［1］进行组态：表达式一栏中写入如下表达式：GETCURTIME（）＝08：00 OR GETCURTIME（）＝16：00 OR GETCURTIME（）＝00：00，事件死区一栏中写入：60，“说明”中可进行相关的注释。这样事件 Event［1］就定义完成。

请注意，对任何一个单元栏目进行设置以后，都需要按键盘“回车”键对刚才的操作进行确认。该事件表达式的意义是：当时间为8：00或16：00或00：00的时候事件发生，将来会利用该事件的发生来触发报表的生成。

点击“退出”，回到编辑界面，事件组态完成。

第七步：报表输出设置。

选中［数据］/<报表输出>菜单项，弹出报表输出定义对话框；在报表输出对话框中，将确定报表周期、记录周期、记录方式、事件输出。报表输出是由“输出事件”决定，若是 NO EVENT，则报表按输出周期输出，否则事件发生，报表输出。报表周期从启动 ADVANTROL开始计算。记录周期就是从报表周期开始，每隔一个记录周期，报表根据设置记录一组数据，直到输出周期结束。记录方式有“循环”和“重置”两种；“循环记录”指一个报表周期结束后，“输出事件”还未发生。则第二个周期数据从第一个周期起开始覆盖第一个周期数据；“重置记录”方式是清空第一个周期数据，再记录第二周期数据。本例中输出周期为8小时，记录周期为1小时，记录方式为循环，输出事件为“Event［1］”。效果如图1－4－56所示。点击“确认”，回到编辑界面，输出设置完成。

第八步：保存。

点击“保存”按钮🖫，保存前面进行的设置，文件名与组态登录时要一致，并注意保存在正确的路径下。效果如图1－4－57所示。

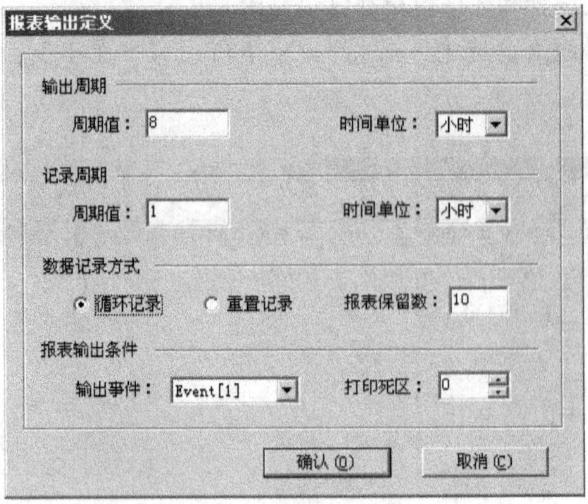

图 1－4－56　报表输出设置对话框

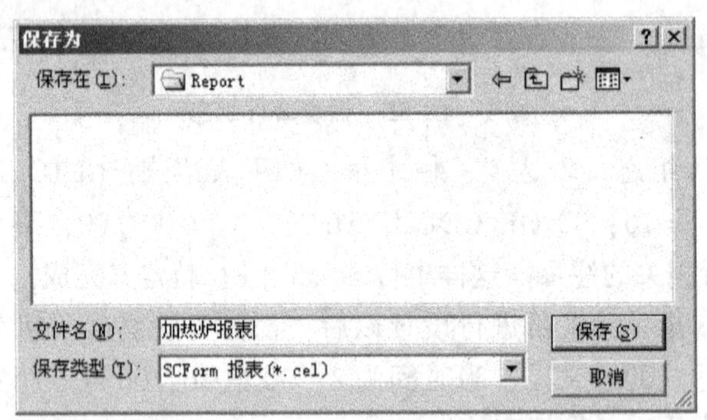

图 1－4－57　加热炉报表文件保存

（7）关闭报表制作软件，回到系统组态软件的界面上。打开操作站设置对话框的报表页面，点击 ? 按钮，看见列表中有一报表文件名为“加热炉报表”，和前面栏目中填写的一致。点击“编辑”按钮弹出刚才制作的报表，可以进行修改。如此检查，说明该报表文件和组态文件的连接正确。报表的制作和连接都已经完成。如有需要，重复上面的步骤继续添加其他报表。

2. 自定义键组态

DCS 的操作站一般都配备有专用的操作员键盘，操作员键盘的功能主要是为了便于操作者快速地进行操作切换以及采用专用键盘屏蔽计算机的系统功能以防止误动作。自定义键用于设置操作员键盘上自定义键功能。自定义键的组态从［操作站］／<自定义键>开始。单击该菜单项，或对应的工具按钮，即可进入自定义键组态窗口，如图 1－4－58 所示。

和前面的一些组态类似，可以选择操作小组以指定当前自定义键在哪个操作小组中启用。通过点击“增加”按钮可增加自定义键。键号表示哪一个键进行组态。JX－300XP 系统至多提供 24 个自定义键。键描述填写当前自定义键的文字描述。键定义语句中，可以对当前选择的自定义键进行编辑，按后面的 ? 钮提供对已组态位号的查找功能。

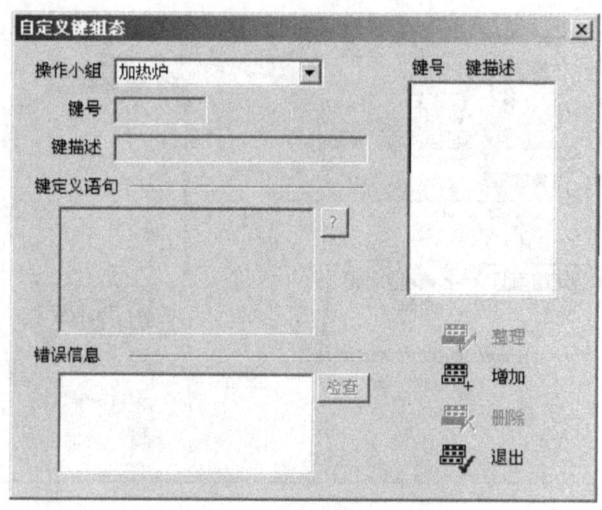

图1－4－58　自定义键组态对话框

自定义键的语句类型包括按键（KEY）、翻页（PAGE）、位号赋值（TAG）3种，格式如下：KEY：(键名)

PAGE：(PAGE)（页面类型代码）［页码］

TAG：(｛位号｝［.成员变量］)（＝）(数值)

() 中的内容表示必须部分；［］中的内容表示可选部分。在位号赋值语句中，如果有成员变量，位号与成员变量间不可有间隔符（包括空格键、TAB键），除上述三类语句格式，注释符“;”表示本行自此以后为注释，编译时将略过。

错误信息窗口的作用是写好键定义语句后，点击 检查 将提供对已组态键代码的语法检查功能，检查结果显示在错误信息框中。

本项目中没有明确提出自定义键的要求，我们尝试在本项目中增加一个自定义键：自定义操作员键盘的1号键，要求当操作员按下操作员键盘1号自定义键时，可快速翻页到流程图第一页画面。下面我们来实现对这个自定义键的组态。

(1) 点击［操作站］/<自定义键>菜单项或对应的工具按钮 自定义键，即可弹出自定义键组态窗口。

(2) 操作小组选择“加热炉”。

(3) 点击“增加”按钮，增加一个自定义键组态信息。

(4) 填写相关参数，如图1－4－59所示。

(5) 点击“检查”按钮，确定语句无误时，点击“退出”按钮，完成设置。

3. 编译、修正

完成了上面的所有组态设计工作以后，需要对文件进行编译。用户定义的组态文件必须经过系统编译，才能下载给控制站执行，或传送到操作站监控。

编译命令是通过点击编译按钮 编译，或选中［总体信息］/〈编译〉菜单项发出的。组态编译包括对系统组态信息、流程图、SCX自定义语言及报表信息等一系列组态信息文件的编译。编译的情况（如编译过程中发现有错误信息）显示在右下方操作区中。如图1－4－60所示。

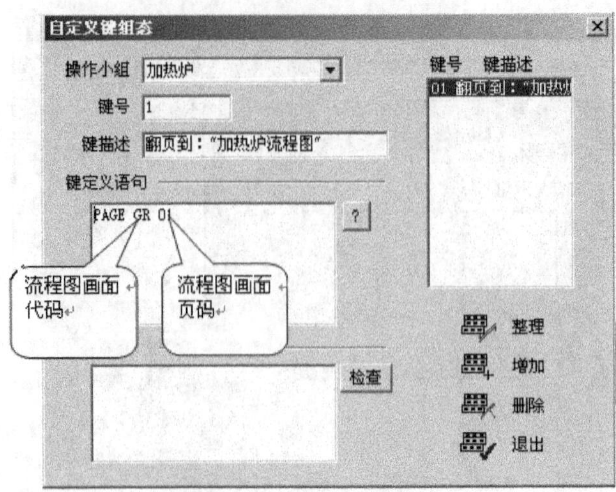

图 1-4-59 自定义键组态

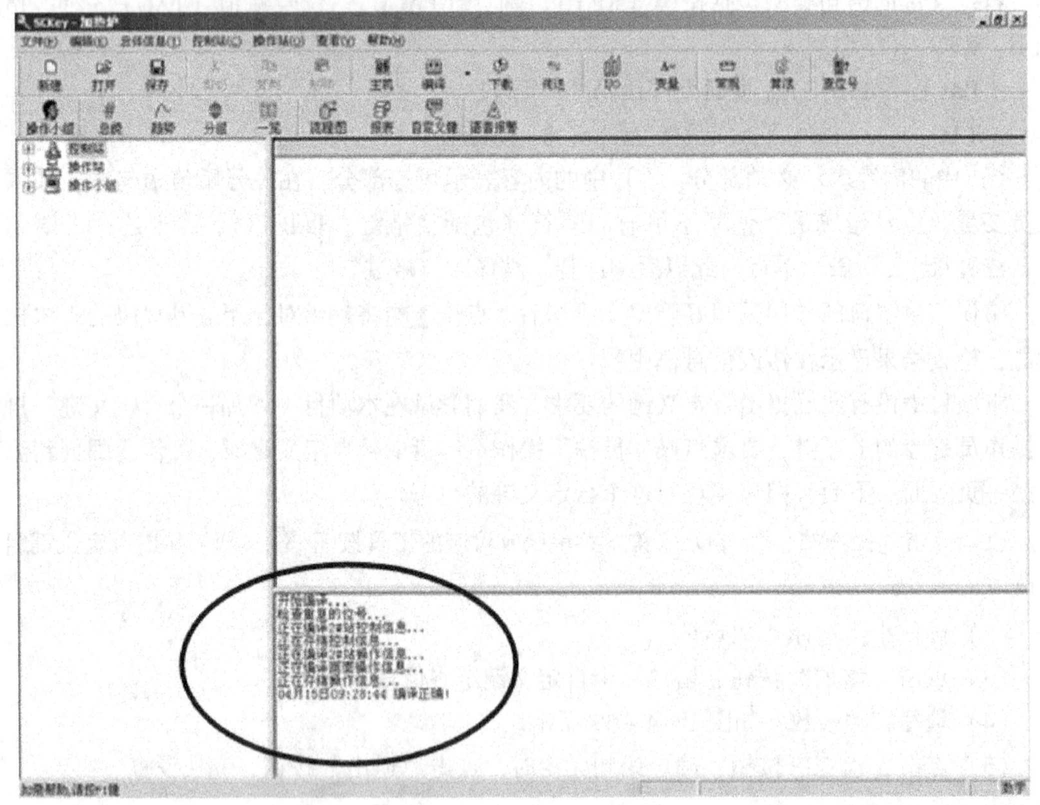

图 1-4-60 组态编译结果

要将错误信息列表隐去，可再选择一次［查看］/〈错误信息〉菜单项，把原来此菜单项前的选中标志"√"消去；相反，如果需要查看错误列表时，再选择一次［查看］/〈错误信息〉，使此菜单项前显示出选中标志。

编译只可在控制站与操作站都组态以后进行，否则 <编译> 不可选。编译之前 SCKey

会自动将组态内容保存。编译后提示“编译正确”，则表示组态文件无误，可以进行下载调试了。编译中错误常见的信息及解决方法如下：

位号重复：点击［查看］/〈位号查询〉或工具栏中的查位号，弹出位号查询对话框，如图1－4－61所示。

点击位号标题栏对位号排序以便于位号查询，找到重复位号后，查看其相应的地址，结合位号类型和地址查找此位号的组态窗口，在此进行位号的修改。例如，重复位号相应地址为00－02－01－00，则打开［控制站］/<I/O 组态>，查找0号地址主控制卡/2号地址数据转发卡/1号I/O卡件/I/O点组态窗口，对0号地址的I/O点位号作修改。

● AI位号#的压力补偿位号错误：双击编译中产生的错误信息，将弹出此位号的组态窗口，在此进行位号的修改。

● AI位号#的温度补偿位号错误：双击编译中产生的错误信息，将弹出此位号的组态窗口，在此进行位号的修改。

●［#］站的［#］常规控制方案回路［#］的PV1错误：双击编译中产生的错误信息，将弹出此位号的组态窗口，点击设置按钮，在弹出的回路设置对话框中进行PV1的修改。

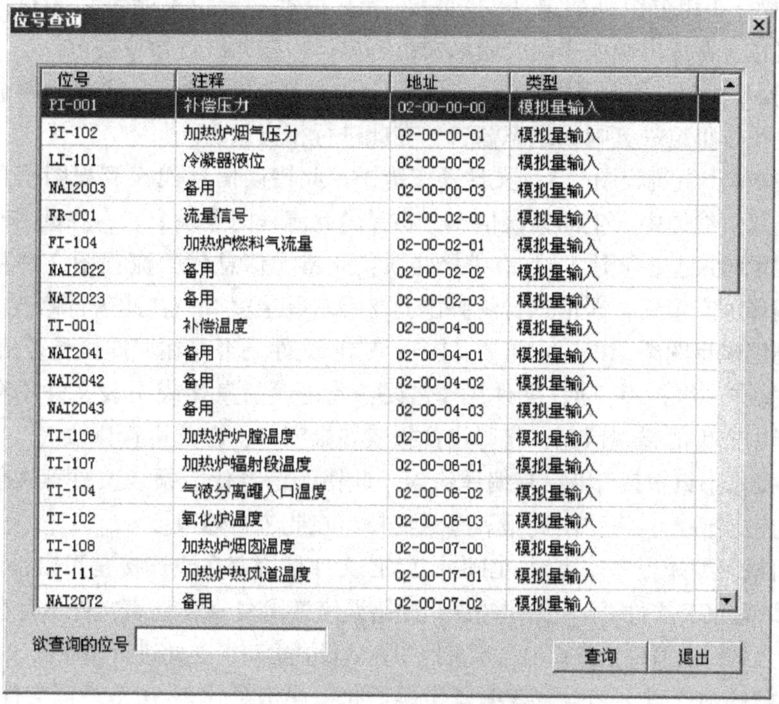

位号查询

位号	注释	地址	类型
PI-001	补偿压力	02-00-00-00	模拟量输入
PI-102	加热炉烟气压力	02-00-00-01	模拟量输入
LI-101	冷凝器液位	02-00-00-02	模拟量输入
NAI2003	备用	02-00-00-03	模拟量输入
FR-001	流量信号	02-00-02-00	模拟量输入
FI-104	加热炉燃料气流量	02-00-02-01	模拟量输入
NAI2022	备用	02-00-02-02	模拟量输入
NAI2023	备用	02-00-02-03	模拟量输入
TI-001	补偿温度	02-00-04-00	模拟量输入
NAI2041	备用	02-00-04-01	模拟量输入
NAI2042	备用	02-00-04-02	模拟量输入
NAI2043	备用	02-00-04-03	模拟量输入
TI-106	加热炉炉膛温度	02-00-06-00	模拟量输入
TI-107	加热炉辐射段温度	02-00-06-01	模拟量输入
TI-104	气液分离罐入口温度	02-00-06-02	模拟量输入
TI-102	氧化炉温度	02-00-06-03	模拟量输入
TI-108	加热炉烟囱温度	02-00-07-00	模拟量输入
TI-111	加热炉热风道温度	02-00-07-01	模拟量输入
NAI2072	备用	02-00-07-02	模拟量输入

欲查询的位号　查询　退出

图1－4－61　位号查询结果

●［#］站的［#］常规控制方案回路［#］的PV2错误：双击编译中产生的错误信息，将弹出此位号的组态窗口，点击设置按钮，在弹出的回路设置对话框中进行PV2的修改。

●［#］站的［#］常规控制方案回路［#］的AO1错误：双击编译中产生的错误信息，将弹出此位号的组态窗口，点击设置按钮，在弹出的回路设置对话框中进行AO1的修改。

●［#］站的［#］常规控制方案回路［#］的AO2错误：双击编译中产生的错误信息，

将弹出此位号的组态窗口，点击设置按钮，在弹出的回路设置对话框中进行 AO2 的修改。

• [#] 站的 [#] 常规控制方案其他位号错误：双击编译中产生的错误信息，将弹出此位号的组态窗口，点击设置按钮，在弹出的回路设置对话框中进行其他位号的修改。

• [#] 站的 [#] 常规控制方案的跟踪位号错误：双击编译中产生的错误信息，将弹出此位号的组态窗口，点击设置按钮，在弹出的回路设置对话框中进行跟踪位号的修改。

• [#] 操作小组总貌画面第 [#] 页第 [#] 位置填写错误：双击编译中产生的错误信息，将弹出操作小组总貌画面组态窗口，在此进行相应修改。

• [#] 操作小组趋势画面第 [#] 页第 [#] 位置填写错误：双击编译中产生的错误信息，将弹出操作小组趋势画面组态窗口，在此进行相应修改。

• [#] 操作小组趋势画面第 [#] 页第 [#] 位置（趋势不能包含 AO 和自定义 4/8 字节变量）：双击编译中产生的错误信息，将弹出操作小组趋势画面组态窗口，在此进行相应修改。

• [#] 操作小组分组画面第 [#] 页第 [#] 位置填写错误：双击编译中产生的错误信息，将弹出操作小组分组画面组态窗口，在此进行相应修改。

• [#] 操作小组分组画面第 [#] 页第 [#] 位置（分组不能包含 AO）：双击编译中产生的错误信息，将弹出操作小组分组画面组态窗口，在此进行相应修改。

• [#] 操作小组一览画面第 [#] 页第 [#] 位置填写错误：双击编译中产生的错误信息，将弹出操作小组一览画面组态窗口，在此进行相应修改。

• [#] 操作小组流程图 [#] 文件操作错误：此错误信息代表流程图信息文件不存在或无法打开。双击编译中产生的错误信息，将弹出此流程图登录窗口，在此进行修改。

• [#] 操作小组流程图 [#] 有编译错误：此错误信息代表流程图文件存在但流程图出错。双击编译中产生的错误信息，将弹出此流程图登录窗口，在此进行修改。

• 无法调用流程图编译程序：检查 CDraw. EXE 文件是否存在或连接是否出错。

• [#] 操作小组报表 [#] 文件操作错误：此错误信息代表报表文件不存在或无法打开。双击编译中产生的错误信息，将弹出此报表登录窗口，在此进行修改。

• [#] 操作小组报表 [#] 有编译错误：此错误信息代表报表文件存在但出错。双击编译中产生的错误信息，将弹出此报表登录窗口，在此进行修改。

无法调用报表编译程序：查对 SCForm. EXE 文件是否存在或连接是否出错。

• [#] 站的 SCX 文件 [#] 操作错误：此错误信息代表 SCX 语言文件不存在或无法打开。双击编译中产生的错误信息，将弹出自定义控制算法设置窗口，在此进行相应的 SCX 文件修改。

• [#] 站的 SCX 文件 [#] 有编译错误：此错误信息代表 SCX 语言文件存在但出错。双击编译中产生的错误信息，将弹出自定义控制算法设置窗口，在此进行相应的 SCX 文件修改。

无法调用 SCX 编译程序：查对 SCLang. EXE 文件是否存在或连接是否出错。

• [#] 站的图形编程文件 [#] 操作错误：此错误信息代表图形编程文件不存在或无法打开。双击编译中产生的错误信息，将弹出自定义控制算法设置窗口，在此进行相应的图形编程文件修改。

• [#] 站的图形编程文件 [#] 有编译错误：此错误信息代表图形编程文件存在但出

错。双击编译中产生的错误信息，将弹出自定义控制算法设置窗口，在此进行相应的 LAD 文件修改。

- 无法调用图形编程编译程序：检查 SCControl. EXE 文件是否存在或连接是否出错。
- ［#］操作小组自定义键［#］号错误：双击编译中产生的错误信息，将弹出此自定义键组态窗口，在此进行相应修改。

1.4.6　问题讨论

1. 如果在操作画面中增加一幅历史趋势，要求数据保存时间 15 天，记录周期是 1 分钟，并要求在操作中要对指定的 3 个信号点进行对比查看操作，请问如何组态？

2. 某用户欲进行操作画面的组态，但是打开组态文件以后发现工具栏如下图，相应的操作按钮无法激活，为什么？

3. 如何改变图形元素的颜色？

4. 绘制的流图中，动态数据在监控中无法显示，监控时点击该数据框也无法弹出相应的模拟仪表，为什么？

5. 某用户添加了一页新流程图，并进行了精心的绘制，但是进入监控画面中却无法找到该页流程图，为什么？

项目 2

JX－300XP DCS 系统运行与维护

【项目任务】

DCS 系统的现场施工一般可分为安装、调试、联调、投运验收几个环节，其工作流程如图 2－0－1 所示：

设备的安装工作涉及的内容非常的多，往往是工程师进行组态设计，同时，现场的安装工作也按顺序展开。安装工作按性质可以粗略地分为两大类：硬件安装和软件安装，它们主要包括的内容有：

- 硬件安装：安装准备，包含电缆布设、供电、接地到位、环境配置到位等；卡件安装；通信网络联结；端子接线。
- 软件安装：操作站、工程师站操作系统安装；操作站、工程师站 DCS 软件包安装。

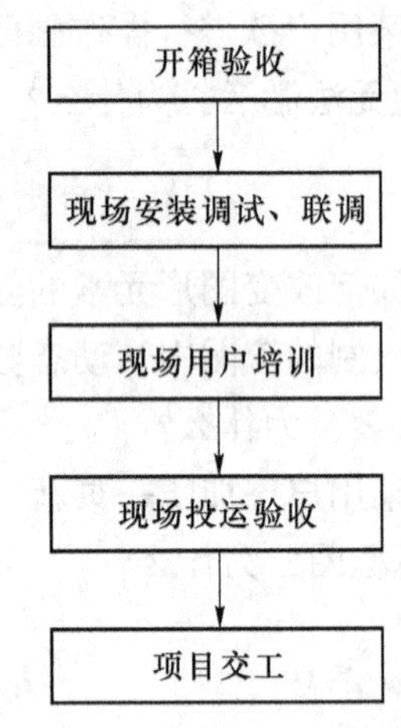

图 2－0－1　DCS 现场施工流程

【项目需求】

在上一个项目，加热炉 DCS 控制系统工程项目已经进行了软件的组态设计工作，在此基础上，本项目的工作主要是系统的安装和调试维护。

当现场仪表安装完毕、信号电缆已经按照接线端子图联结完毕并已通过上电检查等各步骤后，可以进行系统模拟联调。联调的内容主要有：

- 对各模拟信号进行联动调试，确认连线正确，显示正常。
- 对各调节信号进行联动调试，确认阀门动作正常、气开气关正确、根据工艺确定正反作用。
- 联系现场设备，确定 DO 信号控制现场设备动作正常，DI 信号显示正常。
- 联系现场设备，确定控制方案动作正常，连锁输出正常，能满足工艺开车的需要。

联调的目的，主要是解决信号错误问题，包括接线、组态问题；DCS 与现场仪表匹配问题；以保证系统可以顺利投运。

所谓控制系统的投运，是指当系统设计、安装、调试就绪，或者经过停车检修之后，使控制系统投入使用的过程。要使控制系统顺利地投入运行，首先必须保证整个系统的每一个组成环节都处于完好的待命状态。这就要求操作人员（包括仪表人员）在系统投运之前，对控制系统的各种装置、联结管线、供气、供电等情况进行全面检查。同时要求操作人员掌握工艺流程，熟悉控制方案，了解设计意图，明确控制目的与指标，懂得主要设备的功能，以及所用仪表的工作原理和操作技术等。

一般的，投运前，应具备的条件如下：

- 系统联调完成，各测点显示正常，各阀门、电机等动作正常。
- 最终控制方案经过模拟运行，确保正常运行。
- 厂方确认工艺条件成熟，可以进行投运。
- 工程人员确认系统正常，可以进行投运。
- 操作人员、维护人员经过现场操作、维护培训。对于控制回路的投运，应遵循“先手动，后自动”的原则，在手动调节稳定的前提下，进行自动运行。

任务 2.1　JX－300XP DCS 系统安装

2.1.1　任务目标

集散控制系统在硬件上主要由控制站、操作员站（工程师站）、通信网络三部分组成。大多数情况下，控制站和操作员站安装在专用的中央控制室（包括控制室和操作室），通过信号线缆与现场仪表相连。

集散控制系统的安装分硬件安装和软件安装。硬件安装包括控制站硬件安装、操作员站硬件安装、通信网络安装和电源安装；软件安装须根据操作节点的性质确定安装内容，通常软件安装选项有：工程师站、操作员站、数据服务器和自定义安装。

集散控制系统的控制室和操作室要求高于常规仪表的中控室，对室内温度、湿度、清洁度都有严格的要求。在安装前，控制室和操作室的土建、安装、电气、装修工程必须全部完工，室内装饰符合设计要求，空调启用，并配有吸尘器。其环境温度、湿度、照明以及空气的净化程度必须符合集散控制系统运行条件，才可开箱安装。

集散控制系统的安装对安装人员也有严格的要求，安装人员必须保持清洁，到控制室或操作室工作必须换上干净的专用拖鞋，以防带灰尘进入集散系统控制装置内。有条件时，要尽量避免静电感应对元器件的影响。调试时，不穿化纤等容易产生静电的织物。

2.1.2　任务分析

在进行安装之前，我们需要确定一些准备工作是否就绪，如控制室是否符合 DCS 工作的环境要求，硬件设备有没有就位，电缆的敷设是否合乎规范，接地系统是否完成以及系统的电源是否满足供电要求。具体分析如下：

控制室的环境布置设备到达现场后，要准备安装，安装之前要求控制室满足相关规定：

（1）控制室温度（0～50）℃，避免阳光直射，一般建议在（20～28）℃下工作；

（2）控制室湿度（10%～90%）RH，没有凝露，一般建议在（55±10%）RH 下工作；

（3）含尘量应保持在 0.1mg/m^3 以下，避免腐蚀性气体和导电粉尘进入控制室；

（4）电磁干扰尽可能小，在大型电机、变频器附近，会产生很强的电磁干扰，应尽可能采取措施减小干扰。包括采用屏蔽电缆、整个控制室在施工时添加屏蔽网、信号线与电气线分开敷设等；

(5) 对于存在腐蚀性气体的环境，应考虑将干净压缩空气鼓入控制室，保证控制室保持一定的正压。

根据控制室的实际尺寸，合理安排控制站机柜、操作台等设备的摆放位置，作出控制室布置图。

机柜、操作台按照预先的设计布置就位，设备固定完毕，计算机安装在操作台内。一般情况下控制柜、操作台应固定在槽钢的支架上，槽钢的制作按照浙江中控提供的设备底盘尺寸进行，若控制室采用防静电地板，槽钢高度应与地板的高度相同，一般情况下，为保证正常进线，建议槽钢的高度应保证进线空间的高度在 15 cm 左右。槽钢浮空或采用绝缘物使之与控制机柜隔离。

供电系统满足 DCS 工作要求。DCS 系统采用两路独立的电源供电，电压范围在 220 V AC ±10%，频率范围为 (50 ±1) Hz。系统要求每路电源分别可提供 220 V、≥20 A 的供电能力。一般情况下，进分电箱电源线直径应≥6 mm^2，分电箱内部和出分电箱电源线直径应≥2.5 mm^2。

2.1.3 相关知识：DCS 控制系统布线与标识规范

为提高 DCS 控制系统在运行中的抗干扰能力，应正确选用控制系统的电线电缆，掌握电线电缆的敷设方法、线缆敷设的防雷要求和控制柜内的配线等内容。

1. 盘、台、柜外部电线电缆的选用

(1) 盘、台、柜外部的线芯截面积

盘、台、柜外部的线芯截面积应满足检测及控制回路对线路阻抗的要求，以及施工中对线缆机械强度的要求。盘、台、柜外部的线芯截面积，可按表 2-1-1 选择。

表 2-1-1 电线、电缆线芯截面积选择表

使用场合	铜芯电线截面积/mm^2	铜芯电缆截面积/mm^2	
		二芯及三芯	四芯及以上
控制室总供电箱至机柜	≥2.5	≥2.5	
控制室至现场仪表（信号线）		1.0~1.5	0.75~1.5
控制室至现场仪表（报警连锁线）		1.5	
本质安全电路		0.75~1.5	0.75~1.5
热电偶补偿导线		1.5~2.5	0.75~1.0

(2) 电线、电缆的类型

一般情况下，电线宜选用铜芯聚氯乙烯绝缘线；电缆宜选用铜芯聚氯乙烯绝缘、聚氯乙烯护套电缆。寒冷地区及高温、低温场所，应考虑电线、电缆允许使用的温度范围。火灾危险场所，宜选用阻燃型电缆。爆炸危险场所，当采用本安系统时，宜选用本安电路用控制电缆，所用电缆的分布电容、电感必须符合本安回路的要求。对 DCS 控制系统，信号回路的电缆和屏蔽形式的选择应符合表 2-1-2 规定。表中 * 表示需要屏蔽。

表2－1－2 信号屏蔽电缆的屏蔽形式选择表

序号	电缆规格	联结信号	分屏蔽	对绞	总屏蔽
1	2芯或多芯	模拟量信号		*	*
2	2芯	热电偶补偿电缆			*
3	多芯	热电偶补偿电缆	*		*
4	3芯或多芯	热电阻		*	*
5	2芯或多芯	数字信号		*	*
6	2芯或多芯	轴振动、轴位移微弱信号	*		*

热电偶补偿导线的型号，应与热电偶分度号相对应，可按表2－1－3选择。

表2－1－3 补偿导线型号选择表

热电偶类别	分度号	补偿导线名称及型号
铂铑30－铂铑6	B	BC
铂铑10－铂	S	SC
镍铬－镍硅	K	KC、KX
镍铬－铜镍	E	EX
铁－铜镍	J	JX
铜－铜镍	T	TX
镍铬硅－镍硅	N	NC、NX

根据补偿导线使用场所选用补偿导线的类型：一般场所选用普通型；高温场所选用耐高温型；火灾危险场所选用阻燃型；采用分散型控制系统的场所选用屏蔽型；采用本安系统时选用本安型。

2. 电线、电缆的一般敷设

电缆的合理布设可以有效地减少外部环境对信号的干扰以及各种电缆之间的相互干扰，也可以避免雷电等自然现象的破坏，从而提高系统运行的稳定性。一般的，我们对不同的信号分类如下：

（1）Ⅰ类信号：热电阻信号、热电偶信号、毫伏信号、应变信号等低电平信号。

（2）Ⅱ类信号：0～5 V、1～5 V、4～20 mA、0～10 mA模拟量输入信号；4～20 mA、0～10 mA模拟量输出信号；电平型开关量输入信号；触点型开关量输入信号；脉冲量输入信号；24 V DC小于50 mA的阻性负载开关量输出信号。

（3）Ⅲ类信号：24～48 V DC感性负载或者电流大于50 mA的阻性负载的开关量输出信号。

（4）Ⅳ类信号：110 V AC或220 V AC开关量输出信号，此类信号的馈线可视作电源线处理布线的问题。

其中，Ⅰ类信号很容易被干扰，Ⅱ类信号容易被干扰，而Ⅲ和Ⅳ类信号在开关动作瞬间会成为强烈的干扰源，通过空间环境干扰附近的信号线。

对于Ⅰ类信号电缆，必须采用屏蔽电缆，有条件时最好采用屏蔽双绞电缆。对于Ⅱ类信号，尽可能采用屏蔽电缆，其中Ⅱ类信号中用于控制、连锁的模入模出信号、开入信号，必须采用屏蔽电缆，有条件时最好采用屏蔽双绞电缆。对于Ⅳ类信号严禁与Ⅰ、Ⅱ类信号捆在一起走线，应作为220 V 电源线处理，与电源电缆一起走线，有条件时建议采用屏蔽双绞电缆。对于Ⅲ类信号，允许与220 V 电源线一起走线（即与Ⅳ类信号相同），也可以与Ⅰ、Ⅱ类信号一起走线。但在后者情况下Ⅲ类信号必须采用屏蔽电缆，最好为屏蔽双绞电缆，且与Ⅰ、Ⅱ类信号电缆相距15 cm 以上。

为保证系统稳定、可靠、安全地运行，与DCS系统相连的信号电缆还必须保证：Ⅰ类信号中的毫伏信号、应变信号应采用屏蔽双绞电缆，这样，可以大大减小电磁干扰和静电干扰。条件允许的情况下，Ⅰ~Ⅳ类信号尽可能采用屏蔽电缆（或屏蔽双绞电缆），还应保证屏蔽层只有一点接地，且要接地良好。

1）一般规定

电线、电缆应按较短途径集中敷设，避开热源、潮湿、工艺介质排放口、振动、静电、电磁场干扰，不应敷设在影响操作、妨碍设备维修的位置。当无法避免时，应采取防护措施。电线、电缆不宜平行敷设在高温工艺管道和设备的上方或有腐蚀性液体的工艺管道和设备的下方。

不同种类的信号，不应共用一根电缆。电线、电缆宜穿金属保护管或敷设在带盖的金属汇线桥架内。仪表信号电缆与电力电缆交叉敷设时，宜成直角，由厚度至少为1.6 mm 带接地的薄钢板隔离，如图2-1-1所示。

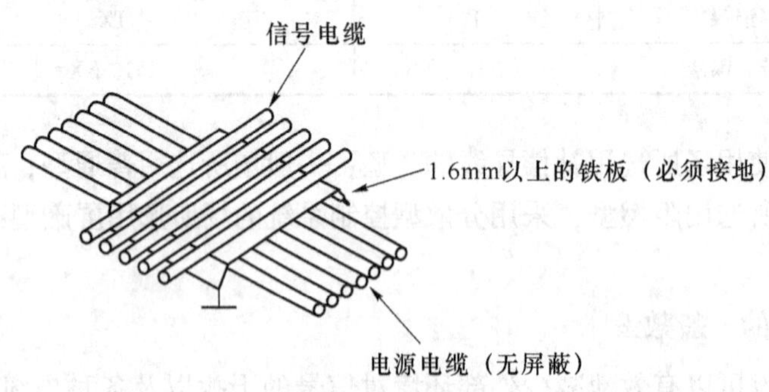

图2-1-1　交叉敷设的隔离

仪表信号电缆与电力电缆平行敷设时，应在两者之间设置分隔器，且分隔器须接地，如图2-1-2所示。若无法设置分隔器（如图2-1-3所示），则两者之间的最小距离，应符合表2-1-4的规定。仪表信号电缆包括敷设在钢管内或带盖的金属汇线桥架内的补偿导线。

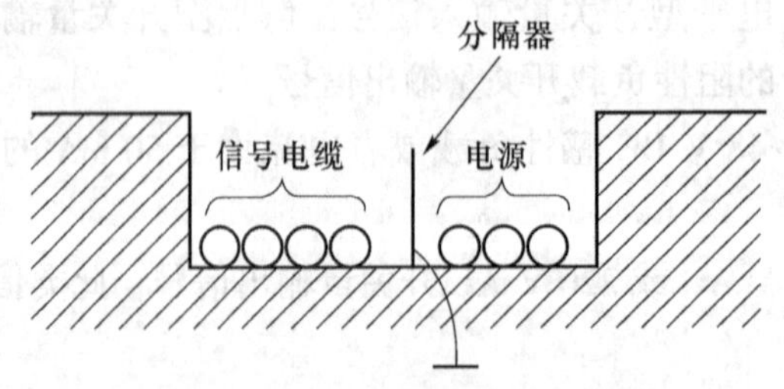

图2-1-2　信号线与电源线隔离

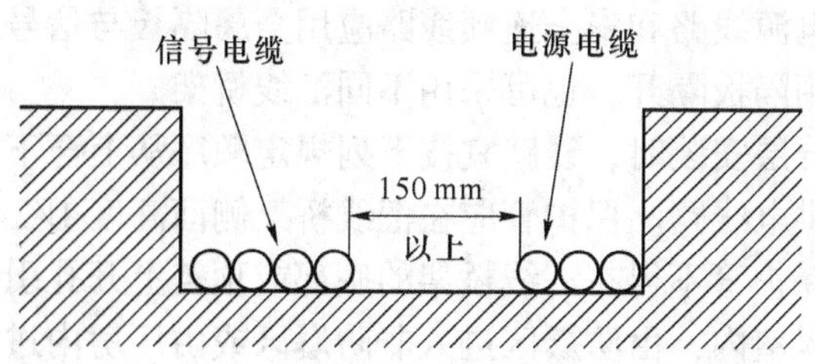

图2－1－3　无法设置分隔器时缆线之间的间距

表2－1－4　仪表信号电缆与电力电缆平行敷设的最小距离　(mm)

相互平行敷设的长度 / 电力电缆电压与工作电流	<100	<250	<500	≥500
125 V，10 A	50	100	200	1 200
250 V，50 A	150	200	450	1 200
(200～400) V，100 A	200	450	600	1 200

本安电路的配线，必须与非本安电路的配线分开敷设。本安电路与非本安电路平行敷设时，两者之间的最小距离应符合表2－1－5的规定。通信总线应单独敷设，并采取防护措施。现场检测点较多的情况下，宜采用现场接线箱。多芯电缆的备用芯数宜为工作芯数的10%～15%。现场接线箱宜设置在靠近检测点、仪表集中和便于维修的位置。

表2－1－5　本安电路与非本安电路平行敷设的最小间距

非本安电路的电流 / 非本安电路的电压	平行敷设最小间距/mm			
	超过100 A	100 A以下	50 A以下	10 A以下
440 V以下	2 000	600	600	600
220 V以下	2 000	600	600	500
110 V以下	2 000	600	500	300
60 V以下	2 000	500	300	150

传输不同种类的信号，不应使用同一个接线箱。对于爆炸危险场所，必须选用相应防爆等级的接线箱。室外安装的接线箱的电缆不宜从箱顶部进出。电缆敷设的环境温度最好保证在（－10～60)℃范围内。

2）汇线桥架敷设方式

在工艺装置区内宜采用汇线桥架架空敷设的方式。汇线桥架安装在工艺管架上时，应布置在工艺管架环境条件较好的一侧或上方。信号线路与工艺设备、管道绝热层表面之间的距离应大于200 mm。与其他工艺设备、管道表面之间的距离应大于150 mm。汇线槽应避开强磁场、高温、腐蚀性介质以及施工与检修时经常动火、易受机械损伤的场所。

汇线桥架的材质应根据敷设场所的环境特性来选择。一般情况下可采用镀锌碳钢汇线桥架。含有粉尘、水汽及一般腐蚀性的环境，可采用喷塑或热镀锌碳钢汇线桥架。严重腐蚀的环境，可采用锌镍合金镀层或涂高效防腐涂料的碳钢汇线桥架；也可采用带金属屏蔽网的玻璃钢汇线桥架。同一装置宜采用同一材质的汇线桥架。

汇线桥架内的交流电源线路和安全连锁线路应用金属隔板与信号线路隔开敷设。本安信号与非本安信号线路应用隔板隔开，也可采用不同汇线桥架。

数条汇线桥架垂直分层安装时，线路宜按下列规定顺序从上至下排列：信号线路；安全连锁线路；交流和直流供电线路。保护管应在汇线桥架侧面高度1/2以上的区域内，采用管接头与汇线桥架联结。保护管不得在汇线桥架的底部或顶盖上开孔引出。

汇线桥架由室外进入室内，由防爆区进入非防爆区或由厂房内进入控制室时，在接口处应采取密封措施。同时，汇线桥架应自室内坡向室外。

汇线桥架内电缆充填系数宜为0.30～0.50。仪表汇线桥架与电气桥架平行敷设时，其间距不宜小于600 mm。

3）保护管敷设方式

下列情况下宜采用保护管敷设：

- 需要集中显示的检测点较少而且电线、电缆比较分散的场所；
- 由汇线桥架或电缆沟内引出的电线、电缆；
- 现场仪表至现场接线箱的电线、电缆。

保护管宜采用架空敷设。当架空敷设有困难时，可采用埋地敷设，但保护管直径应加大一级。埋地部分应进行防腐处理。保护管宜采用镀锌电线管或镀锌钢管。保护管内的电线或电缆的充填系数，一般不超过0.40。单根电缆穿保护管时，保护管内径不应小于电缆外径的1.5倍。

不同种类及特性的线路，应分别穿管敷设。保护管与检测元件或现场仪表之间，宜用挠性联结管联结，隔爆型现场仪表及接线箱的电缆入口处，应采取相应防爆级别的密封措施。单根保护管的直角弯头超过两个或管线长度超过30 m时，应加穿线盒。

4）电缆沟敷设方式

电缆沟坡度，不应小于1/200。室内沟底坡度应坡向室外，在沟底的最低点应采取排水措施，在可能积聚易燃、易爆气体的电缆沟内应填充砂子。电缆沟应避开地上和地下障碍物，避免与地下管道、动力电缆沟交叉。仪表电缆沟与动力电缆沟交叉时，应成直角跨越，在交叉部分的仪表电缆应采取穿管等隔离保护措施。

5）电缆直埋敷设方式

室外装置、检测、控制点少而分散又无管架可利用时，宜选用铠装电缆直埋敷设，并采取防腐措施。

直埋电缆穿越道路时，应穿保护管保护。管顶敷土深度不得小于1 000 mm。电缆应埋在冻土层以下，当无法满足时，应有防止电缆损坏的措施。但埋入深度不应小于700 mm。直埋敷设的电缆与建筑物地下基础间的最小距离为600 mm。与电力电缆间的最小净距离应符合表2－1－4的规定。

直埋敷设的电缆不应沿任何地下管道的上方或下方平行敷设。当沿地下管道两侧平行敷设或与其交叉时，最小净距离应符合以下规定：

- 与易燃、易爆介质的管道平行时为1 000 mm，交叉时为500 mm；
- 与热力管道平行时为2 000 mm，交叉时为500 mm；
- 与水管或其他工艺管道平行或交叉时均为500 mm。

6）控制柜内的配线

控制柜内的配线，宜采用小型汇线槽，柜内接地连线宜用（2.5～4）mm^2的塑料多股铜芯软线，其他导线宜采用截面积为1.0 mm^2或0.75 mm^2的塑料多股铜芯软线。导线应通过接线片与仪表、控制装置及电器元件相接，导线与端子板的联结宜采用压接方式。导线若与压接式端子板联结时，应安装管状端头，控制柜内配线不得存在中间接头。

本安仪表与非本安仪表的信号线采用不同汇线槽布线。接线端子板应分别设置，间距应大于50 mm。本安仪表信号线和接线端子应有蓝色标志，同一接线端子上的联结芯线，不得超过两根。220 V电源线、继电器信号线不得和其他信号线敷设在同一汇线槽内。电线的弯曲半径不应小于其外径的3倍。接线端子上的线路，均应按施工图纸标号。

接线端子板若安装在控制柜底部时，距离基础地面的高度不小于250 mm。在顶部或侧面时，与控制柜边缘的距离宜为100 mm。多组接线端子板并列安装时，其间隔净距离宜为200 mm。导线和接线端子板相连时，应留有适当余度。控制柜内的配线应按表2－1－6所示色标选择塑料包皮的颜色。

表2－1－6 柜内配线塑料包皮的颜色

配线种类	塑料包皮的颜色
三相电	黄（A相）、绿（B相）、红（C相）
单相电	红（相线）、浅蓝（中线）
接地线	黄绿双色

3. 控制系统标识规范

1）操作员站标识

工程师站IP地址130，计算机名为“ES130”；普通操作员站IP地址131，132，133，…，计算机名为“OS131”“OS132”“OS133”…，操作台代号为“OD1”“OD2”“OD3”…，打印机台代号为“PD1”“PD2”“PD3”…。

2）控制站标识

控制站机柜命名为“1#控制柜”，代号“SC1”、机笼命名从上到下分别为“1#机笼、2#机笼”，代号为“IOBase1、IOBase2”；控制站主控制器命名为“1#控制站1#卡”“1#控制站2#卡”，代号分别为“CS1－1”“CS1－2”。

3）通信网络标识

（1）通信线缆标识

① 操作员站、工程师站及控制站处的网络接口标识为：SC机柜号－HUBA（或B）－端口号。

例如：OS131操作员站A网卡联结至SC1控制柜的A交换机的1#端口，则A网卡接口处标识为SC1－HUBA－1。

② 交换机至操作员站、工程师站及控制站的网络接口标识为：操作员站（工程师站、控制站）标识－交换机标识。

例如：SC1控制柜的A交换机的1#端口联结至OS131操作员站A网卡，则其1#端口的标识为OS131－A。

（2）网络交换机标识

SC机柜号－HUBA（或B）例如：1号控制柜的A网交换机标识为：SC1－HUBA；B网交换机为：SC1－HUBB。

4）接地标识

控制系统中总接地铜板标识为：00EB，保护接地总铜板标识为：01EB，工作接地总铜板标识为：02EB，各控制柜及辅助柜的保护地铜板标识为：SC（或 AC）机柜号 -1EB，各控制柜及辅助柜的工作地铜板标识为：SC（或 AC）机柜号 -2EB，操作台或打印机台的接地铜板标识为：OD（或 PD）台号 -1EB，其上的接地点依照从左至右、从上至下原则分别标识为：1，2，3，…。

示例：1#控制柜保护地铜板 3#接地点与保护接地总铜板 4#接地点相连，则在 1#控制柜保护地铜板 3#接地点处需标识为：01EB -4，保护接地总铜板 4#接地点处需标识为：SC1 -1EB -3。

5）控制系统设备的编号

控制系统设备的编号如表 2 -1 -7 所示。

表 2 -1 -7 系统设备编号

字母代号	名称	
	中文	英文
SC	控制柜	SYSTEM CABINET
AC	辅助柜	AUXILIARY CABINET
OS	操作员站	OPERATOR STATION
ES	工程师站	ENGINEER STATION
OD	操作台	OPERATION DESK
PD	打印机台	PRINTER DESK
CS	控制站	CONTROL STATION
BASE	机笼	RACK
IB	仪表箱	INSTRUMENT BOX
IC	仪表柜	INSTRUMENT CABINET
IP	仪表盘	INSTRUMENT PANEL
IR	仪表盘后框架	INSTRUMENT RACK
IX	本安信号接线端子板	TERMINAL BLOCK FOR INTRINSECSAFETY SIGNAL
JB	接线箱（盒）	JUNCTION BOX
JBC	触点信号接线箱（盒）	JUNCTION BOX FOR ELECTRIC SUPPLY
JBP	电源接线箱（盒）	JUNCTION BOX FOR POWER
JBG	接地接线箱（盒）	JUNCTION BOX FOR GROUND
PX	电源接线端子板	TERMINALBLOCK FOR POWER SUPPLY
RC	继电器柜	RELAY CABINET
RX	继电器接线端子板	TERMINAL BLOCK FOR RELAY
SBC	安全栅柜	SAFFTY BARRIER CABINET
PSC	供电柜	POWER SUPPLY CABINET
SX	信号接线端子板	TERMINALB LOCK FOR SIGNAL
TC	端子柜	TERMINAL CABINET
UPS	不间断电源	UNINTERRUPTABLE POWER SUPPLIS

2.1.4 任务实施：加热炉控制系统硬件安装

JX-300XP DCS系统控制站每只电源功率为110W，每个操作站功率不大于500W。系统要求通过分电箱给各单元供电，分电箱由空气开关构成。分电箱一般由用户提供，安装在电气柜内，并应在系统上电前具备供电条件。针对我们的项目要求，可以设计出系统的供电示意图，如图2-1-4所示。

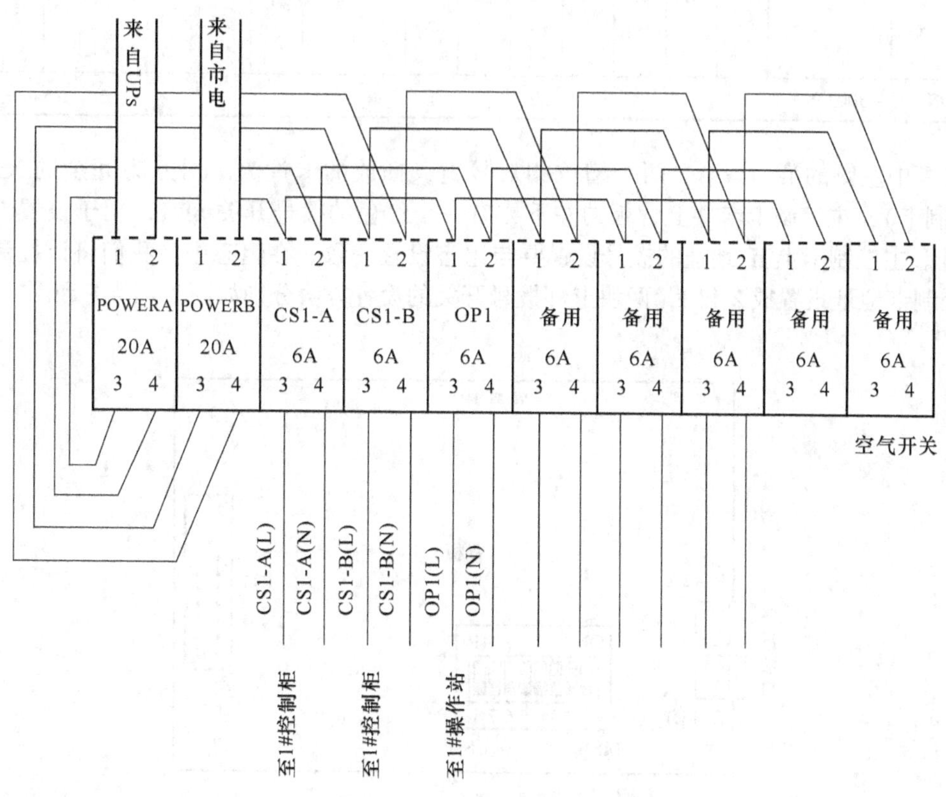

图2-1-4 系统供电示意图

1. 卡件安装

控制柜出厂时柜内的电源箱、机笼等已经安装完毕，根据硬件配置表，需清点实际硬件的数量和配置计划是否一致，有无遗漏。接着按照事先设计好的卡件布置图把卡件插入相应的卡槽里。

安装卡件之前，需要对卡件上的拨号开关或跳线进行正确的设置，保证上电以后，卡件通信正常并处于正确的工作方式。设置的方法可以参考系统硬件说明书。

由于卡件中大量地采用了电子集成技术，所以防静电是安装、维护中所必须注意的问题。在插拔卡件时，严禁用手去触摸卡件上的元器件和焊点，卡件在保存和运输中，要求包装在防静电袋中，严禁随意堆放。

对于前文中提出的项目要求，我们在组态设计前已经做好了卡件布置图如表2-1-8所示，根据卡件布置图，需要依次将卡件插进相应的卡槽中。

表 2-1-8　1#机柜 1#机笼卡件布置图

1	2	3	4	00	01	02	03	04	05	06	07	08	09	10	11	12	13	14	15
冗余		冗余		冗余		冗余						冗余		冗余					
XP243X	XP243X	XP233	XP233	XP313I	XP313I	XP313I	XP313I	XP314I	XP314I	XP000	XP000	XP316I	XP316I	XP322	XP322	XP000	XP000	XP362	XP363
SUPCON　JZ-300XP																			

机笼中左侧的第一、第二两个槽位相对较宽，插放的卡件为一对互为冗余的 XP243X（主控制卡），主控制卡卡件上背板的左下方有一个红色的拨号开关 SW1，用于设置卡件的 IP 地址。主控制卡上 IP 地址的拨号设置要与组态设置一致。在组态中，我们将该控制站两块主控制卡地址设置成 2 和 3，两块卡件拨号开关的设置方法分别如图 2-1-5 和图2-1-6 所示。

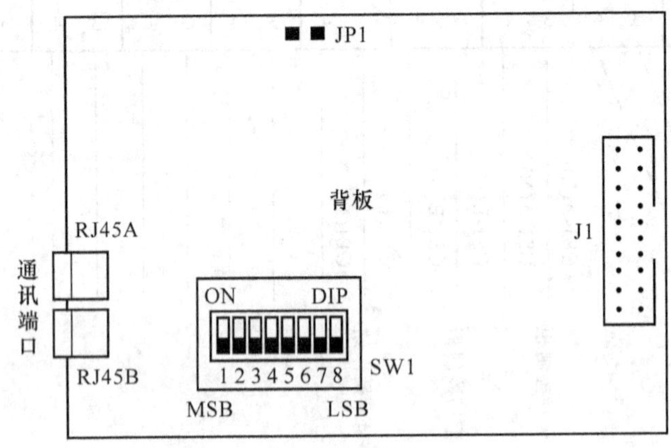

图 2-1-5　主控制卡地址拨码

ON

OFF

图 2-1-6　主控制卡地址拨码地址为“2”、“3”示意

卡件上还有一个跳线 JP2，当 JP2 插入短路块时（ON），卡件内置的后备电池将工作。如果用户需要强制丢失主控制卡内 SRAM 的数据（包括系统配置、控制参数、运行状态等），只须拔去 JP2 上的短路块。出厂时的缺省设置为 ON，即后备电池处于上电状态，RAM 数据在失电的情况下，组态数据不会丢失。在这里，我们保持缺省设置，如图 2-1-7 所示图例。

卡件的跳线和拨号开关设置完毕以后，小心地将卡件插进机笼最左侧的两个卡槽中，主控制卡安装完毕。

在机笼的第三、第四槽位上，紧接着主控制卡插放的是两块互为冗余的数据转发卡。数据转发卡卡件示意图如图2－1－8所示。

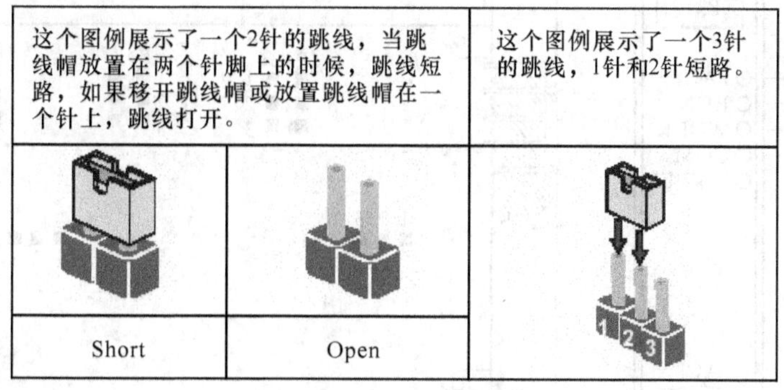

图2－1－7 跳线设置图例

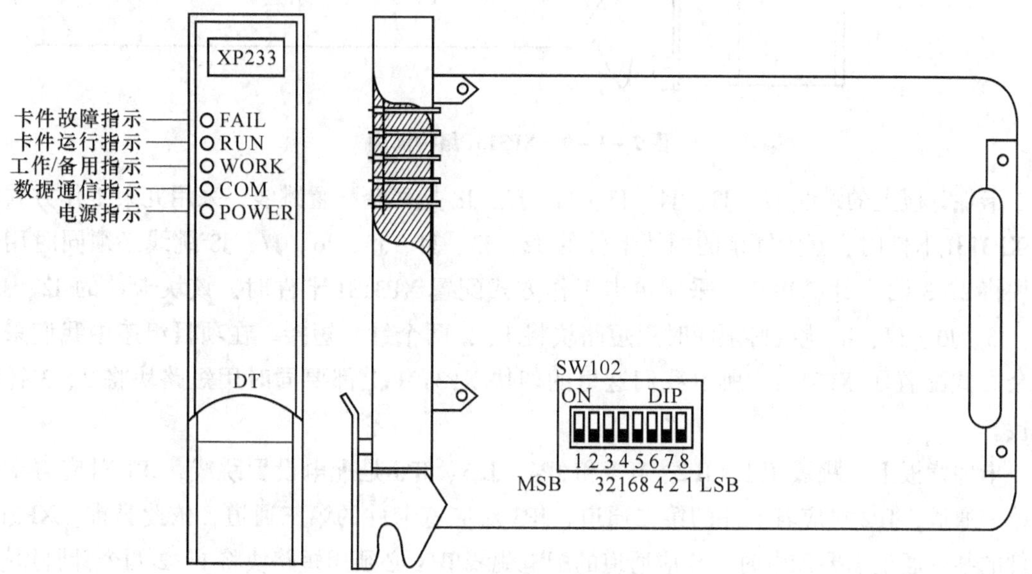

图2－1－8 数据转发卡

卡件的背板上的跳线SW1是数据转发卡的地址设置跳线，其中的S1、S2、S3、S4用来设置地址，S1为最低位，S4为最高位，跳线上插入短路块代表该位上的数是1。数据转发卡上IP地址的跳线设置要与组态设置一致。在组态中，我们将该控制站两块数据转发卡地址设置成0和1，具体地说，这两块数据转发卡的地址设置跳线应该如此设置：地址设置为0的一块不要插短路块，地址设置为1的卡件地址设置跳线SW1最上面的一个跳线S1上插入短路块。

卡件背板上的跳线J2是冗余配置跳线，采用冗余工作方式配置XP233卡件时，互为冗余的两块XP233卡件的J2跳线必须都用短路块插上（ON）。在项目组态中我们采用冗余方式配置了数据转发卡，所以我们这里的两块XP233上都要在J2跳线上插入短路块。

卡件的跳线设置完毕以后，小心地将卡件插进机笼最左侧的两个卡槽中，数据转发卡安装完毕。根据卡件布置图，可知机笼中I/O卡件插槽的0、1、2、3号分别插放了4块XP313I卡，卡件两两冗余的工作。XP313I卡件示意图如图2－1－9所示。

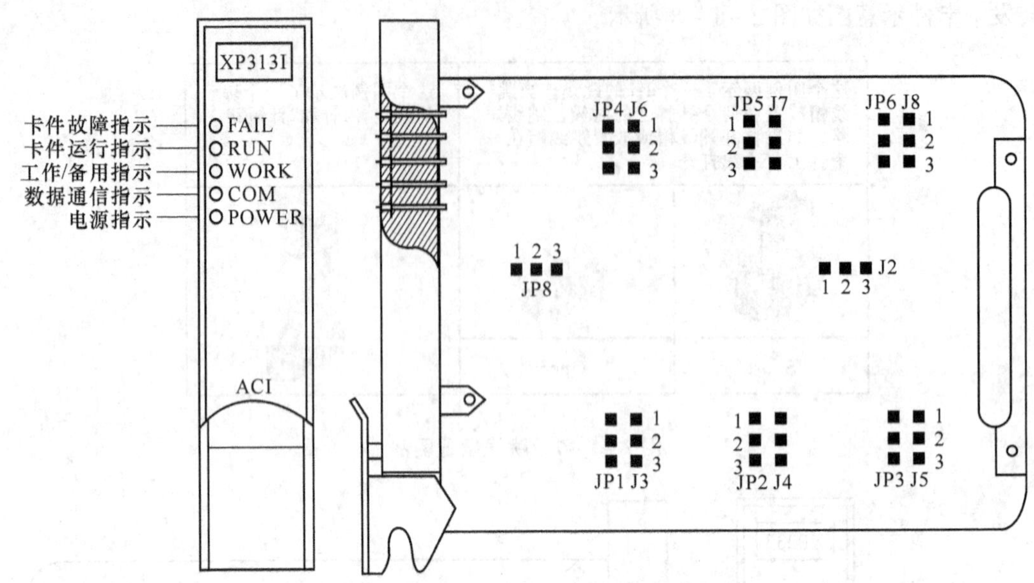

图 2-1-9　XP313I 结构简图

卡件背板上的跳线 J2、J3、J4、J5、J6、J7、J8 是冗余配置跳线，采用冗余工作方式配置 XP313I 卡件时，互为冗余的两块卡件的 J2、J3、J4、J5、J6、J7、J8 跳线必须同时用短路块将 2、3 两个针脚短接；采用单卡工作方式配置 XP313I 卡件时，该块卡件的 J2、J3、J4、J5、J6、J7、J8 跳线必须同时用短路块将 1、2 两个针脚短接。在项目组态中我们采用冗余方式配置了 XP313I，所以我们这里的四块 XP313I 上都要同时用短路块将 2、3 针脚短接。

卡件背板上的跳线 JP1、JP2、JP3 和 JP4、JP5、JP6 是配电设置跳线，JP1 对应着卡件的第一通道，JP2 对应着卡件的第二通道，JP3 对应着卡件的第三通道，依此类推。XP313I 卡件的某一通道需要配电时，相应通道的配电跳线 JPX 必须用短路块将 1、2 两个针脚短接。XP313I 卡件的某一通道不需要配电时，相应通道的配电跳线 JPX 必须用短路块将 2、3 两个针脚短接。在项目设计中，两个不配电的信号由插在 0 号和 1 号槽上的冗余卡件来采集，所以，我们需要将两块 XP313I 卡件的配电跳线设置为不配电的状态，这两块卡件插入机笼的 0 号和 1 号 I/O 卡件插槽；两个配电的信号由插在 2 号和 3 号槽上的冗余卡件来采集，所以，我们需要将另外两块 XP313I 卡件的配电跳线设置为配电的状态，这两块卡件插入机笼的 2 号和 3 号 I/O 卡件插槽。

根据卡件布置图，可知机笼中 I/O 卡件插槽的 4、5 号分别插放了 2 块 XP314I 卡，卡件均为单卡工作。XP314I 卡件示意图如图 2-1-10 所示。

卡件背板上的跳线 J2 是冗余配置跳线。采用冗余工作方式配置 XP314I 卡件时，互为冗余的两块 XP314I 卡件的 J2 跳线必须同时用短路块将 2、3 两个针脚短接；采用单卡工作方式配置 XP314I 卡件时，该块 XP314I 卡件的 J2 跳线必须用短路块将 1、2 两个针脚短接。

在项目组态中我们采用单卡方式配置了插在 4、5 号槽位上的 XP314I 卡件，所以我们需要将这两块 XP314I 卡件上的 J2 跳线用短路块将 1、2 针脚短接，然后插入相应的卡槽。

根据卡件布置图，可知机笼中I/O卡件插槽的8、9号分别插放了2块XP316I卡，卡件冗余工作。XP316I卡件示意图如图2-1-11所示。

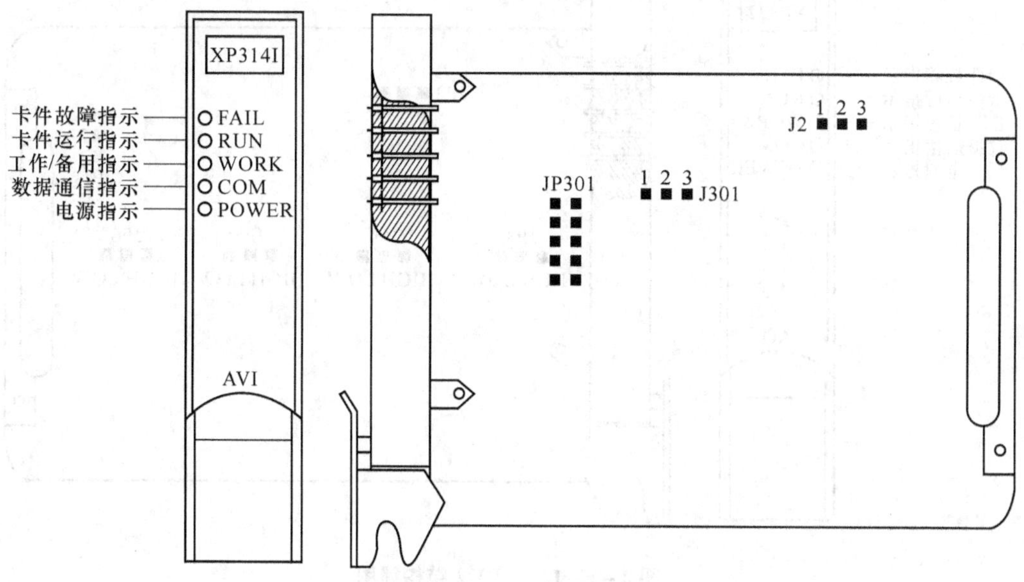

图2-1-10　XP314I结构简图

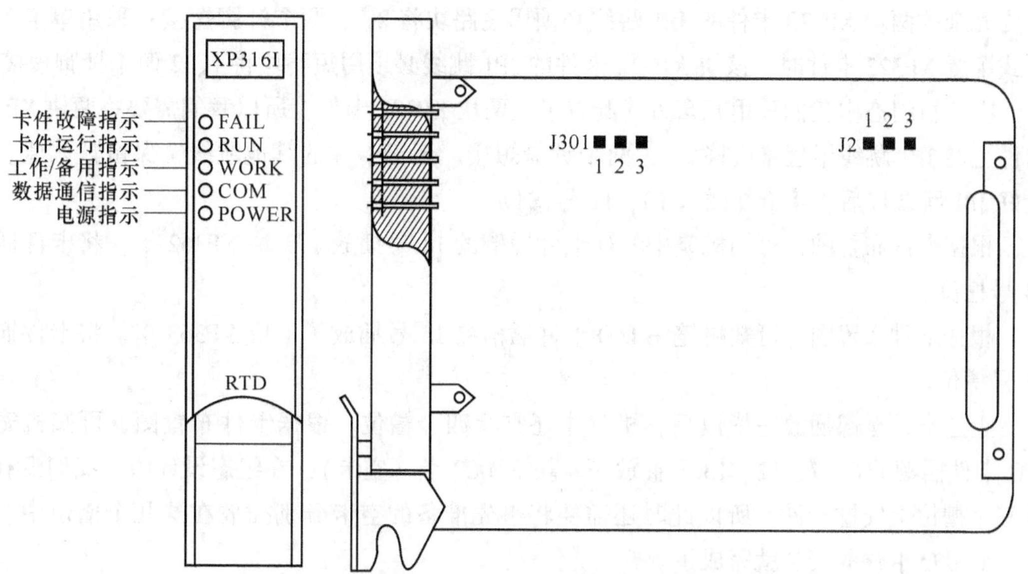

图2-1-11　XP316I结构简图

XP316I卡件背板上的跳线J2是冗余配置跳线。采用冗余工作方式配置XP316I卡件时，互为冗余的两块XP316I卡件的J2跳线必须用短路块将2、3两个针脚短接；采用单卡工作方式配置XP316I卡件时，该块XP316I卡件的J2跳线必须用短路块将1、2两个针脚短接。

在项目组态中我们采用冗余方式配置了这两块XP316I卡件，所以我们需要将两块XP316I卡件上的J2跳线同时用短路块将2、3针脚短接，然后依次将卡件插入8、9号槽位。

根据卡件布置图，可知机笼中I/O卡件插槽的10、11号分别插放了2块XP322卡，卡件冗余工作。XP322 卡件示意图如图 2－1－12 所示。

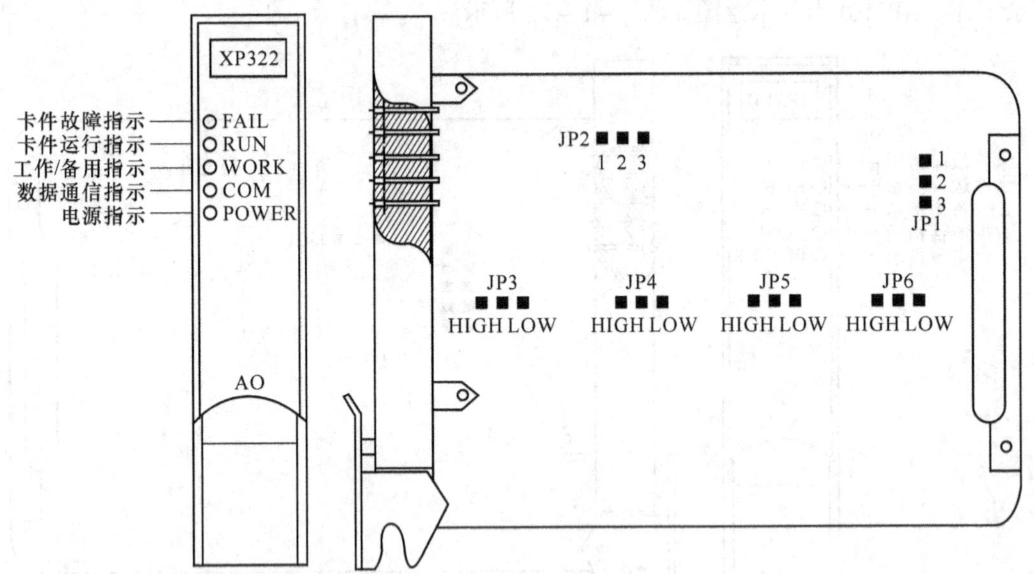

图 2－1－12　XP322 结构简图

XP322 卡件背板上的跳线 JP1 是冗余配置跳线。采用冗余工作方式配置 XP322 卡件时，互为冗余的两块 XP322 卡件的 JP1 跳线必须用短路块将 2、3 两个针脚短接；采用单卡工作方式配置 XP322 卡件时，该块 XP322 卡件的 JP1 跳线必须用短路块将 1、2 两个针脚短接。

在项目组态中我们采用冗余方式配置了这两块 XP322 卡件，所以我们需要将两块 XP322 卡件上的 JP1 跳线用短路块将 2、3 两个针脚短接。至于卡件的其他跳线，保留默认值。设置好 JP1 跳线以后，将卡件插入 10、11 号槽位。

根据卡件布置图，可知机笼中 I/O 卡件插槽的 14 号插放了 1 块 XP362 卡。将卡件插入 14 号槽位。

根据卡件布置图，可知机笼中 I/O 卡件插槽的 15 号插放了 1 块 XP363 卡。将卡件插入 15 号槽位。

上述卡件全部插放完毕以后，机笼中还空余四个槽位。根据卡件布置图，可知机笼中 I/O 卡件插槽的 6、7、12、13 号插放了 4 块 XP000 卡（空卡），在组态设计中，我们没有在这三个槽位上安排卡件。所以此时还需要将事先准备的空卡分别插放在这几个槽位中。至此，对 I/O 卡件的安装就完成了。

2. 通信网络联结

JX－300XDCS 系统的控制站、操作站、工程师站是通过过程控制网络 SCnet Ⅱ 联结起来的，通信结构一般为冗余的星型结构。通信介质根据用户配置，选用 AMP5 类双绞线、细缆、粗缆或光缆。暴露在地面的双绞线必须使用保护套管；电气干扰较严重的场所，双绞线必须使用金属保护套管。

具体的网络联结方法很简单：对于任意的控制站，每块主控制卡上有两个通信口，上面的称为 A 口，下面的称为 B 口。联结的时候将这两个通信口分别用网络联结线联结到两个

HUB 上，联结的时候请注意，机柜中有两个 HUB，上下排列，联结时主控制卡上面的通信口（A 口）用网络联结线连到上面的 HUB 上，下面的通信口（B 口）用网络联结线连到下面的 HUB 上。对于操作站或工程师站，采用双网卡联结到 ScnetII 网络中。联结时将标记为 1#的网卡用联结线与机柜中上面的 HUB 相连，将标记为 2#的网卡用联结线与机柜中下面的 HUB 相连，如图 2－1－13 所示。

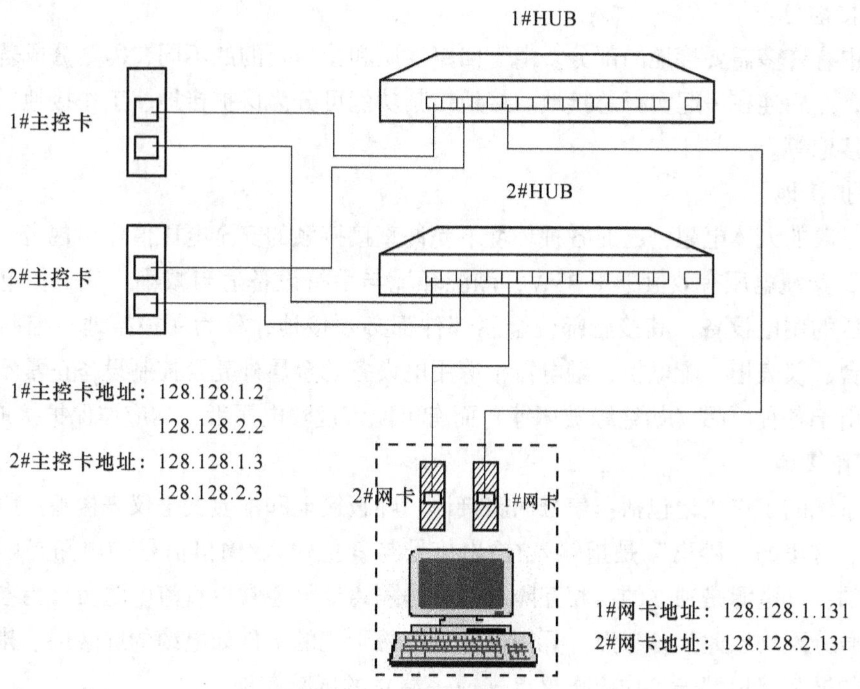

图 2－1－13　通信网络联结示意图

2.1.5　知识进阶：DCS 控制系统接地与防雷

1. DCS 控制系统接地

正确合理的接地是保证集散控制系统安全可靠运行，系统网络通信畅通的重要前提。正确的接地既能抑制外来干扰，又能减小设备对外界的干扰影响。而错误的接地反而会引入干扰，严重时甚至会导致集散控制系统无法正常工作。因此接地问题不仅在系统设计时要周密考虑，在工程安装投运时也必须以最合理的方式加以实现。

由于接地问题是一个复杂的工程问题，当现场控制站和操作员站分布在一个比较广泛的区域内时，考虑到防雷、工厂实际地网情况等，其接地方案必须根据实际情况具体分析。

（1）接地目的

集散控制系统接地有两个目的：一是为了安全；二是为了抑制干扰。

① 安全，包括人身安全和系统设备安全。与一般用电设备一样，根据安全用电法规，电子设备的金属外壳必须接地，以防在事故状态时金属外壳出现过高的对地电压而危及操作人员安全和导致设备损坏。

② 抑制干扰包括两部分，一是提高系统本身的抗干扰能力；二是减小对外界的影响。集散控制系统的某些部分与大地相连可以起到抑制干扰的作用。如静电屏蔽层接地可以抑制变化电场的干扰，因为电磁屏蔽用的导体在不接地时会增强静电耦合而产生“负静电屏蔽”效应，加以接地能同时发挥静电屏蔽作用；系统中开关动作产生的干扰，在系统内部（如各操作员站及控制站间）会产生相互影响，通过接地可以抑制这些干扰的产生。

（2）接地分类

系统中有许多需要接地的部分。由于回路性质和接地目的的不同，需要分成若干独立接地子系统，然后连在一起实行总接地。接地按其功能可分为保护接地、工作接地、防静电接地和防雷接地等。

① 保护接地

根据一般的人体电阻，已对各种环境下允许直接接触的安全电压值作出规定：直流电压小于 70 V，交流电压有效值小于 33 V，潮湿环境与手持设备适当减小。凡工作电压超出上述安全电压的用电设备，其接触部位金属部件都必须接地，称为保护接地。控制系统的机柜、操作台、仪表柜、配电柜、继电器柜等用电设备的金属外壳及控制设备正常不带电的金属部分，由于各种原因（如绝缘破坏等）而有可能带危险电压者，均应作保护接地。

② 工作接地

控制系统的工作接地包括：信号回路接地、屏蔽接地和本质安全仪表接地。隔离信号可以不接地。这里的“隔离”是指输入/输出信号与其他输入/输出信号的电路是隔离的、对地是绝缘的，其电源是独立的、相互隔离的。非隔离信号通常以直流电源负极为参考点，并接地。信号分配均以此为参考点。凡用以降低电磁干扰的部件如电缆的屏蔽层、排扰线、控制设备上的屏蔽接地端子，均应作单点（或一端）的屏蔽接地。

采用齐纳式安全栅的本质安全系统应设置接地联结系统。采用隔离式安全栅的本质安全系统，不需要专门接地。控制系统工作接地的原则为单点接地，即通过唯一的接地基准点组合到接地系统中去。

③ 防静电接地

为了抑制变化电场的干扰，控制系统中广泛采用多种静电屏蔽，如变压器的静电屏蔽层、线路的屏蔽层或局部空间的屏蔽罩等。所有作静电屏蔽用的导体都必须良好接地才能发挥作用。安装控制系统的控制室、机柜室，应考虑防静电接地。这些室内的导静电地面、活动地板、工作台等应进行防静电接地。已经做了保护接地和工作接地的设备，不必再另做防静电接地。

④ 防雷接地

当控制系统的信号、通信和电源等线路在室外敷设或从室外进入室内的（如安装浪涌吸收器 SPD、双层屏蔽接地等），需要设置防雷接地联结的场合，应实施防雷接地。控制系统的防雷接地不得与独立的防直击雷装置共用接地系统。

（3）接地系统和接地原则

接地系统由接地联结和接地装置两部分组成如图 2-1-14 所示。

① 接地联结包括接地连线、接地汇流排、接地分干线、接地汇总板、接地干线。

② 接地装置包括总接地板、接地总干线、接地极。具体接地系统的设计按实际情况可以是其中的一部分。

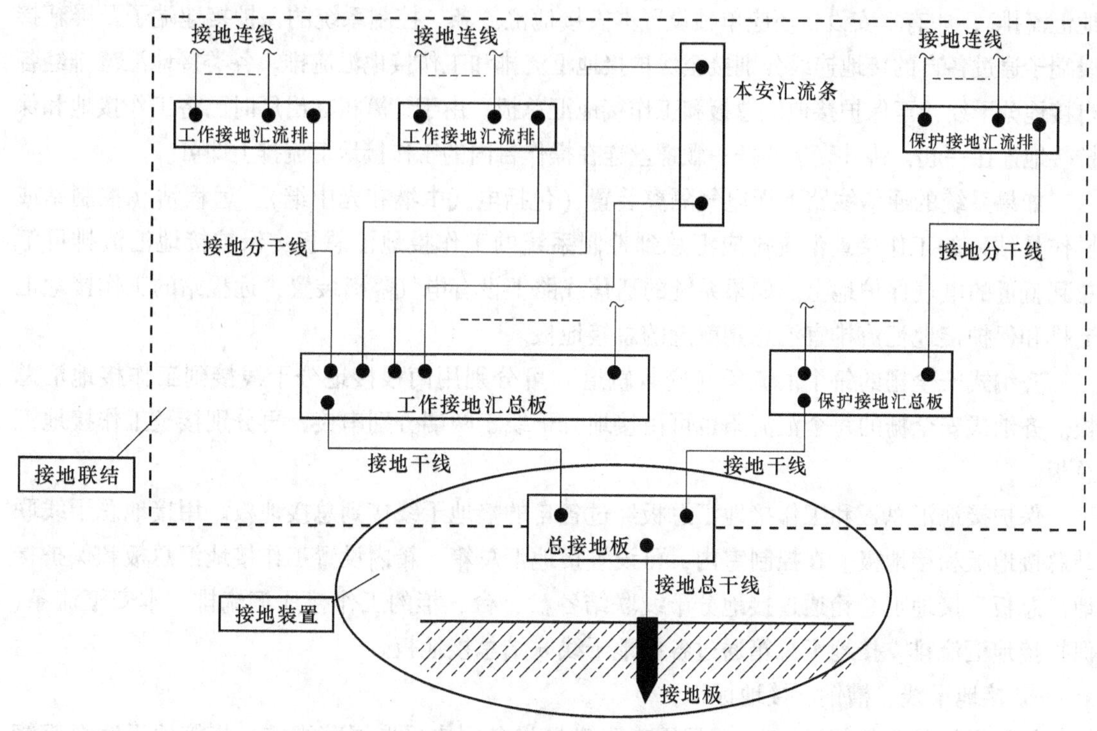

图 2－1－14　控制系统接地联结示意图

控制系统的接地联结采用分类汇总，最终与总接地板联结的方式。应将建筑物（或装置）的金属结构、基础钢筋、金属设备、管道、进线配电箱的 PE（保护接地线）母排、接闪器引下线形成等电位联结，控制系统各类接地应汇总到该总接地板，实现等电位联结，与电气装置合用接地装置并与大地联结。但控制系统在接地网上的接入点应和防雷地、大电流或高电压设备的接入点保持不小于 10 m 的距离。

如现场条件所限，确实无法形成等电位联结，则控制系统可以采用单独接地，但与电气专业接地体须相距 10 m 以上，和独立的防直击雷接地体须相距 20 m 以上。在采用单独接地时，仍采用分类汇总的联结方式。在各类接地联结中严禁接入开关或熔断器。

（4）接地联结方法

① 现场仪表的接地联结方法

金属电缆槽、电缆的金属保护管应做保护接地，其两端或每隔 30 m 可与就近已接地的金属构件相连，并应保证其接地的可靠性及电气的连续性。严禁利用储存、输送可燃性介质的金属设备、管道以及与之相关的金属构件进行接地。现场仪表的工作接地一般应在控制室侧接地。对于要求或必须在现场接地的现场仪表，如接地型热电偶、PH 计、电磁流量计等应在现场侧接地。对于现场仪表要求或必须在现场接地，同时又要求将控制室接收端的控制系统在控制室侧接地的，应将信号的收发端之间作电气隔离。现场仪表接线箱两侧的电缆的屏蔽层应在箱内跨接。

② 盘、台、柜的接地联结方法

在控制室内的盘、台、柜内应分类设置保护接地汇流排、信号及屏蔽接地汇流排（工作接地汇流排），如有本安设备还应单独设置本安接地汇流条。控制系统的保护接地端子及屏蔽接线端子通过各自的接地连线分别接至保护接地汇流排和工作接地汇流排。各类接地汇流排经各自接地分干线接至保护接地汇总板和工作接地汇总板。由于计算机在出厂时已将工作接地和保护接地连在一起，将外壳上的任一颗螺丝连在操作台内的工作接地汇流排上即可。

如果系统的通信线路上无电气隔离装置（包括电气中继和光中继），远程站（控制站或操作员站）的工作接地汇流排应汇总到控制系统的工作接地汇总板；保护接地汇流排可汇总到就近的电气保护地上。如果系统的通信线路上设有电气隔离装置，远程站的工作接地汇流排和保护接地汇流排宜汇总到就近的总接地板。

齐纳式安全栅的每个汇流条（安装轨道）可分别用两根接地分干线接到工作接地汇总板。齐纳式安全栅的每个汇流条也可由接地分干线于两端分别串接，再分别接至工作接地汇总板。

保护接地汇总板和工作接地汇总板经过各自的接地干线接到总接地板。用接地总干线联结总接地板和接地极。在控制室内，可设置接地汇总箱。箱内设置工作接地汇总板和保护接地汇总板。接地汇总箱通过接地分干线联结各盘、台、柜的工作接地汇流排、本安汇流条、保护接地汇流排。接地汇总箱通过各接地干线联结总接地板。

③ 接地干线、槽钢、接地标识

接地干线长度如超过 10 m 或周围有强磁场设备，应采取屏蔽措施，将接地干线穿钢管保护，钢管间连为一体；或采用屏蔽电缆，钢管或屏蔽电缆的屏蔽层应单端接地。如接地干线在室外走线并距离超过 10 m，应采用双层屏蔽，内层单点接地，外层两端接地，以防雷击电磁脉冲的干扰。

固定控制柜的安装槽钢等应作等电位联结。对隐蔽工程，包括在接地网上的接入点和接地极位置应设置标识。

④ 联结电阻和接地电阻

联结电阻指的是从控制系统的接地端子到接地极之间的导线与联结点的电阻总和。控制系统的接地联结电阻不应大于 1 Ω。

接地电阻指的是接地极对地电阻与接地联结电阻之和。控制系统的接地电阻为工频接地电阻，应不大于 4 Ω。

（5）接地联结的规格及结构要求

① 接地连线规格

接地系统的导线应采用多股绞合铜芯绝缘电线或电缆。接地系统的导线应根据联结设备的数量和长度按下列数值范围选用：

- 接地连线：（2.5 ~ 4）mm^2
- 接地分干线：（4 ~ 16）mm^2
- 接地干线：（10 ~ 25）mm^2
- 接地总干线：（16 ~ 50）mm^2

② 接地汇流排、联结板规格

接地汇流排宜采用截面积为 25×6 mm^2 的铜带制作。接地汇总板和总接地板应采用铜板制作。铜板厚度不应小于 6 mm，长宽尺寸按需要确定。

③ 接地联结结构要求

所有接地连线在接到接地汇流排前均应良好绝缘；所有接地分干线在接到接地汇总板前均应良好绝缘；所有接地干线在接到总接地板前均应良好绝缘。接地汇流排（汇流条）、接地汇总板、总接地板应用绝缘支架固定。接地系统的各种联结应保证良好的导电性能。接地连线、接地分干线、接地干线、接地总干线与接地汇流排、接地汇总板的联结应采用铜接线片和镀锌钢质螺栓，并采用防松和防滑脱件，以保证联结的牢固可靠。或采用焊接。接地总干线和接地极的联结部分应分别进行热镀锌或热镀锡。

④ 接地线颜色要求

接地系统的标识颜色为绿、黄两色。

（6）接地实施方案

选用控制系统内的其中一个外配柜（若无外配柜则选择其中一个控制柜）的保护地铜排为总保护地铜排、工作地铜排为总工作地铜排，将控制系统所有机柜的保护地汇流排、工作地汇流排分别引至总保护地铜排和总工作地铜排，再将总工作地铜排和总保护地铜排相连，从总保护地铜排引接地总干线至等电位地网、单独接地极或电气地网，如图 2－1－15 所示。

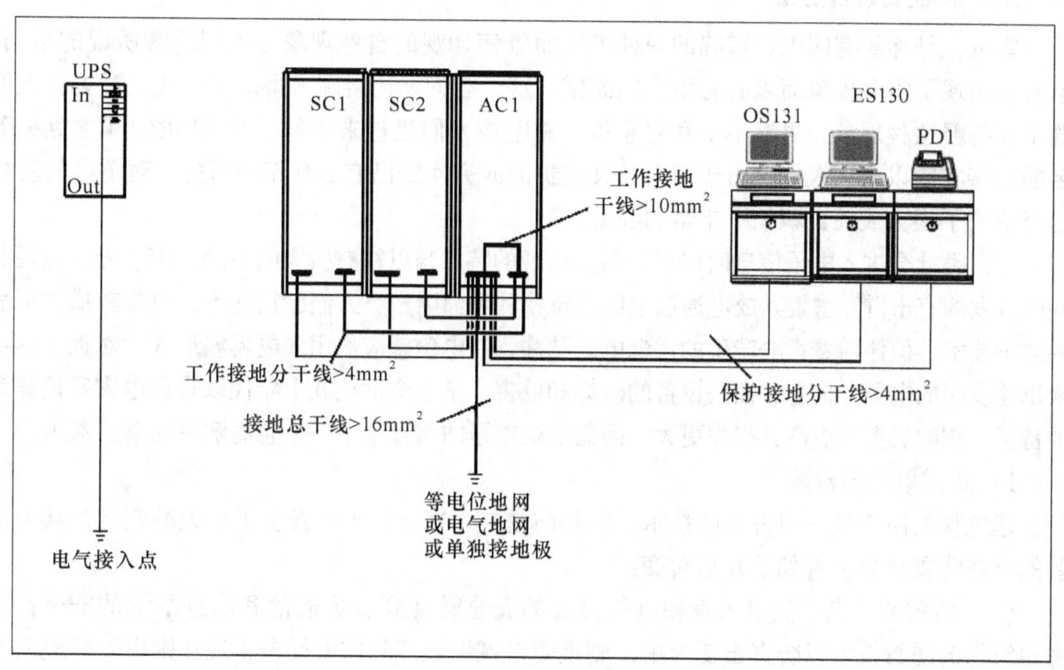

图 2－1－15 控制系统接地实施方案

（7）控制系统的接地体制作

接地体如为单独地桩时，推荐采用 4 根 2 m 长的 50 mm×50 mm 的热镀锌角钢，呈边长为2 m 的正方形打入地下，距地表面 600 mm 以上，再用 4 mm×40 mm 热镀锌扁钢焊接（建议用堆焊）起来，焊接长度不小于 10 cm，焊接处刷红丹或沥青油做防腐处理。接地线用 4 mm×40 mm的热镀锌扁钢（或≥16 mm^2 的导线），预留接地测试点。汇接点用规定规格的扁铜，扁铜扁钢联结处采用气焊，在扁铜上预留 φ8 的联结孔不少于三个，配备相应规格的不锈钢螺丝或铜螺丝。

（8）控制系统的接地施工中的注意事项

总接地铜排至接地接入点的接地总干线长度应不大于 30 m；接地总干线周围若有电磁干扰时应采取屏蔽措施，将接地线穿钢管保护，钢管间连为一体，钢管单端接地，也可采用屏蔽电缆，屏蔽层应单端接地。对于没有条件单独打地桩的情况下，可以采用电气接地系统，此时工作接地和保护接地都联结到电气地，但要注意选取接入点时应尽可能远离大电机的接入点，同时与防雷地的接入点间的距离应大于 20 m。若远程机笼与主控机笼之间采用了电气隔离装置或光电隔离装置，则远程机笼可以就地进行接地。

UPS 的接地一般应联结在 TN－S 接地制式中的 PE 线上。计算机在出厂前已将工作接地和保护接地连在一起，系统操作台插座上的接地端子在系统出厂时已经联结到接地排上，计算机是通过电源线的接地线联结到接地端子上的。

仪表电缆槽、电缆保护金属管应做保护接地，可直接焊接或用接地线联结在附近已接地的金属管道上，并应保证接地的连续和可靠，但不得接至输送可燃物质的金属管道。仪表电缆槽、电缆保护金属管的联结处，应进行可靠的导电联结。

2. DCS 控制系统防雷

雷电，是伴随有闪电和雷鸣的一种可怖而雄伟壮观的自然现象。人们通常所说的雷雨，但有时出现了雷电现象而未必有雨，因此雷电这个名词要比雷雨来得确切一些。过去，人们既不能解释这种现象，更谈不上和它斗争，雷电被人们当神来崇拜。自 18 世纪弗兰克林著名的风筝实验以来，人们致力于雷电及其防护的研究实践已有 200 年的历史，对雷电的防护已经取得了很大成绩，积累了丰富的经验。

当人类社会进入电子信息时代后，雷灾出现的特点与以往有极大的不同。声、光、电现象同时迸发的直击雷，击毁其放电通道上的建筑物和生命财产，人们已很熟悉，也有较成熟可靠的防护技术。但伴随着雷电产生的雷电电磁脉冲，以电磁感应作用和电流波形式，对近十多年来迅速发展的电子、信息、控制设备的破坏和危害，是上个世纪九十年代以来雷电灾害最显著的特征。它的成灾率更高，损失更大，因而也就成了防雷技术中一个急需解决的重要课题。

1）防雷概念的转换

建筑物的防雷是一门古老的技术。但是防雷技术在近二十年发生了很大的变化，其中重要的是在防雷概念上有如下几点转变：

（1）防雷的重点从侧重人身和电气设备的安全转变到着重通信和信息系统的安全；过去建筑物的防雷技术以防直击雷为主，侧重防机械性破坏和雷电反击，现在则以防感应雷击为主，侧重防雷电的电磁感应效应。

（2）外部的防雷技术从以前的避雷针和避雷带转变为现今的避雷网和法拉第笼；内部的防雷技术从以前的以隔离方式为主转变为现今的以等电位联结方式为主。

（3）以前的接地系统是否合格以接地电阻值为准，现在侧重于接地结构兼顾接地电阻值，特别是从独立接地到等电位联结方式的转变。但直至现今，防雷的理论基础仍然还是安全地引雷入地。

闪电是一个电流源（更确切地说是电流波），而不是电压源。防雷装置是给雷电流提供一条或几条低阻抗的接地通道。这些基本的技术概念仍然没变。

2）雷电对 DCS 控制系统危害的形式

雷电对 DCS 控制系统的危害主要是直击雷和雷电电磁脉冲干扰（也称雷电波）两种。对于有爆炸危险的建筑还要考虑雷电感应（包括静电感应和电磁感应）的危害。

（1）直击雷是直接击在建筑物上，产生电效应、热效应和机械力的雷电。

（2）雷击电磁脉冲是作为干扰源的直接雷击和附近雷击所引起的效应。绝大多数干扰是通过联结导体的干扰，如雷电流或部分雷电流、被雷电击中的装置的电位升高以及磁辐射干扰。

（3）雷电感应是雷电放电时，在附近导体上产生的静电感应和电磁感应，它可能使金属部件之间产生火花。

（4）静电感应是指由于雷云的作用，使附近导体上感应出与雷云符号相反的电荷，雷云主放电时，先导通道中的电荷迅速中和，在导体上的感应电荷得到释放，如不就近泄入地中就会产生很高的电位。

直击雷对集散控制系统的危害指的是雷电直接击中建筑物或地面上，雷电流沿引下线、接地体流动过程中，在土壤中产生强大的感应电磁场，通过感应耦合到 DCS 等电子设备内，损坏 DCS 等电子设备，导致生产装置停车；当控制室建筑物的防直击雷装置在接闪时，强大的瞬间雷电流通过引下线流入接地装置，会使局部的地电位浮动，如果防雷的接地装置是独立的，它和控制系统的接地极没有足够距离的话，则他们之间会产生放电，这种现象称之为雷电反击，它会对控制室内的 DCS 系统产生干扰或损坏。

雷电电磁脉冲干扰指的是由强大的雷闪电流产生的脉冲电磁场，它对 DCS 系统的干扰可以有如下两种形式。

当控制室建筑物的防直击雷装置在接闪时，在引下线内通过强大的瞬间雷电流，如果在引下线周围的一定距离内设有联结 DCS 系统的电缆（包括电源、通信以及 I/O 电缆），则会产生电磁辐射，干扰或损坏 DCS 系统；当控制室周围发生雷击放电时，会在各种金属管道、电缆线路上产生感应电压。如果这些管道和线路引进到控制室把过电压传到 DCS 系统上，就会对 DCS 系统产生干扰或损坏。

此外，当空中携带大量电荷的雷云从控制室上空经过时，由于静电感应使地面某一范围带上异种电荷，当直击雷发生后，云层带电迅速消失，而地面某些范围由于散流电阻大，以至出现局部高电位，它会对周围的导线或金属物产生影响，这种静电感应电压也会对 DCS 系统产生干扰或损坏。

上述几种的雷电干扰形式，最严重的干扰源是雷击造成的地电位浮动和引下线中雷电流的电磁辐射。

雷电引起的各种过电压可达数百乃至数千伏，而 DCS 系统的耐压值都很低，一般承受不了正负 5 V 的电压波动。美国通用研究公司 R·D·希尔用仿真试验建立的模型表明：对无屏蔽的计算机，当雷电电磁脉冲的磁场强度超过 0.07GS 时，计算机会误动作，当超过 2.4GS 时，计算机会永久性损坏，所以如无一定的防护措施，即便是质量很高的 DCS 系统，也很难保证在雷击情况下仍然可以安全地运行。

3）DCS 控制系统及控制室防雷的主要措施

DCS 控制系统及控制室防雷的主要措施包括两个方面，一为防直击雷，二为防雷击电磁脉冲，现分别简述。

（1）防直击雷

防直击雷主要体现在对 DCS 设备所在的控制室如何进行防雷。根据《建筑物防雷设计规范》（GB 50057—1994，2000 年版）的规定，建筑物应根据其重要性、使用性、发生雷电事故的可能性和后果，按防雷要求分为第一类防雷建筑物、第二类防雷建筑物和第三类防雷建筑物。第一类要求最高，第二类次之，第三类再次之。DCS 控制室如果和生产装置在同一建筑物内，其防雷要求和防直击雷设施应联同生产装置的特点综合确定和设计。如果 DCS 控制室是独立的建筑物，应按第三类防雷建筑物设防；控制室屋顶应设避雷网（并按第三类防雷建筑物考虑网格尺寸），经引下线连至接地网（并考虑冲击接地电阻值的大小和避雷网周边引下线的数量），引下线要与进入控制室的管道和电缆相隔 2 米以上的距离，而且进入控制室的管道和电缆在进入控制室前要进行等电位联结。

（2）防雷击电磁脉冲

防雷击电磁脉冲大致有如下三种方法：

① 电磁屏蔽将控制室的墙和屋面内的钢筋、金属门窗等进行等电位联结，并与防直击雷装置相联结，使控制室形成一个“笼式”避雷网。对进出控制室的各种电缆、也同样要采取屏蔽措施，特别是在那些容易被雷电波侵入的地方。这样，可以大大减小雷电波导入控制室内的强度。

② 等电位联结。对控制室内 DCS 系统的接地系统以及金属构件等进行等电位联结后，即使受到电磁脉冲影响，由于它们之间不存在电位差，所以不可能对电子元件构成干扰。飞行器内的电子设备由于和飞行器的金属外壳作了等电位联结，因此免受了雷电的影响就是这个缘故。

③ 采用 SPD（电涌保护器）。电涌保护器是一种限制瞬态过电压和分走电涌电流的器件。按其在 DCS 中的用途可分为电源防雷器、I/O 信号防雷器和通信线路防雷器三种。当有联结电缆从室外或其他系统进入控制室时，装设 SPD 可以防护电子设备免遭雷电浪涌的闪击。

综上所述，防雷总的原则是：

① 将绝大部分雷电流直接接闪引入地下泄散（外部保护）；

② 阻塞沿电源线或数据、信号线引入的过电压波（内部保护及过电压保护）；

③ 限制被保护设备上浪涌过压幅值（过电压保护）。

2.1.6　问题讨论

1. 为什么控制室的湿度需要控制在一定的范围内？

2. 单独接地与单点接地是否相同？

3. I/O 信号线、供电线、接地线、通信线分别应从哪里进入控制柜？通信线缆能否直接与 220 V 电源线一起走线？

4. 在控制站卡件安装时，有些槽位上没有安排卡件的，我们需要在这些槽位上安装空卡 XP000，请问为什么？

5. 对卡件进行除灰尘处理时，为什么不能使用塑料刷、电吹风等？

任务2.2 JX－300XP DCS系统实时监控操作

2.2.1 任务目标

根据前面所介绍的DCS系统安装、调试以及投运的步骤，完成了系统监控软件的组态和硬件的安装后，进入调试阶段。DCS系统的运行是由实时监控软件来完成人机交互的，实时监控软件是控制系统的上位机监控软件，通过鼠标和操作员键盘的配合使用，可以方便地完成各种监控操作。实时监控软件的运行界面是操作人员监控生产过程的工作平台。在这个平台上，操作人员通过各种监控画面监视工艺对象的数据变化情况，发出各种操作指令来干预生产过程，从而保证生产系统正常运行。本任务的目标是熟悉浙江中控DCS实时监控软件的各种监控画面，掌握正确的操作方法，以便于能够及时解决生产过程中出现的问题，保证系统的稳定运行。

2.2.2 任务分析

DCS系统的顺利运行，离不开每个环节的保障。在实时监控操作的任务中，我们将一起来学习如何把系统运行起来。前期所做的各项工作，已经为加热炉的工程提供了硬件的环境和软件的环境，本任务就是要在前面所做工作的基础上，实现组态结果的下载、传送，进而实现系统的开车并进入正常监控操作。为了保证DCS系统的稳定和生产的安全，我们要注意在监控操作开始前具备以下的条件：

- 在第一次启动实时监控软件前是否完成用户授权的设置。
- 在系统组态下载前是否更改了所有的组态错误并重新通过了编译操作。
- 操作人员上岗前是否经过正规操作培训。
- 系统硬件的安装是否完成。
- 在运行实时监控软件之前，如果系统剩余内存资源已不足50%，建议重新启动计算机后再运行实时监控软件。
- 在运行实时监控软件时，不要同时运行其他的软件，以免其他软件占用太多的内存资源。

2.2.3 相关知识：实时监控软件操作说明

1. 监控软件的启动

在详细了解实时监控软件的操作之前，我们先来了解如何正确启动实时监控软件。实时监控软件启动操作有如下几种：

（1）在桌面上双击快捷图标，或是点击【开始/程序/（AdvanTrol－Pro）】中的“实时监控”命令，启动监控。

（2）开机直接启动监控，具体设置步骤如下：在监控软件的工具栏中点击系统图标，然后选择“打开系统服务”按钮，在弹出界面的设置菜单下选择“启动选项”，在“启动选项”界面的“开机自动运行”项前打勾，点击“确定”按钮，则开机将自动运行监控。如图 2－2－1 所示。

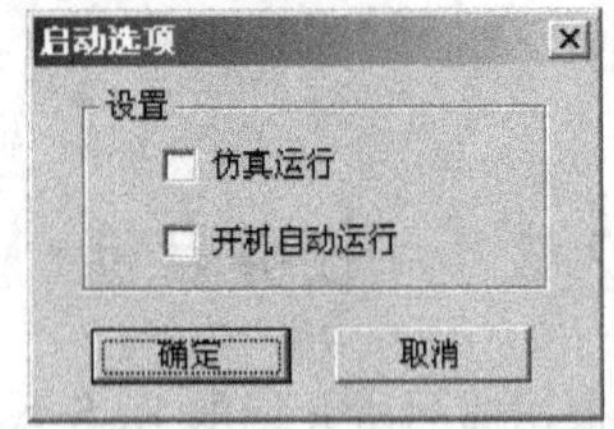

图 2－2－1　启动选项界面

（3）通知更新时启动监控，具体操作步骤如下：组态完成并保存编译后，选择菜单命令【总体信息/组态发布】，或在工具栏中点击发布按钮。在弹出的组态发布对话框中点击“发布组态”按钮，之后再选择操作站，点击“通知更新”按钮启动监控。以上几种方式都能进入实时监控的画面，实时监控软件的操作界面如图 2－2－2 所示。

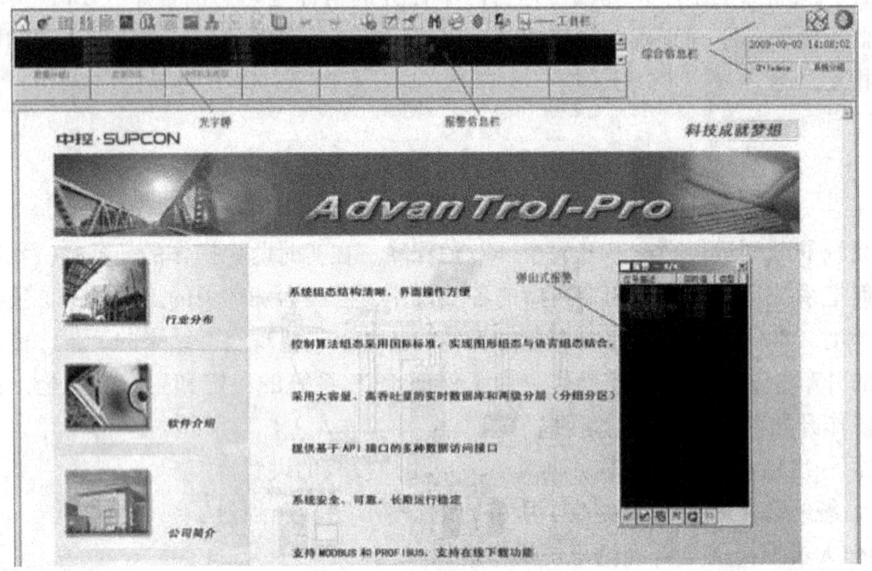

图 2－2－2　实时监控界面

其中操作界面各个区域的功能如下：

① 工具栏：放置操作工具图标。

② 报警信息栏：滚动显示最近产生正在报警的信息。窗口一次最多显示 6 条，其余的可以通过窗口右边的滚动条来查阅。报警信息根据产生的时间依次排列，第一条报警信息永远是最新产生的报警信息。每条报警信息显示：报警时间、位号名称、位号描述、当前值、报警描述和报警类型。

③ 光字牌：光字牌用于显示光字牌所表示的数据区的报警信息。

④ 综合信息栏：显示系统标志、系统时间、当前登录用户和权限、当前画面名称、系统报警指示灯、工作状态指示灯、弹出式报警等信息。

⑤ 主画面：显示监控画面。

⑥ 弹出式报警：弹出式报警功能是指当达到位号的报警条件时，具有弹出属性的报警

产生即会触发弹出事件，在监控的主画面区会弹出报警提示窗，样式与光字牌报警列表相仿，包括确认和设置等功能。

监控画面中有 23 个形象直观的操作工具图标如图 2－2－3 所示，这些图标基本包括了监控软件的所有总体功能。各功能图标的说明如表 2－2－1 所示。

图 2－2－3　操作工具图

表 2－2－1　操作按钮说明一览表

图标	名　称	功　能
	系统简介	公司简介以及浙江中控公司的一些软件的简要介绍，如：实时监控、系统组态、逻辑控制等
	系统	包含"报表后台打印""启动实时报警打印""报警声音更改""打开系统服务"等功能
	查找 I/O 位号	快速查找 I/O 位号
	打印画面	打印当前的监控画面
	前页	在多页同类画面中进行前翻
	后页	在多页同类画面中进行后翻
	前进	前进一个画面
	后退	后退一个画面
	翻页	左击在多页同类画面中进行不连续页面间的切换 右击在任意画面中切换
	报警一览	显示系统的所有报警信息
	系统总貌	显示系统总貌画面
	控制分组	显示控制分组画面
	调整画面	显示调整画面
	趋势图	显示趋势图画面

续表

图标	名 称	功 能
	流程图	显示流程图画面
	报表画面	显示最新的报表数据
	数据一览	显示数据一览画面
	系统状态	显示控制站的硬件和软件运行情况
	用户登录	改变 AdvanTrol 监控软件的当前登录用户以及进行选项设置
	消音	屏蔽报警声音
	弹出式报警	弹出报警提示窗
	退出系统	退出 AdvanTrol 监控软件
	操作记录一览	显示系统所有操作记录

2. 监控软件的操作

实时监控操作可分为三种类型的操作，即：监控画面切换操作、设置参数操作和系统检查操作。下面分别对每种操作的具体方法进行介绍。

1）画面切换操作

监控画面的切换操作非常简单，下面分几种情况介绍切换画面的方法。

（1）不同类型画面间的切换

① 直接点击目标画面的图标。

② 若在组态时已将总貌画面组态为索引画面，则可在总貌画面中点击目标信息块切换到目标画面。

③ 右击翻页图标，从下拉菜单中选择目标画面。

④ 从报警一览切换到流程图或趋势图：在报警实时和报警一览中选中某个位号，点击右键菜单 ELT0301 弹出仪表 跳转到流程图 跳转到趋势页 确认报警 中的“跳转到流程图”或者“跳转到趋势页”即可跳转到相应的目标画面。

⑤ 从控制分组画面切换到流程图、趋势图：在控制分组画面选中某个位号，在右键菜单 报警确认 跳转到流程图 跳转到趋势页 中选择“跳转到流程图”或者“跳转到趋势页”即可跳转到相应的目标画面。也可通过点击分组画面中的按钮跳转到流程图或者趋势页。

⑥ 从流程图画面切换到流程图、趋势画面：在流程图画面中选中某个位号，右键菜单，选择“跳转到流程图”或者“跳转到趋势页”即可跳转到相应的目标画面。

⑦ 从趋势图切换到流程图、趋势图：在趋势画面中选中某个位号，右键菜单，选择

“跳转到流程图”或者“跳转到趋势图”即可跳转到相应的目标画面。

（2）同一类型画面间的切换

① 用前页图标和后页图标进行同一类型画面间的翻页。

② 左击翻页图标，从下拉菜单中选择目标画面。

（3）流程图中画面的切换

在流程图组态过程中，可以将命令按钮定义成普通翻页按钮或是专用翻页按钮。若定义为普通翻页按钮，在流程图监控画面中点击此按钮可以将监控画面切换到指定画面；若定义为专用翻页按钮，在流程图监控画面中点击此按钮将弹出下拉列表，可以从列表中选择要切换的目标画面。

（4）操作员键盘操作切换画面

在操作员键盘上有与实时监控画面功能图标对应的功能按键，点击这些按键可实现相应的画面切换功能。若将操作员键盘上的自定义键定义为翻页键，则可利用这些键实现画面切换。

2）参数设置操作

在系统启动、运行、停车过程中，常常需要操作人员对系统初始参数、回路给定值、控制开关等进行赋值操作以保证生产过程符合工艺要求。这些赋值操作大多是利用鼠标和操作员键盘在监控画面中完成的。常见的参数设置操作方法有如下几种。

（1）在调整画面中进行赋值操作，调整画面如图2－2－4所示。

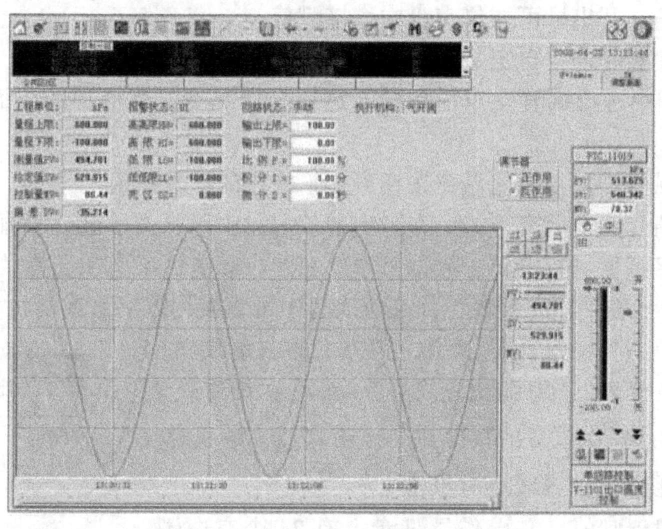

图2－2－4　实时监控调整画面

在权限足够的情况下在调整画面中可进行的赋值操作有：

① 设置回路参数：若调整画面是回路调整画面，则可在画面中设置各种回路参数，包括：手/自动切换（　）、调节器正反作用设置、PID调节参数、回路给定值SV、回路阀位输出值MV。

② 设置自定义变量：若调整画面是自定义变量调整画面，则可在画面中设置变量值。

③ 手工置值模入量：若调整画面是模入量调整画面，则可在画面中手工置值模入量。

（2）在分组画面中进行赋值操作，分组画面如图 2－2－5 所示。

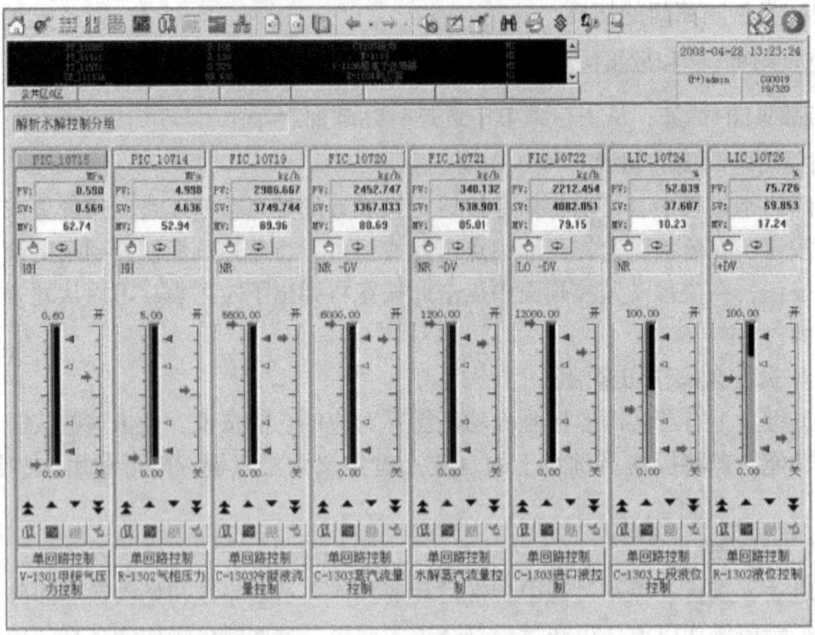

图 2－2－5　实时监控分组画面

在权限足够的情况下，在分组画面（仪表盘）中可进行的赋值操作有：

① 开出量赋值：开出量可在仪表盘中直接赋值。

② 自定义开关量赋值：自定义开关量可在仪表盘中直接赋值。

（3）在流程图中进行赋值操作，在权限足够的情况下，在流程图画面中可进行的赋值操作方法有：

① 命令按钮赋值：点击赋值命令按钮直接给指定的参数赋值。

② 开关量赋值：点击动态开关，在弹出的仪表盘中对开关量进行赋值。

③ 模拟量数字赋值：右击动态数据对象，在弹出的右键菜单中选择“弹出式仪表”，将弹出如分组画面中仪表一样的仪表盘，在仪表盘中可直接用数字量或滑块为对象赋值。

④ 斜坡赋值：右击动态数据对象，在弹出的右键菜单中选择“弹出位号新仪表”，将弹出图 2－2－6 所示位号仪表盘，在仪表盘中输入每次改变的百分比，点击 < 、 > 或<<、>>即可以百分比形式增加或减小对象值。

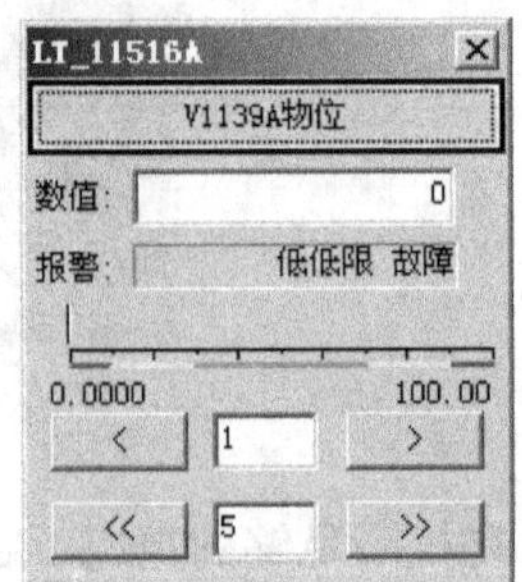

图 2－2－6　位号仪表盘

（4）操作员键盘赋值，在操作员键盘上有 24 个空白键，可以在组态时将其定义为赋值键，启动监控画面后，点击赋值键即可为指定的参数赋值。

3）报警操作

报警监控方式主要有报警一览，光字牌，语音报警，流程图动画报警等。

（1）报警一览

报警一览画面用于动态显示符合组态中位号报警信息和工艺情况而产生的报警信息，查找历史报警记录以及对位号报警信息进行确认等。画面中分别显示了报警序号、报警时间、数据区（组态中定义的报警区缩写标识）位号名、位号描述、报警内容、优先级、确认时间和消除时间等。在监控软件界面中点击图标可打开报警一览画面，如图 2－2－7 所示。

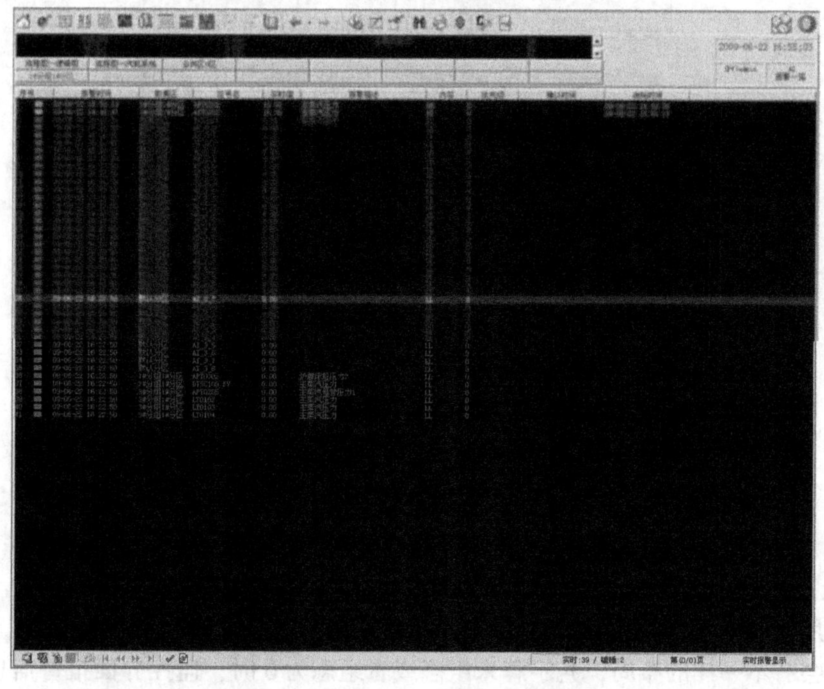

图 2－2－7　实时监控报警一览画面

① 确认所选位号报警信息：对在报警一览画面中选中的某条报警信息进行确认，且在确认时间项显示确认时间。点击报警一览工具条中的图标将对当前页内的报警信息进行确认。

② 查找历史报警记录：点击该图标弹出报警追忆对话框，设置希望查看的报警内容和时间，点击“确认”即可在报警一览画面中显示静止的历史报警信息。

③ 导出查询结果：完成历史报警查询后，点击该按钮将查询结果备份到名为 BACKUP 的子文件夹中。第一次保存备份文件时，程序会在 BACKUP 文件夹内创建一个 AlmHisData 文件夹，所有的报警历史记录备份文件都被放在这里。

④ 打印：打印当前页的历史报警信息，该功能只对历史报警有效。在历史报警记录显示状态下，点击这个按钮，当前历史报警记录就会在监控系统的默认打印机中打印出来。在实时报警显示状态下，实时报警记录的打印是通过逐行打印机打印的。报警的逐行打印机需要在“系统”中设置。

⑤ 切换到实时报警显示方式：记录和显示报警的时间为点击操作的当前时间。

⑥ 设置显示方式：可以设置报警一览画面中报警位号的一些信息，如：位号名，位号描述，报警描述等。可以选择是否显示已经消除但未确认的报警（瞌睡报警）以及已经确认但未消除的报警（报警颜色不可设置）。报警画面属性设置对话框如图 2－2－8 所示。

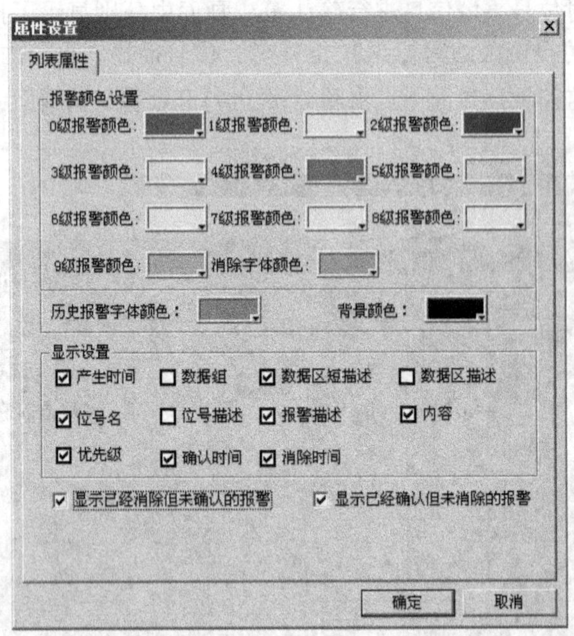

图 2-2-8　报警画面属性设置对话框

（2）光字牌

光字牌用于显示光字牌所表示的数据区的报警信息。在 SCKey 中进行组态，根据组态内容不同，会有不一样的布局，光字牌未组态或者组态为 0 时，监控界面报警信息栏只显示实时报警信息。光字牌组态为 1 行或者 2 行时，监控界面报警信息栏同时显示光子牌和实时报警信息。当光字牌组态为 3 行时监控界面报警信息栏只显示一行报警信息。图 2-2-9 为光字牌组态为 2 行时在监控中的显示。

图 2-2-9　光字牌组态为 2 行时报警信息栏的状态

未绑定分区的光字牌按钮将不响应外部操作，此时监控中的光字牌呈灰色。已绑定分区的光字牌按钮响应鼠标单击，在监控画面中，点击已绑定分区的光字牌按钮将弹出该光字按钮所表示的数据区报警信息。

① 报警设置：在此窗口可以进行报警等级过滤、报警内容过滤、报警使能（无使能权限的用户将不能进行此项操作）等操作。

② 自定义报警列 列：用于设置报警信息图中显示的内容。

（3）语音报警

语音报警在系统组态中设置，具体的设置方法可以参阅浙江中控相关的系统组态技术文件。在实时监控画面中可以对音量、混音数等进行设置。报警发声形式目前只支持混音模式，可设置最大混音数量，且最大数量为 10。语音报警的优先级按照：位号语音报警 > 分区语音报警 > 等级语音报警的类型排列。同一类型的报警按报警产生次序排列。

报警的语音在相关报警触发时产生，报警被确认以及报警消除均会导致该条语音的消除。但该条语音在播放完整后才会消失，除非是低优先级语音报警被高优先级语音报警抢断。

点击监控界面上的按钮，将导致当前报警产生的语音都消失，但新报警产生的语音仍会播放。

(4) 流程图动画报警

若在系统组态制作流程图时，设置了对象动画报警（如：显示/隐藏、闪烁等），则在流程图监控画面中，发生报警时，相应的对象产生动画，提醒操作员进行报警处理。

4）报表浏览打印操作

报表打印分报表自动实时打印和手动打印历史报表两种情况。

若要实现报表的实时打印，则可在监控画面中点击系统图标，在弹出的对话框中选中“报表后台打印”。

若要手动打印历史报表，可在监控画面中点击图标，弹出报表画面，如图 2－2－10 所示，在报表画面中选择需要打印的报表，点击“打印输出”按钮，即可打印指定的报表。

报表名称: PVCReport1　生成时间: 2005-06-15 14:06:48　打印输出　保　存

2005-06-15 14:04:48
2005-06-15 14:05:48
2005-06-15 14:06:48
2005-06-15 14:07:48
2005-06-15 14:08:48

	A	B	C	D	E	F	G	H	I	J
1						操作组1班报表				
2		年　月　日							备注	
3	时间	TI2401	TI2402	TI2403	TI2404	TI2405	TI2406	TI2407	TI2408	TI2409
4	14:05:54	76.30	199.80	149.40	133.38	174.45	199.90	155.65	109.01	140.03
5	14:06:00	81.94	199.90	155.79	126.20	169.23	199.75	149.25	101.48	142.63
6	14:06:06	87.50	199.46	161.90	118.82	163.61	199.07	142.56	93.96	144.87
7	14:06:12	93.04	198.43	167.61	111.40	157.60	197.80	135.62	86.44	146.73
8	14:06:18	98.49	196.87	172.99	103.88	151.30	195.99	128.49	79.07	148.16
9	14:06:24	103.77	194.72	177.92	96.36	144.71	193.65	121.17	71.74	149.19
10	14:06:30	108.90	192.08	182.41	88.84	137.82	190.72	113.74	64.61	149.78
11	14:06:36	113.84	188.91	186.42	81.41	130.74	187.30	106.27	57.68	149.92
12	14:06:42	118.57	185.20	189.93	74.04	123.51	183.44	98.75	50.98	149.67
13	14:06:48	123.04	181.00	192.96	66.86	116.14	179.04	91.23	44.54	149.01

图 2－2－10　历史报表浏览画面

5）趋势画面浏览操作

点击趋势图图标，进入趋势画面如图 2－2－11 所示。

(1) 点击趋势页标题，弹出选择菜单，可以选择将其中一个趋势图扩展，其他几个暂时不显示。

(2) 趋势画面中最多可显示 8＊4 个信号点的趋势曲线（每个趋势控件最多可显示 8 条曲线）。

(3) 点击趋势控件信息块中的位号名，去掉“√”，可使对应曲线不显示。

6）系统状态画面操作

系统状态画面用于显示控制站硬件和软件运行情况的远程诊断结果，以便及时、准确地掌握控制站运行状况。

在监控画面中点击系统状态图标中的故障诊断将显示故障诊断画面，如图 2－2－12 所示。

在控制站标题处显示为当前处于实时诊断状态的控制站，用户可单击此处切换当前实时诊断的控制站。

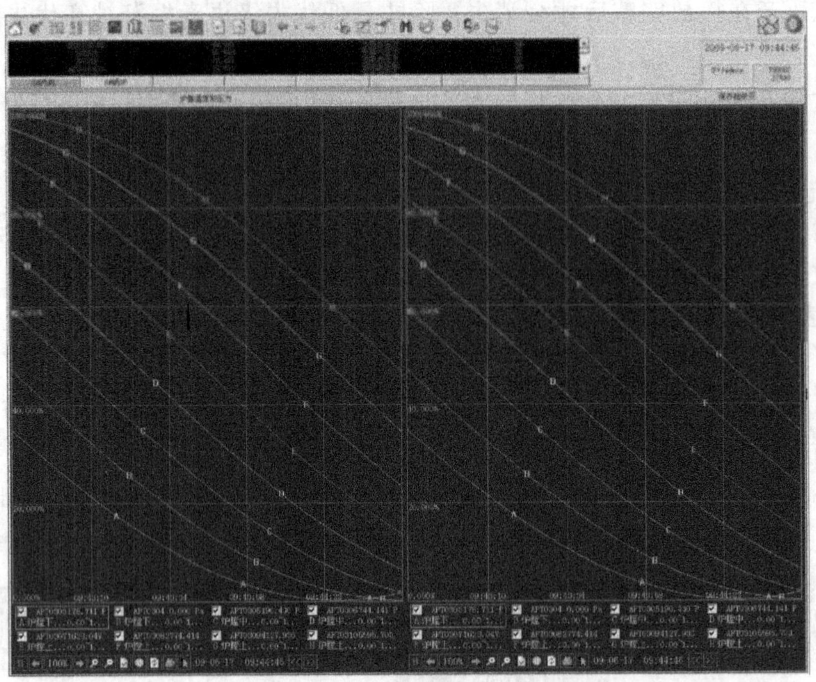

图 2－2－11　实时监控趋势画面

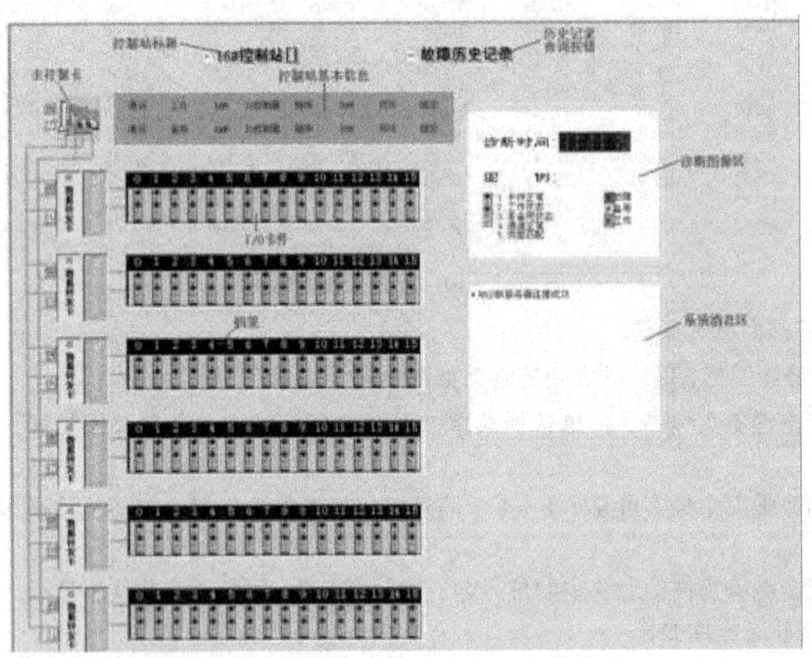

图 2－2－12　趋势图故障诊断画面

在控制站基本状态信息区如图 2－2－13 所示，内其显示当前处于实时诊断状态的控制站的基本信息，包括控制站的网络通信情况，工作/备用状态，主控制卡内部 RAM 存储器状态，I/O 控制器（数据转发卡）的工作情况，主控制卡内部 ROM 存储器状态，主控制卡时间状态，组态状态。绿色表示工作正常，红色表示存在错误，主控制卡为备用状态时，工作项显示为绿色备用。第二行表示冗余控制卡的基本信息，如组态未组冗余卡件，则该行为空。如图2－2－13则表示当前控制站未组冗余控制卡，当前为工作状态，RAM正常，I/O控制器正常，控制卡程序运行正常，ROM正常，时间正确，组态正确。

通讯	工作	RAM	IO控制器	程序	ROM	时间	组态

图2－2－13　控制站基本状态信息区

（1）主控制卡诊断

在故障诊断画面中可以直观地显示当前控制站中主控制卡的工作情况，控制卡左边标有该控制卡的IP号，绿色表示该控制卡处于工作状态，黄色表示该控制卡处于备用状态，红色表示该控制卡故障。单卡表示控制站内的控制卡单卡工作，双卡表示控制站内的控制卡冗余工作。

通过双击主控制卡图标可以查看主控卡的明细信息。明细信息包括：网络通信状况，主机工作状况，组态情况，RAM状态，回路状态，时钟状态，堆栈状态，两冗余主机协调情况，ROM状态，是否支持手动切换，时间状态，SCnet工作情况，I/O控制器状态。

（2）数据转发卡诊断

故障诊断画面中能直观显示当前控制站每个机笼中的数据转发卡的工作状态。左侧显示数据转发卡编号，绿色表示工作状态，黄色表示备用状态，红色表示出现故障无法正常工作。非冗余卡显示为单卡，冗余卡显示为双卡。双击数据转发卡图标可以获得该组卡件的明细信息，如图2－2－14所示。

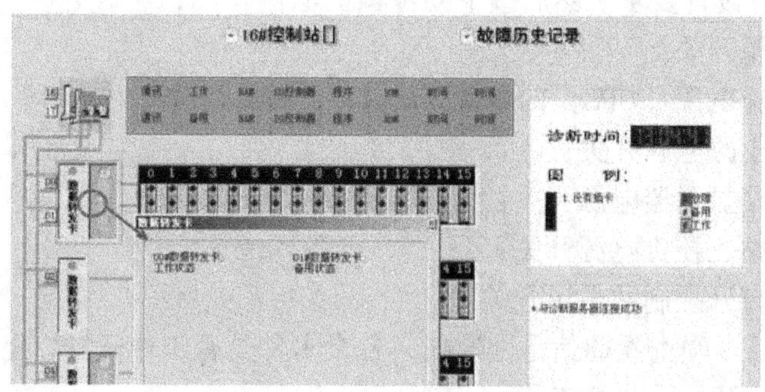

图2－2－14　数据转发卡诊断明细信息

图2－2－14表示00#数据转发卡内部运行正常，处于工作状态，01#数据转发卡内部运行正常，处于备用状态。

（3）I/O卡件诊断

机笼上标有I/O卡件在机笼中的编号0～15，“&”号表示互为冗余的两块I/O卡件。每个I/O卡件有五个指示灯，从上自下依次表示运行状态（红色闪烁表示卡件运行故障）、工作状态（亮表示卡件正处于工作状态）、备用状态（亮表示卡件正处于备用状态）通道状况（亮表示通道正常，暗表示通道出现故障）、类型匹配（亮表示卡件类型和组态一致，暗表示卡件类型不匹配）。五个指示灯全暗表示卡件数据通信中断。显示一个虚线的空槽位表示未插卡。双击I/O卡件可以获取卡件的明细信息。

（4）故障历史记录查询

点击“故障历史记录”按钮可以查看历史故障。在“历史故障记录”界面设置好起始时间、结束时间和控制站后，点击“显示记录”按钮执行查询操作。

记录每页显示 30 条，点击翻页按钮可执行翻页操作，点击“打印记录”按钮可以打印本次查询的故障记录。记录的类型大致可分为：控制站提示、I/O 故障、控制站系统故障、已清除等。

控制站提示是指不存在消除状态的提示类记录，如：控制站的启动方式、控制站工作状态的切换等。

I/O 故障是指具体的 I/O 卡件产生的故障，包括：型号不匹配、模块故障、变送器故障、各通信通道故障等。

系统故障是指包括主控制卡在内的整个控制系统的故障，包括：主控制卡的组态、时钟、堆栈故障；通信端口自检故障；内存数据自检出错；冗余双卡组态一致性；通信控制器软件版本检查；用户程序区错误、用户堆栈故障、SCL 语言程序运行状态；网络总线故障；ROM 自检故障；上电备用冗余卡数据拷贝故障；主机周期时间溢出故障；网络地址拨号故障；网络联结故障以及数据转发卡故障等。

2.2.4 任务实施：加热炉操作站监控下载、传送

下面，我们开始对加热炉控制系统进行上电、下载、传送等一系列操作。在系统上电前，必须确保系统地线、安全地线、屏蔽地线已联结好，并符合 DCS 的安装要求。必须确保 UPS 电源，控制站 220 V 交流电源，控制站 5V、24V 直流电源，操作站 220V 交流电源等均已联结好，并符合设计要求。然后按下列步骤上电：

（1）打开总电源开关；

（2）打开不间断电源（UPS）的电源开关；

（3）打开各个支路电源开关；

（4）打开操作站显示器电源开关；

（5）打开操作站工控机电源开关；

（6）最后逐个打开控制站电源开关。

完成上电工作后，须查看通信是否通畅，各个卡件是否工作正常，上位机的安装是否满足相关规范，然后，开始下载组态。

1. 下载

在工程师站上打开已经完成的组态文件，进行保存、编译，直到系统提示编译正确，就可以将数据下载到控制站。数据下载步骤如下：

选择［总体信息］/<组态下载>菜单项，或点击“下载”按钮，将打开组态下载对话框，如图 2－2－15 所示。

在对话框的上方有一个“主控制卡”的下拉选择菜单，菜单列表中显示了组态中已经设置的主控制卡。本项目中选择地址为 2 的主控制卡。

组态下载可有两种方式：下载所有组态信息和下载部分组态信息。如果用户对系统非常了解或为了某一明确的目的，可采用下载部分组态信息，否则请采用下载所有组态信息。本项目中选择下载所有组态信息。

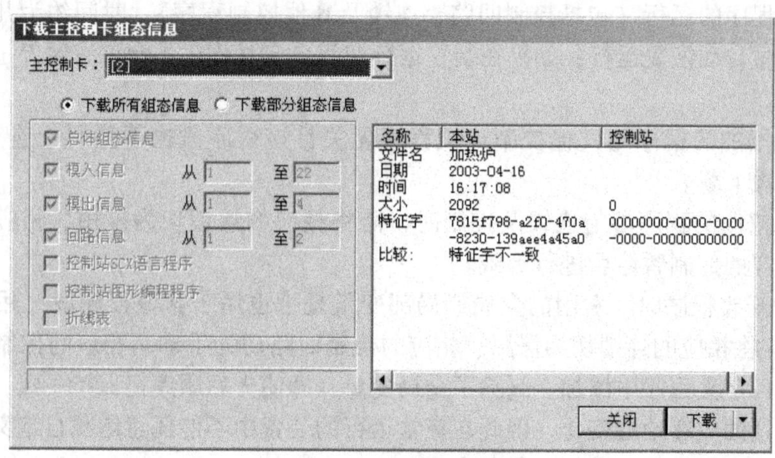

图2-2-15 组态下载对话框

信息显示区中“本站”一栏显示正要下载的文件信息，其中包括文件名、编译日期及时间、文件大小、特征字。“控制站”一栏则显示现控制站中的.SCC文件信息。由工程师来决定是否用本站内容去覆盖原控制站中内容。点击下载按钮，弹出一个提示框，提示现在下载的组态与控制站特征字不一致，点击确定，开始下载。

下载执行后，本站的内容覆盖了控制站原内容，此时，本站一栏中显示的文件信息与控制站一览显示的文件信息相同。点击“关闭”按钮，关闭对话框，组态下载完成。

在下载时如弹出提醒通信超时的对话框，则说明通信不畅，此时需检查通信线路。

组态下载用于将上位机上的组态内容编译后下载到控制站。在修改与控制站有关的组态信息（总体信息配置、I/O设置、常规控制方案组态、SCX语言、图形化组态程序等）后，需要重新下载组态信息；如果修改操作主机的组态信息（标准画面组态、流程图组态、报表组态等）则不需下载组态信息。

对于DCS的组态下载，一般的可以有“在线”和“离线”两种方式。对不影响控制数据结构与控制策略的小修改，如数据显示方法更改等，都允许“在线”修改并下载，这些下载过程可以在系统运行过程中实时进行，不影响工艺装置正常控制。一旦用户进行了更改系统控制站数据结构、系统定义、增删变量、更改控制程序等操作，控制站的变量在重新编译后其内存地址可能重排。下载组态后，可能会造成有些变量的状态发生扰动，所以在这种情况下下载，需要工艺装置停车或系统运行在不危险的场合中。

在线下载属于技术性要求很高的工作，必须非常熟悉系统特性的维护工程师才能实施。一般的，组态的修改和下载要遵循如下原则：

（1）当修改了I/O点量程、流程图、趋势曲线、数据一览、控制分组、总貌画面或报表等内容后只需重新进行编译，而不需要重新下载。即操作站组态修改只需重新编译而不需要重新下载。

（2）修改I/O点位号名称后，需要重新编译下载，如该位号不参与控制及连锁可在线下载，否则请将连锁与控制暂停（比如控制回路切为手动）后下载。

（3）修改自定义语言程序（包括SCX程序和Sccontrol图形化程序）后，需要重新编译下载；但要根据实际情况决定能否在线下载。

（4）当下载自定义语言程序（包括SCX程序和Sccontrol图形化程序）的时候，系统将暂时停止原来程序的运行（包括控制回路、连锁及其他控制程序），时间约为几秒，当下载结束后，新程序自动恢复运行；如果在装置运行期间自定义程序不允许有暂停过程，则必须在停车时下载。

（5）如果增加的程序与其他控制连锁程序无关且该程序段也不是用于连锁及控制时，编译后可以在线下载。

（6）如果修改的程序参与连锁及控制时，需将相应的连锁切为停用、相应的控制回路切为手动、相应的控制暂停后进行下载。

（7）增加修改程序时，引用的全局或局部变量是否也用于其他程序段（用于连锁或控制）；如果是应将相应的连锁切为停用、相应的控制回路切为手动、相应的控制暂停后进行下载。如果在自定义程序中添加、删除了全局变量，即使先后顺序仍保持一致，仍可能会引起其他全局变量的内存地址变化。因此在正常运行的装置中不能任意增减自定义程序当中的全局变量，必要时最好停车重新下载程序。

（8）增加自定义位号时应根据该自定义位号在自定义程序当中的作用而选择下载方式；删除、插入自定义位号时必须停车下载。

（9）常规控制回路增减后编译下载可能导致问题，尽量停车进行；常规回路组态时应按顺序连续往下组态，不要跳序号。自定义回路增减时不影响原有的其他回路信息。

（10）在增加、删除 I/O 卡件，增加、删除 I/O 点位号需要重新编译，并必须停车下载。建议在线增加卡件时，在最后一个机笼的最后槽位增加卡件；需要在线减少卡件时，组态中不要删除卡件的组态，在停车时进行删除卡件操作。最好在工程及大修过程中开车前，将每个卡件内的所有通道都组上位号，这样下次增减通道可以认为是位号名称以及信号类型的修改，不会引起地址映射不一一对应的问题。可实现在线下载。

（11）修改卡件类型（如果同属 AI 卡且修改前后该卡位点数相同）时可以在线下载。

2. 传送

组态传送用于将编译后的 .SCO 操作信息文件、.IDX 编译索引文件、.SCC 控制信息文件等通过网络从工程师站传送给操作站。组态传送步骤如下：

选择［总体信息］/<组态传送>菜单项，或点击“传送”按钮，打开组态传送对话框，如图 2－2－16 所示。

首先，需要选择目的操作站，即指定向哪一个操作站传送组态信息。“直接重启动”复选框选中时，在远程运行的 AdvanTrol 监控软件在传送结束后，将自动重载组态文件，该组态文件就是传送过去的文件；以<启动操作小组选择>选择的操作小组直接运行。若未选择此复选框，则 AdvanTrol 重载组态文件后，弹出对话框要求操作人员选择操作小组。

信息显示区中，“远程”为将被传送文件传送给目的操作站。此栏显示目的操作站中的 IDX 文件信息，其中包括文件名、编译日期及时间、文件大小。“本地”为本地工程师站上文件信息。由工程师来决定是否用本地内容去覆盖原目的操作站中内容。如果用户所修改的内容影响某操作小组，该操作小组所对应的 .SCO 文件的特征字会自动改变，因此通过比较特征字的方法可知工程师站上的文件和操作站上的文件是否一致。

点击“传送”按钮，开始组态传送。组态传送完毕点击“关闭”按钮，关闭对话框，组态传送结束。

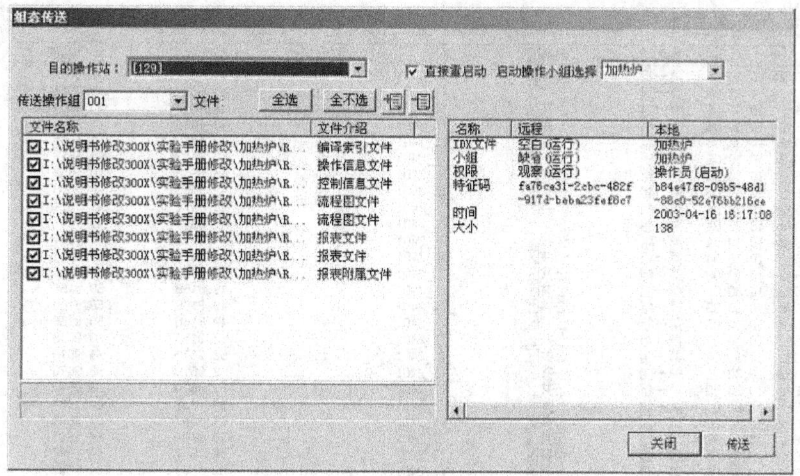

图2－2－16 组态传送对话框

2.2.5 知识进阶：系统监控管理功能

在成功地完成了系统的下载和传送以后，我们来进一步熟悉系统的监控系统管理操作。系统管理操作主要用于实现操作站的各项岗位管理工作。

1. 用户登录

点击用户登录图标，在弹出的对话框中可进行重新登录、切换到观察状态及选项设置等操作，如图2－2－17所示。点击“选项”按钮可设置监控启动时的登录用户及何种权限以上的用户可以切换到观察状态。

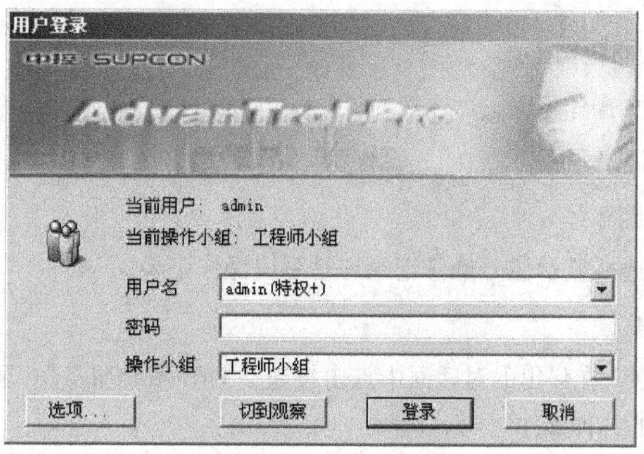

图2－2－17 登录对话框

2. 操作记录一览

点击操作记录一览图标，将弹出日志记录一览画面，如图2－2－18所示，其中显示了各项管理功能。

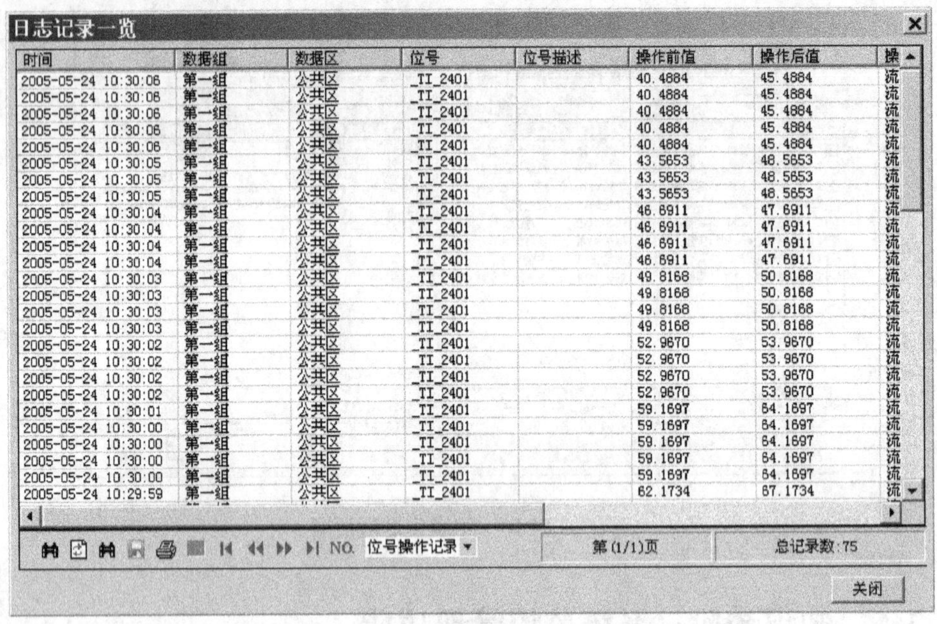

时间	数据组	数据区	位号	位号描述	操作前值	操作后值	操
2005-05-24 10:30:06	第一组	公共区	_TI_2401		40.4884	45.4884	流
2005-05-24 10:30:06	第一组	公共区	_TI_2401		40.4884	45.4884	流
2005-05-24 10:30:06	第一组	公共区	_TI_2401		40.4884	45.4884	流
2005-05-24 10:30:06	第一组	公共区	_TI_2401		40.4884	45.4884	流
2005-05-24 10:30:06	第一组	公共区	_TI_2401		40.4884	45.4884	流
2005-05-24 10:30:05	第一组	公共区	_TI_2401		43.5653	48.5653	流
2005-05-24 10:30:05	第一组	公共区	_TI_2401		43.5653	48.5653	流
2005-05-24 10:30:05	第一组	公共区	_TI_2401		43.5653	48.5653	流
2005-05-24 10:30:04	第一组	公共区	_TI_2401		46.6911	47.6911	流
2005-05-24 10:30:04	第一组	公共区	_TI_2401		46.6911	47.6911	流
2005-05-24 10:30:04	第一组	公共区	_TI_2401		46.6911	47.6911	流
2005-05-24 10:30:04	第一组	公共区	_TI_2401		46.6911	47.6911	流
2005-05-24 10:30:03	第一组	公共区	_TI_2401		49.8168	50.8168	流
2005-05-24 10:30:03	第一组	公共区	_TI_2401		49.8168	50.8168	流
2005-05-24 10:30:03	第一组	公共区	_TI_2401		49.8168	50.8168	流
2005-05-24 10:30:03	第一组	公共区	_TI_2401		49.8168	50.8168	流
2005-05-24 10:30:02	第一组	公共区	_TI_2401		52.9670	53.9670	流
2005-05-24 10:30:02	第一组	公共区	_TI_2401		52.9670	53.9670	流
2005-05-24 10:30:02	第一组	公共区	_TI_2401		52.9670	53.9670	流
2005-05-24 10:30:02	第一组	公共区	_TI_2401		52.9670	53.9670	流
2005-05-24 10:30:01	第一组	公共区	_TI_2401		59.1697	64.1697	流
2005-05-24 10:30:00	第一组	公共区	_TI_2401		59.1697	64.1697	流
2005-05-24 10:30:00	第一组	公共区	_TI_2401		59.1697	64.1697	流
2005-05-24 10:30:00	第一组	公共区	_TI_2401		59.1697	64.1697	流
2005-05-24 10:30:00	第一组	公共区	_TI_2401		59.1697	64.1697	流
2005-05-24 10:29:59	第一组	公共区	_TI_2401		62.1734	67.1734	流

图 2-2-18　操作记录一览画面

按钮：按条件查找操作记录。

按钮：刷新操作记录。

按钮：查找最近的一组操作记录。

按钮：导出查询结果到备份文件中。

按钮：设置需要打印的记录范围，并将其打印出来。

按钮：显示操作记录首页。

按钮：显示前一页操作记录。

按钮：显示后一页操作记录。

按钮：显示操作记录尾页。

NO.：显示/隐藏序号。

位号操作记录▼：选择显示位号操作记录还是系统操作记录。

3. 系统服务功能

点击系统图标，在弹出的对话框中点击按钮“打开系统服务”，可进行如图 2-2-19 和图 2-2-20 所示的各种操作。

1）系统环境

用于查看监控系统的部分运行环境信息，如图 2-2-21 所示。

2）实时浏览

可浏览各个数据组位号、事件、任务的组态信息和实时信息。可以进行位号赋值，设置位号读写开关、位号报警使能开关等。

3）趋势记录

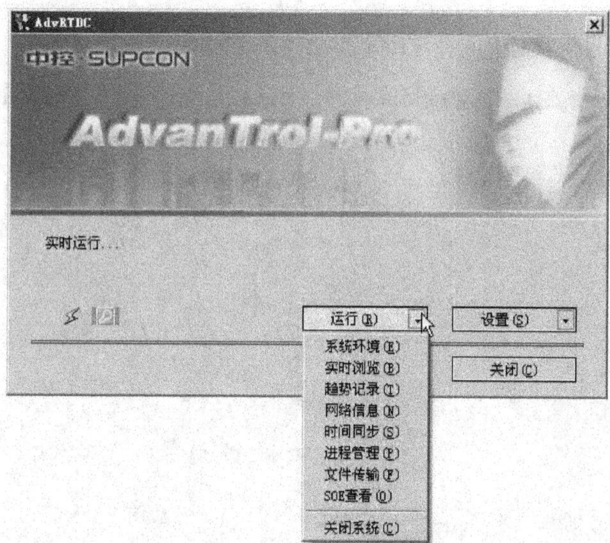

图2－2－19　运行菜单项

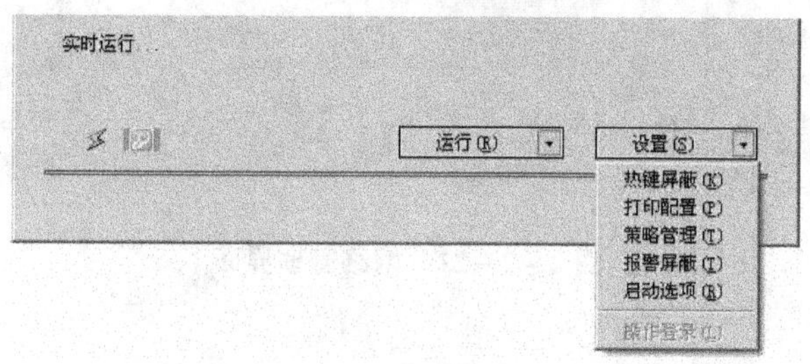

图2－2－20　系统服务操作对话框

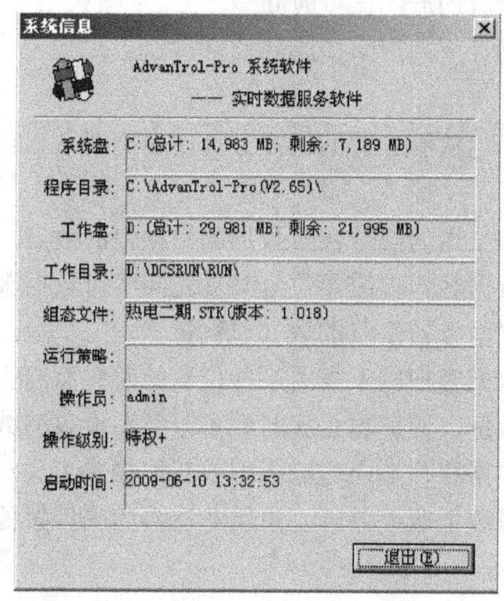

图2－2－21　查看系统信息

用于查看趋势记录运行信息。在趋势记录运行信息界面中点击“组态信息”按钮可查看趋势位号组态信息列表。

4）网络信息

用于显示操作网网络管理信息。如图 2－2－22 所示。

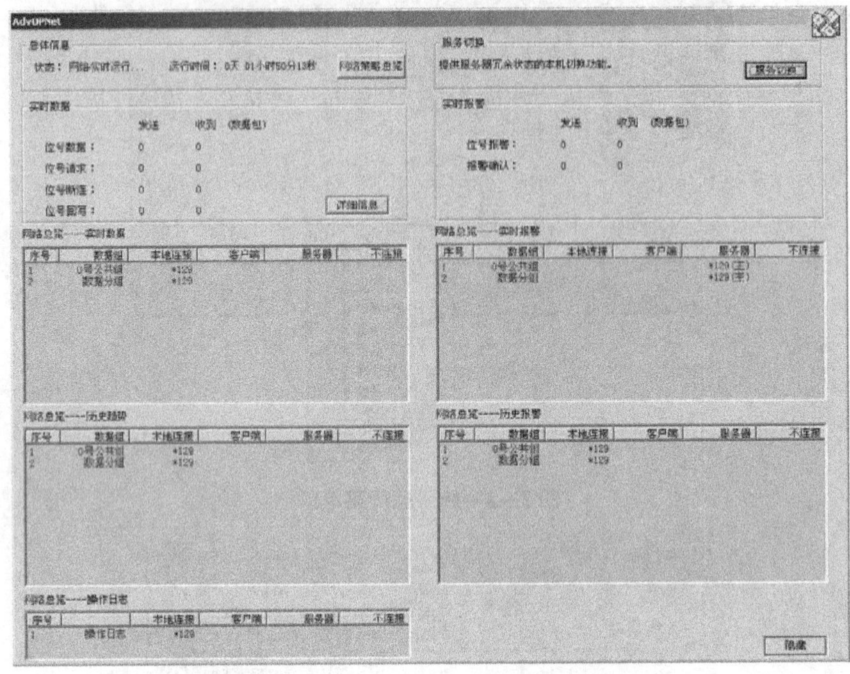

图 2－2－22　网络管理界面

（1）总体信息

状态：表明当前本站在操作网的运行状态。

运行时间：显示操作网启动后的运行时间。

网络策略总览：用于查看全网网络策略的信息。

（2）服务切换

服务切换功能用于实现主从服务器的切换，且切换周期在 2 秒以内。

（3）实时数据

位号数据：显示接收和发送的位号实时数据的数据包的数量。

位号请求：显示实时数据客户端需要位号时首先向实时数据服务器申请而发送的数据包的数量，同样也是实时数据服务器接收的数据包数量。

位号断连：显示实时数据客户端不需要某些位号的时候而向实时数据服务器发送的终止这些位号联结的数据包的数量，同样也是实时数据服务器接收的数据包数量。

位号回写：显示实时数据客户端通过流程图或其他相关工具对位号进行置值的数据包的数量，这些置值是置向实时数据服务器的，由服务器再向硬件置值，同样也是实时数据服务器接收的置值数据包的数量。

（4）实时报警

位号报警：显示发送和接收的报警的数据包的数量。

报警确认：显示发送和接收报警确认的数据包的数量。

（5）网络总览——实时数据

实时数据是指各个位号的实时数据通过操作网进行传输，通过这种服务可以非常简便地将一些异构数据接入到本控制系统中进行监控。实时数据也包括数据的回写，回写意为从客户端写值到服务器，服务器再写到控制站或者其他异构数据源。

（6）网络总览——实时报警

实时报警是指位号的报警状态和产生时间由主服务器在操作网上进行广播或点对点的发送。实时报警也包括报警确认和报警使能的传送。

（7）网络总览——历史趋势

记录的趋势通过操作网从客户端向主服务器查询。

（8）网络总览——历史报警

记录的报警通过操作网从客户端向主服务器查询。

（9）网络总览——操作日志

操作记录通过操作网从客户端向主服务器查询。

5）时间同步

时间同步功能用于实现DCS系统中操作站节点和控制站的时间同步，同步精度达到毫秒级。操作站节点之间的时间同步可选择操作网、控制网或自定义网实现；控制站与系统的时间同步通过控制网与时间同步服务器的联结来实现。

配置时间同步功能，可以同步DCS系统中各站间的时间。对于实时数据的显示、历史数据的记录、系统内各操作、事件发生的先后顺序等关系到时间的功能，通过时间同步可以确保有统一的时间基准，增强了DCS系统的控制性能以及对故障的分析功能。

6）进程管理

“进程管理”用于显示后台服务的信息，包括启动时间、最后检测时间和进程刷新时间。

（1）后台服务信息：显示系统中必须的服务进程运行信息。

（2）启动时间：显示进程启动的时间。

（3）最后检测时间：进程管理程序主动检测到对应后台服务程序的正常运行的时刻。

（4）进程刷新时间：显示后台服务程序正常运行时刷新进程管理程序的时间。

7）文件传输

文件传输运行在操作网的后台传输文件服务器，采取TCP/IP点对点的通信方式，为监控软件中的组态传送、历史数据冗余等功能服务。

8）关闭系统

点击“关闭系统”按钮后将弹出退出系统对话框，输入用户密码后，即可退出监控系统。

9）热键屏蔽

用于设置系统热键的屏蔽功能。退出系统后，设置失效。系统热键屏蔽设置如图2－2－23所示。

10）打印配置

用于设置各种打印机。

（1）报表打印机专用于打印报表。报表可能采用较大的打印纸张，建议采用宽行打印机。

（2）趋势打印机专用于打印趋势图。为较好地区分同一趋势图内的不同曲线，建议使用彩色打印机。

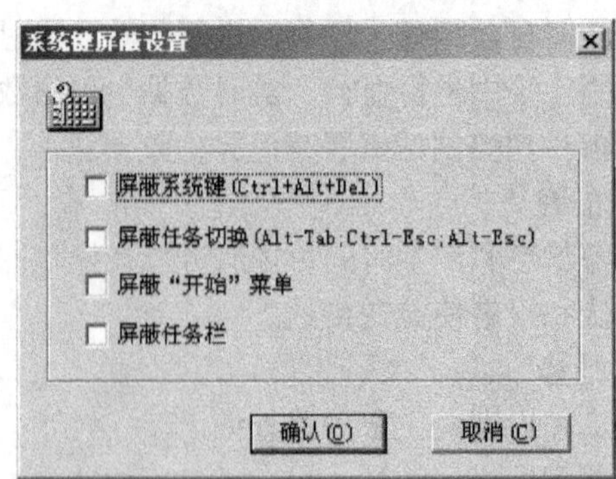

图 2-2-23 系统热键屏蔽对话框

(3) 屏幕拷贝打印机专用于打印屏幕拷贝图。为使屏幕拷贝图有较高的清晰度，建议使用高分辨率的彩色打印机。

(4) 逐行打印机专用于数据实时逐行打印。逐行打印必须采用逐行打印机，并且必须独占该打印机。

11) 策略管理

用于查看当前运行策略或编辑修改本地策略。

12) 报警屏蔽

用于屏蔽某个或某些数据分组分区的报警位号，使其不显示在报警画面中，但会被记录在操作记录中。

13) 启动选项

用于设置仿真运行和开机自动运行功能的对话框。

14) 操作登录

用于启动用户登录界面（该菜单项在监控启动的时候显示为灰色，只有当单独启动数据服务时该菜单项才有效）。

4. 查询操作

查找 I/O 位号按钮 用于在监控软件中快速查找 I/O 位号。点击此图标，弹出查找 I/O 位号对话框，如图 2-2-24 所示。

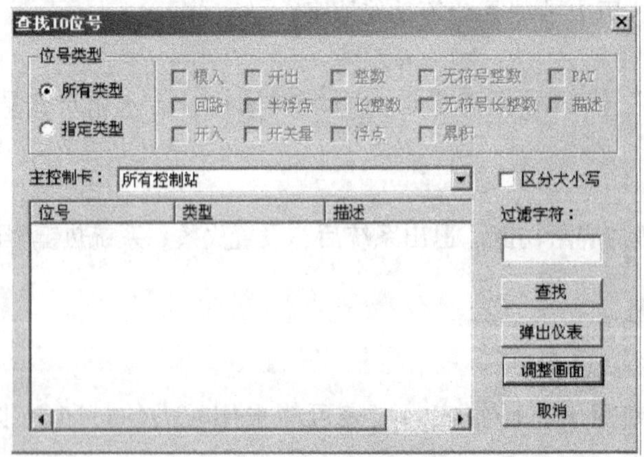

图 2-2-24 查找 I/O 位号对话框

(1) 位号类型：包括所有类型和指定类型的查找方式。

所有类型：在所有位号类型中查找。指定类型：选择所需的位号类型进行查找。

（2）主控制卡：罗列了系统中所有的主控制卡的信息，以供选择。

（3）区分大小写：用于设置位号查询时是否需要区分大小写。

（4）过滤字符：输入位号的某个字符，点击“查找”按钮，则位号列表区将显示包含该字符的所有位号。

（5）弹出仪表：在位号列表区中选中一个位号，点击“弹出仪表”按钮，则弹出该位号的仪表。在位号列表区直接双击某个位号也可弹出该位号的仪表。

（6）调整画面：在位号列表区中选中某个位号，点击“调整画面”按钮，则进入该位号的调整画面。

（7）查找：根据所设置的条件执行位号查找。

5. 操作员键盘

浙江中控 DCS 系统的实时监控软件支持功能强大的操作员键盘，如图 2－2－25 所示。

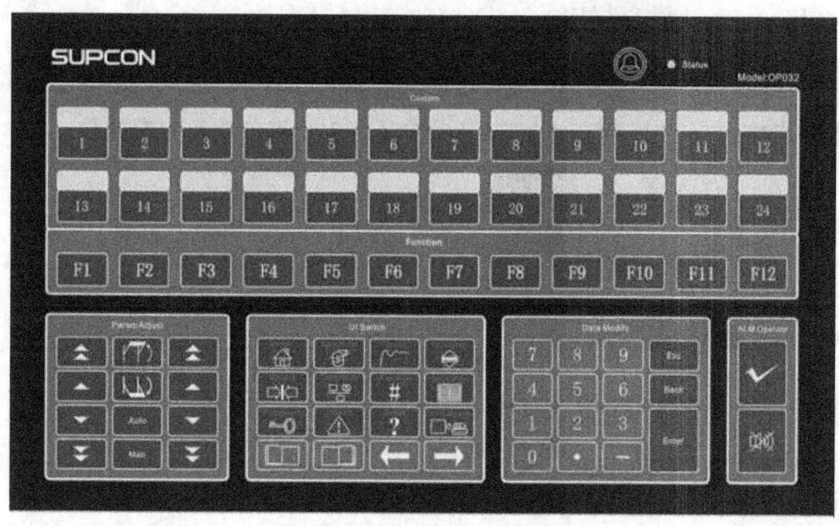

图 2－2－25　操作员键盘

操作员键盘共有 81 个按键，分为 6 个区域，分别是：自定义区（Custom），有 24 个键；功能键区（F1～F12），有 12 个键；参数调整区（Para Adjust），有 12 个键，其中 4 个是冗余配置的；画面切换区（UISwitch），有 16 个键；数字输入区（Data Modify），有 15 个键；报警操作区（ALMOperate），有 2 个键。操作员键盘各键功能介绍如下：

（1）自定义区（Custom）

自定义区有 24 个键，用户可自行定义其功能。

按键上面的数字表示按键在键盘面板上的顺序，上半部分白色的区域是给用户标记此按键具体的功能或名称的地方，关于自定义键的标记请参考系统技术文件，在此不再赘述。

（2）功能键区（F1～F12）

功能键区有 12 个键。实时监控画面中，进入控制分组画面后，点击功能键 F1～F8 可以分别选中对应的 8 个内部仪表，F9～F12 保留。

（3）数字输入区（Data Modify）

数字输入区与标准键盘的数字输入键功能相同。

(4) 参数调整区 (Para Adjust)

参数调整区有 12 个键，其中 4 个是冗余配置的，用于实现参数设置功能。

快增　快减　增加　减小

开关上　开关下　自动　手动

(5) 画面切换区 (UI Switch)

画面切换区有 16 个键，可快捷实现画面切换。

系统介绍　调整画面　口令　后翻

流程图画面　故障诊断画面　报警一览画面　前翻

趋势图画面　总貌画面　操作指导画面 (保留接口)

左移　右移

分组画面　数据一览画面　屏幕打印

(6) 报警操作区 (ALM Operate) 报警操作区有 2 个键，执行报警操作

报警确认　报警消音

2.2.6 问题讨论

1. 快速编译和全体编译有什么区别?
2. 如何对编译通过的组态文件进行备份?
3. 修改了某个信号点的量程之后，是否需要下载?
4. 什么时候需要进行组态传送操作?
5. JX-300XP 系统共有几类画面? 共分几类权限?
6. 如果工艺需要查看 1 小时前或更早的趋势，该如何操作呢?

任务 2.3 DCS 系统维护

2.3.1 任务目标

控制系统是由系统软件、硬件、现场仪表等组成的，任一环节出现问题，均会导致系统部分功能失效或引发控制系统故障，严重时会导致生产停车。因此，要把构成控制系统的所有设备看成一个整体，进行全面维护管理。

由于具有大量的冗余设计，所以 DCS 系统能够正常工作并不表示 DCS 系统无故障，有

可能存在冗余部件或冗余功能失效即冗余耗尽的问题。为此应加深对DCS原理、功能的理解，定期巡检、及时处理系统的小故障，确保系统具有各项功能稳定可靠。

系统的维护包括硬件维护和软件维护，本节主要介绍硬件维护方面的知识。硬件维护又分为日常运行维护、故障维护和大修期间的维护三种，在本任务中，我们将逐一学习。

2.3.2 任务分析

DCS系统检修和运行维护的目的，就是为了采用正确的方法和手段，确保分散控制系统处于完好、准确、可靠状态，从而满足生产过程正常运转的需要。

DCS系统检修的主要内容包括系统停运前各部件状态检查，并做好记录，以便停运后针对性地进行检修；系统停运后要对系统各部件进行外观检查等一般性检查，对系统控制装置、卡件等硬件设备按反映技术指标所必须的项目进行测试或检验，以校验各硬件设备技术特性满足相关要求；对系统软件及应用软件进行逻辑检查及功能试验，以确保软件功能的完整性，并满足生产工艺流程的要求；从而保证分散控制系统安全可靠运行。

DCS系统运行维护的主要内容包括系统在投运前应做好必要项目的检查，检查合格且一切准备就绪后系统上电，按照相关步骤启动系统，并检查验收系统各部件正常或满足相关技术要求后，系统投入在线运行。系统正常运行时，为确保系统处于完好、准确、可靠状态，要进行必要的日常与定期维护工作，即每日一次设备巡检，记录系统各部分的工作状况，发现异常问题及时查明原因解决处理，定期进行有关内容是否符合技术指标质量要求的试验和检查，并根据控制系统的运行工况决定控制系统设备的投入与退出。

2.3.3 相关知识：DCS系统维护的内容

针对前面所提到是日常运行维护、故障维护和大修期间的维护等维护项目，我们来学习系统规范中所要求做到的维护内容。

1. 日常维护

1）中控室管理应加强中控室人员和设备管理。为保证系统运行在适当条件，请遵守以下各项规定：

（1）密封所有可能引入灰尘、潮气鼠害或其他有害昆虫的走线孔（坑）等；

（2）保证空调设备稳定运行，保证室温变化小于±5℃/h，避免由于温度、湿度急剧变化导致在系统设备上的凝露；

（3）避免在控制室内使用无线电或移动通信设备，避免系统受电磁场和无线电频率干扰；

（4）中控室内H_2S小于10ppb，SO_2小于50ppb，Cl_2小于1ppb。

2）操作站硬件管理

操作站硬件管理应遵守以下各项约定：

（1）文明操作，爱护设备，保持清洁，防灰防水；

（2）严禁擅自改装、拆装机器；

（3）键盘与鼠标操作须用力恰当，轻拿轻放，避免尖锐物刮伤表面；

（4）尽量避免电磁场对显示器的干扰，避免移动运行中的工控机、显示器等，避免拉动或碰伤设备联结电缆和通信电缆等；

（5）显示器应远离热源，保证显示器通风口不被其他物品挡住；

（6）在进行显示器联结或拆除前，请确认计算机电源开关处于“关”状态。此操作疏忽可能引起严重的人员伤害和计算机设备的损坏；

（7）定期用湿海绵清洗显示器，不要用酒精和氨水清洗。

（8）严禁在已上电情况下进行联结、拆除或移动操作站主机。此操作疏忽可能引起严重的人员伤害和计算机设备的损坏；

（9）操作站主机电源接地线应与系统的工作地相连，减少干扰；

（10）操作站主机的滤网要经常清洗，一般周期为 4 ~ 5 天；

（11）主机机箱背面的电压选择开关切勿拨动，否则会烧坏主板。

3）操作站软件管理

操作站软件管理应遵守以下各项约定：

（1）严禁使用非正版 Windows 软件（非正版 Windows 软件指随机赠送的 OEM 版和其他盗版）；

（2）操作人员严禁退出实时监控；

（3）操作人员严禁任意修改计算机系统的配置设置，严禁任意增加、删除或移动硬盘上的文件和目录；

（4）系统维护人员应谨慎使用外来软盘或光盘等，防止病毒侵入；

（5）严禁在实时监控操作平台进行不必要的多任务操作；

（6）系统维护人员应做好控制子目录文件的备份，各自控回路的 PID 参数，调节器正反作用等系统数据记录工作；

（7）系统维护人员对系统参数作出必要修改后，应及时做好记录工作。

4）操作站检查

（1）主机、显示器、鼠标、键盘等硬件是否完好；

（2）实时监控工作是否正常，包括数据刷新、各功能画面的（鼠标和键盘）操作是否正常；

（3）查看故障诊断画面，是否有故障提示。

5）控制站管理

（1）严禁擅自改装、拆装系统部件；

（2）不得拉动机笼接线；

（3）不得拉动接地线；

（4）避免拉动或碰伤供电线路；

（5）锁好柜门；

（6）定期（4 ~ 5 天）清扫控制站风扇滤网。

6）控制站检查

（1）卡件是否工作正常，有无故障显示（FAIL 灯亮）；

（2）直流电源模块是否工作正常；

（3）接地线联结是否牢固。

7）通信网络管理

（1）不得拉动或碰伤通信电缆；

（2）系统上电后，通信线接头不能与机柜等导电体相碰，互为冗余的通信线、通信接头不能碰在一起，以免烧坏通信网卡。

8）备件（卡件）管理

（1）备用卡件存放应满足的要求为：各种卡件必须用防静电袋包装后存放，卡件存贮室的温度、湿度应满足制造商要求，存取卡件时应采取防静电措施，禁止任何时候用手触摸电路板；

（2）定期对备用卡件进行检查，检查内容包括：表面清洁干净，目视检查无异常；上电检查指示灯正常；输入输出通道工作正常；

（3）投用时，应对卡件地址和其他跳线设置正确。

2. 预防维护

在工艺生产允许前提下，每年至少应进行一次预防性的维护，以掌握系统运行状态，消除故障隐患。预防维护内容包括卡件检查、通信网络检查、供电检查、接地检查等。

1）卡件检查

（1）卡件冗余检查：通过带电插拔互为冗余的卡件，检查冗余是否正常。

主控卡：互为冗余的两块主控卡应可以分别切为工作状态，并实现各项数据采集控制输出功能。通过查看操作站监控流程图、故障诊断画面、查看机笼 I/O 卡件故障灯状态，可以判断工作的主控卡是否正常工作。

数据转发卡：互为冗余的数据转发卡应可以分别切为工作状态，并实现 I/O 卡与主控卡之间通信。通过查看操作站监控流程图、故障诊断画面、查看机笼 I/O 卡件故障灯状态，可以判断工作的数据转发卡是否正常工作。

冗余 I/O 卡件：互为冗余 I/O 卡件应可以分别切为工作状态，并实现组态设定的数据采集或控制输出功能。

（2）卡件通道检查

AI/DI 卡：通过信号线外加信号，同时查看操作站监控流程图、故障诊断画面、查看机笼 I/O 卡件故障灯状态，可以判断工作的 AI/DI 卡是否正常工作。

AO/DO 卡：通过调整输出指令，并在对应的 I/O 端子上采用万用表测量等方法，同时查看操作站监控流程图、故障诊断画面、查看机笼 I/O 卡件故障灯状态，可以判断工作的 AO/DO 卡是否正常工作。

2）通信网络检修

（1）系统退出运行后，检查通信电缆应无破损、断线，绝缘应符合要求；所有联结接头应紧固无异常，保证接触良好；端子接线应正确牢固，各接插件接插应锁紧并接触良好；检修后的通信电缆应绑扎好。

（2）检查光缆联结头固定螺丝应拧紧无松动，光缆布线应无弯折，并绑扎固定良好。

（3）检查通信电缆现场安装部分，通信电缆走线应与电源电缆走线分开，并使用金属保护套管，金属保护套管应有并良好接地。

（4）检查通信冗余状况，通过分别带电断开一路通信线接头，交换机电源，检查操作站数据刷新、操作输出是否正确。

3）信号线路检修

（1）使用符合标准的摇表检查信号线绝缘情况，测试绝缘前，应将被测电缆与控制设备分开，以免损坏控制设备。

（2）紧固接线，同时对接线混乱部位进行整理，整理后要核对接线的正确性，必要时进行试验。

4）供电检查

（1）供电系统冗余检查对于冗余供电系统，可人为切断任一路供电电源，此时控制系统应正常工作，数据不得丢失，无出错报警。

（2）UPS 测试：通过断开 UPS 交流进线，测试 UPS 电池供电能力。UPS 电池应定期放电，一般建议每月一次，放电方法：断开 UPS 交流供电采用电池供电，至电池即将释放完为止。

5）接地检查

（1）DCS 的机柜外壳不允许直接与建筑物钢筋相连，保护接地、工作接地等应分别接到机柜内的接地铜条上。

（2）地线与地极联结点应采用焊接方式，焊接点无断裂、虚焊、腐蚀；机柜间地线可采用螺栓固定方式，要求垫片、螺栓紧固，无锈蚀。

（3）接地地极无松动，接地电阻应符合要求。

（4）输入输出信号屏蔽线应符合单端接地要求。

3. 故障维护

发现故障现象后，系统维护人员首先要找出故障原因，进行正确的处理。

1）操作站故障

（1）实时监控中，过快地翻页或开辟其他窗口，可能引发 Windows 系统保护性关闭运行程序，而退出实时监控，维护人员应首先关闭其他应用程序，然后双击实时监控图标，重新进入实时监控。

（2）由于静电积聚，操作员键盘可能亮红灯，这种现象不会影响正常操作，此时应检查键盘接地，确保接地正常。

（3）操作站硬件故障：包括显示器、工控主机等。显示器故障与显卡故障要区分开，若显示器显示不正常，通过更换显示器可以判断是否为故障，即：若更换显示器后显示正常，则可以确认为显示器故障，否则可能为显卡故障或主机其他部件故障。主机故障，主机故障包括：硬盘、主板、内存条、显卡、声卡等硬件故障，一般必须由供应商提供备件后才能解决，更换硬件时应首先关断主机电源。

（4）Windows 操作系统、相关硬件驱动程序、DCS 系统软件等软件故障，由于所有的软件在主机硬盘、光盘上都有备份，经过培训的维护工程师应根据具体故障原因维护。

（5）由于主机故障可能引起组态、程序、控制参数等工程文件数据丢失，故应在外部存储设备上做好这些工程文件数据的备份。

2）控制站故障

（1）控制站系统卡件故障：通过观察卡件指示灯和查看故障诊断画面，可确认主控卡和数据转发卡等系统卡件故障。主控卡、数据转发卡等系统卡件出现故障后要及时换上备用卡，并及时与浙江中控取得联系。卡件经维修或更换后，必须检查并确认其属性设置，如卡件的地址、冗余等跳线设置。

（2）控制站I/O卡件故障：确认卡件出现故障后要及时换上备用卡，并及时与浙江中控取得联系。在进行系统维护时，如果接触到系统组成部件上的集成元器件、焊点，极有可能产生静电损害，静电损害包括卡件损坏、性能变差和使用寿命缩短等。

（3）为了避免操作过程中由于静电引入而造成损害，所有拔下的或备用的I/O卡件应包装在防静电袋中，严禁随意堆放。

（4）插拔卡件之前，须作好防静电措施，如带上接地良好的防静电手腕，或进行适当的人体放电。

（5）避免碰到卡件上的元器件或焊点等。卡件经维修或更换后，必须检查并确认其属性设置，如卡件的配电、冗余等跳线设置。

（6）控制站电源故障：控制站电源故障包括5 V、24 V指示灯显示不正常、电源输出电压不正常、冷却风扇工作不正常等，一般采用更换电源部件、返修的措施解决。经系统培训的维护工程师可以在不影响系统工作的前提下带电维修电源箱，但强烈建议在系统停车检修期间停电维修。

3）通信网络故障

（1）通信接头接触不良会引起通信故障，确认通信接头接触不良后，可以利用专用工具重做接头。

（2）由于通信单元有地址拨号，通信维护时，网卡、主控卡、数据转发卡的安装位置不能变动；更换网卡、主控卡、数据转发卡时应注意卡件地址与原有卡件保持一致。

（3）通信线破损应及时予以更换。

（4）合理绑扎通信线，避免由于通信线缆重量垂挂引起接触不良。

4）现场设备故障

检修现场控制设备之前必须征得中控室操作人员的允许。检修结束后，要及时通知中控人员，并进行检验。操作人员应将自控回路切为手动，阀门维修时，应起用旁路阀。

4. 大修期间维护

1）大修维护内容

大修期间对DCS系统应进行彻底的维护，内容包括：

（1）对控制系统进行全面检查，作好记录。

（2）备份系统组态，核实部件的标志和地址。

（3）操作站、控制站停电吹扫检修。包括工控机内部，控制站机笼、电源箱等部件的灰尘清理。清理盘柜防尘滤网。

（4）系统供电线路检修。包括分电箱、端子排、继电器、安全栅等。确保各部件工作正常、线路可靠联结。

（5）接地系统检查，电源性能测试，线路绝缘测试。

(6) 检查、紧固控制站机柜内接线及固定螺丝。

(7) 对控制站机柜进行防尘、密封处理，更换冷却风机。

(8) 消除运行中无法处理的缺陷，恢复和完善各种标志。

(9) 硬件设备功能试验，组态软件装载及检查。

(10) 测量卡件校验，现场设备检修。

(11) 保护连锁试验。

(12) 电缆、管路及其附件检查、更换。

(13) 接地系统检修。包括端子检查、对地电阻测试。

(14) 通信线路联结线、联结点检查，确保各部件工作正常、线路可靠联结。做好双重化网络线的标记。

(15) 现场设备检修。具体做法请参照有关设备说明书。

2) DCS 停运前准备工作

(1) 对系统的运行状况进行仔细检查，并做好异常情况记录，以便有针对性地进行检修。

(2) 检查中控室温度和湿度，应符合有关规范要求；检查现场总线和远程 I/O 机柜的环境条件；检查冷却风扇的运转情况，记录有问题的冷却风扇。

(3) 检查系统供电电压和 UPS 供电电压及控制站机柜内直流电源电压、各类打印记录、部件状态指示和出错信息、各操作员站和服务器站的运行状况、通信网络的运行状况等。

(4) 做好软件和数据的完全备份工作，做好系统设置参数的记录工作。

(5) 检查系统报警记录，是否存在系统异常记录，如冗余失去、异常切换、重要信号丢失、数据溢出、总线频繁切换等。启动故障诊断软件，记录系统诊断结果，检查是否有异常。

(6) 检查系统运行日志，对异常记录重点关注，并检查日常维护记录，记录需要停机检修项目。

3) 系统断电步骤

(1) 每个操作站依次退出实时监控及操作系统后，关操作站主机及显示器电源；

(2) 逐个关控制站电源箱电源；

(3) 关闭各个支路电源开关；

(4) 关闭不间断电源（UPS）电源开关；

(5) 关闭总电源开关。

4) 大修后系统上电

大修后系统维护负责人必须确认条件具备方可上电，并应严格遵照上电步骤进行。

(1) 控制站上电步骤

① 稳压电源输出检查；

② 电源箱依次上电检查；

③ 机笼配电检查；

④ 卡件冗余测试：通过带电插拔互为冗余的卡件，检查冗余是否正常；

⑤ 通信冗余测试：通过带电断开通信线接头，检查操作站数据刷新、操作输出是否正确。具体操作为：

a. 断开 2#通信线，维持 1#通信线，通过 PING 命令或故障诊断软件测试检查 1#通信网络是否正常。

b. 断开1#通信线，维持2#通信线，通过PING命令或故障诊断软件测试检查2#通信网络是否正常。

（2）操作站上电步骤

① 计算机自检通过；

② 文件管理，确认WINDOWS2000/XP系统软件、路径正确；

③ 硬盘剩余空间无较大变化，并通过磁盘表面测试。

a. 常规控制回路参数重新整定及投运：常规回路的参数包括控制器的PID参数和回路的正反作用设置。在系统停车之后重新投运控制回路，最好的办法是将各个回路过去已经成功整定过的PID参数做好记录，在重新投运时再次输入。对于回路的正反作用设置，在投运时可以不用考虑调节阀的气开和气关形式，一律把调节阀当作气开阀看待，因为系统已经在对模拟量输出点组态时做了相应的设置。

b. 复杂回路投运：复杂回路是指除常规回路之外的各种控制回路。复杂回路的投运要依据具体情况而定，基本的原则是先内环、后外环、再加前馈（以三冲量控制为例）。

2.3.4　任务实施：JX－300XPDCS系统故障处理

针对JX－300XP系统的常见故障，按照故障出现的区域，我们来学习如何进行常见故障的处理。

1. 常见故障

1）控制站部分

（1）主控制卡故障灯闪烁。当系统的组态、通信等环节发生故障的时候，主控制卡会对这些故障进行自诊断，同时以故障灯不同的闪烁方式来表示不同的故障现象，具体请参阅系统硬件手册。

（2）某个机笼全部卡件故障灯闪烁。当数据转发卡地址不正确，数据转发卡故障、数据转发卡组态信息有错、机笼的SBUS线通信故障或者给机笼供电的电源出现低电压故障时，会出现这种情况，同时伴随着整个机笼的数据不刷新或者变成零。判断故障点的方法是采用“替换法”，先更换一块数据转发卡并使其处于工作状态，观察系统是否恢复正常（更换时注意不要把数据转发卡的地址设错），如果系统仍然不正常，则需要和供应商或者浙江中控取得联系。

（3）某个卡件故障灯闪烁或者卡件上全部数据都为零。可能的原因是组态信息有错、卡件处于备用状态而冗余端子联结线未接、卡件本身故障、该槽位没有组态信息等。当排除了其他可能而怀疑卡件本身故障时，可以采用“替换法”。

（4）某通道数据不正常。这种情况下需要维护工程师准确判断故障点在系统侧还是现场侧。简单的处理方法是将信号线断开，用万用表等测量工具检验现场测的信号是否正常或向系统送标准信号看监控画面显示是否正常。如初步判断出故障点在系统侧，然后按照通道、卡件、机笼、控制站由小到大的顺序依次判断故障点的所在。

（5）对于各种不同类型的控制站卡件，某通道数据失灵或者失真的原因是多种多样的。如对于电流输入，需要判断卡件是否工作、组态是否正确、配电方式跳线、信号线的极性是否正确等。维护人员需要正确判断故障点的所在然后进行相应的处理。

2）操作站部分

（1）主机故障

操作站是一台工业用 PC 机，其基本结构和普通的台式计算机没有本质的不同。当一台 PC 机出现故障时，首先要使用插拔法、替换法、比较法来确定 PC 机中是何部件有故障，然后针对性地更换故障部件或更换插槽（更换 PC 机部件一般应由工程技术人员在现场指导）。为了避免盲目地更换部件，可根据 PC 机启动时的报警声数来判断故障所在如表 2-3-1 所示。

表 2-3-1　PC 机报警音错误含义

报警声数	错误含义（AWARD BIOS）
1 短	系统启动正常
2 短	常规错误，请进入 CMOS 设置，重新设置不正确选项
1 长 1 短	RAM 或主板出错，更换内存或主板
1 长 2 短	显示器或显卡错误
1 长 3 短	键盘控制错误，检查主板
1 长 9 短	主板 FLASHRAM 或 EPROM 错误，BIOS 损坏，更换 FLASHRAM
长声不断	内存条未插紧或损坏，重插或更换内存条
不停地响	电源、显示器未和显示卡联结好，检查一下所有插头
重复短响	电源有问题
黑屏	电源有问题

（2）显示器故障

① 当显示器显示不正常，并排除了工控机故障时，可检查一下显示器的按钮设置。

② 确定显示器前部“D-SUB/BNC”按钮位置：若显示器背部信号线联结是通过 15 针 D 型接口电缆，该按钮置于“D-SUB”位置；若显示器背部信号线联结是通过 BNC 型接口电缆，该按钮置于“BNC”位置。

③ 若显示器背部信号线联结是通过 BNC 型接口电缆，确定同步信号开关“Sync. Switch”的位置：如果用绿色同步信号（3BNC）模式，该开关设在“S. O. G.”位置；如果用 H、V 分离型同步信号（5BNC）或 H+V 混合型同步信号（4BNC）模式，该开关设在“H/V”位置。

④ 当显示器颜色不纯，可按显示器前部“消磁”按钮以消除电磁干扰。

⑤ 若显示器按钮设置正确，而显示仍不正常，可用备用显示器或办公用显示器暂时先替换上，再和供应商或者浙江中控联系显示器维修事项。

2. 部件更换方法

1）控制站部件更换

（1）直流电源模块更换步骤

① 关闭直流电源模块电源开关；

② 关闭电源模块的交流供电开关；

③ 拔去电源模块背面的交流电源输入联结器和直流电源输出联结器；
④ 拧松电源模块正面四颗紧固不脱出螺钉；
⑤ 从电源机笼中抽出电源模块；
⑥ 把新的直流电源模块插入电源机笼相应的槽位导轨中并推到底；
⑦ 拧紧电源模块正面四颗紧固不脱出螺钉；
⑧ 把交流电源输入联结器和直流电源输出联结器插接到电源模块背面相应的接插件上；
⑨ 打开交流电源开关；
⑩ 打开直流电源开关；
⑪ 检查直流输出电压是否正常。

(2) 冗余配置主控卡更换步骤

① 拔出故障主控卡；
② 检查新主控卡与故障主控卡版本是否一致；
③ 设置新主控卡各种跳线及地址拨号开关与故障主控卡保持一致；
④ 插入新主控卡；
⑤ 检查主控卡指示灯是否正常；
⑥ 检查主控卡能否冗余切换；
⑦ 将新卡切换为工作状态，在监控画面中检查对应控制站数据能否正常显示。

(3) 冗余配置数据转发卡更换步骤

① 拔出故障数据转发卡；
② 检查新数据转发卡与故障数据转发卡版本是否一致；
③ 设置新数据转发卡各种跳线及地址跳线与故障数据转发卡保持一致；
④ 插入新数据转发卡；
⑤ 检查数据转发卡指示灯是否正常；
⑥ 检查数据转发卡能否冗余切换；
⑦ 将新卡切换为工作状态，在监控画面中检查对应机笼内I/O卡件数据能否正常显示。

(4) I/O卡件更换步骤

① 拔出故障I/O卡；
② 检查新I/O卡与故障I/O卡版本是否一致；
③ 设置新I/O卡各种跳线与故障I/O卡保持一致；
④ 插入新I/O卡；
⑤ 检查I/O卡指示灯是否正常；
⑥ 检查I/O卡能否冗余切换；
⑦ 进行I/O通道测试，确认I/O通道输入输出正常。

(5) 电源风扇更换步骤

电源风扇安装在风扇箱中，风扇箱位于电源机笼下方，风扇更换步骤如下：

① 从机柜背面切断风扇电源，拔出风扇电源线的插头；
② 从机柜正面松开风扇箱的紧固螺丝，抽出风扇箱；
③ 拔去或松脱与该风机联结的各线缆，然后拧开需更换的风机的四颗紧固螺钉，并更

换风机；

④ 重新紧固风机，把各线缆插接或联结回去；

⑤ 将风扇箱原位装好固定；

⑥ 插上风扇电源插头，通电检查风扇是否工作正常。

2）操作站部件更换步骤

（1）更换显示器

① 关闭主机，切断显示器电源；

② 拆除显示器电源和信号线；

③ 更换显示器；

④ 联结显示器信号线和电源线；

⑤ 显示器上电；

⑥ 启动主机。

（2）更换操作员键盘

USB 接口操作员键盘支持热插拔。PSII 接口操作员键盘不支持热插拔，应停机更换。更换操作员键盘时应先释放掉手上静电。

（3）网卡更换步骤

① 记录网卡 IP 地址；

② 关闭主机，切断主机电源；

③ 拔去网线；

④ 打开主机盖后更换网卡；

⑤ 联结网线；

⑥ 启动主机后安装网卡驱动程序；

⑦ 设置网卡 IP 地址。

2.3.5 知识进阶：DCS 系统点检

DCS 系统使用一定时间以后，由于工业现场环境恶劣，如灰尘多、经常有腐蚀性气体等，容易造成元器件的老化、损坏等情况，可能导致系统通信不畅、信号偏移等故障，因此使用时间较长的 DCS 系统需要进行全面的检测和维护。针对设备维护管理的要求，现代化企业普遍采用的一种行之有效的方法是——点检制。所谓的点检制，就是按照一定的标准、一定周期、对设备规定的部位进行检查，以便早期发现设备故障隐患，及时加以修理调整，使设备保持其规定功能的设备管理方法。值得指出的是，设备点检制不仅仅是一种检查方式，而且是一种制度和管理方法。对 DCS 系统实行点检制，可以有效地清除系统中可能存在的隐患，保证 DCS 系统的长期安全稳定运行。

1. 点检流程（如图 2-3-1 所示）

点检前，首先查看控制室及周边的环境，观察控制室的温湿度、是否使用防静电地板、控制室布置以及控制系统周围是否有大型用电设备等干扰源存在。检查控制室及控制装置的防雷情况，包括避雷设备、安装位置、避雷针引下线位置、线缆桥架走线等并记录；观察控

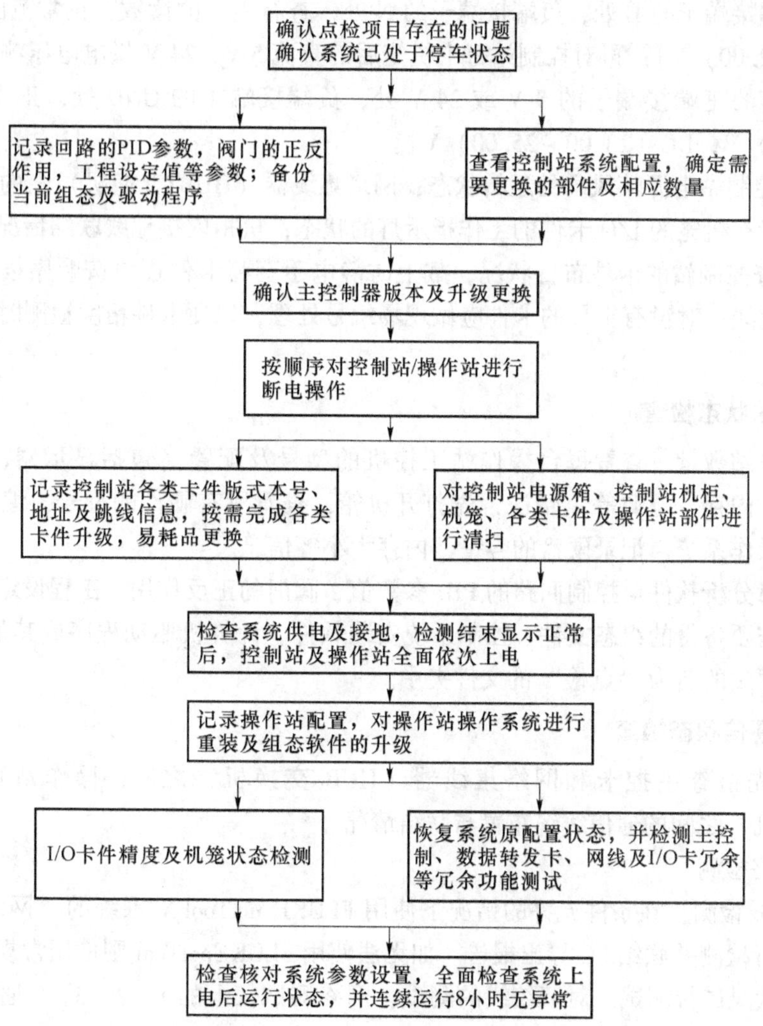

图2－3－1　DCS系统点检流程

制站和操作站目前的运行状况；确认本次点检停车检修时间、预计开车时间、用电情况、设备情况及人员配合情况；再次确认该点检项目在使用中是否存在问题，若存在问题，提出初步处理意见。

2. 控制站状态检查：首先确认系统已经处于停车状态

（1）供电检查：在条件允许的情况下使用福禄克43B电能质量分析仪，完成对系统供电的电压瞬变检测、电压波动、电压谐波、电流谐波和常规的电压电流测量与记录。并通过PC导出测量报告。

如果无法使用福禄克43B电能质量分析仪，则按下列操作对系统供电进行检测。检查两路冗余供电，一般电源箱排列奇数或者偶数各为一线路，断开其一路供电线路电源，进行冗余供电性能测试，若冗余电源双路及单路工作均正常，则说明供电正常；若有异常情况，则需检查供电的线路情况，如果现场单路供电，则建议用户采用我们系统设计的冗余方案改进。使用万用表对控制站电源的220 V交流供电电压进行检测，将万用表调到交流电压挡，用表笔的正端接端子的 L 处，负端接端子的 N 处，查看表上的读数，正常范围应该在［AC（198.00～242.00）V］；再对控制站每个机笼后的直流 5 V、24 V 供电电压测量，选择直流档位，用表笔的正端接端子的 5 V 或 24 V 处，负端接端子的 GND 处，正常范围为［DC（5.10～5.25）V，DC（23.00～25.00）V］。

（2）查控制站电源箱风扇的运转状态；网络集线器（HUB/交换机）上的工作指示灯的状态；以及所有机笼的 I/O 卡件的工作指示灯的状态；机柜内接地线联结情况等。

（3）检查控制站的卡件布置状况，戴上防静电手套将卡件逐块按顺序拔出，并记录卡件的编号、跳线；对没有编号的卡件应做现场编号处理，以便卡件精度检测时，对卡件准确的记录。

3. 操作站状态检查

检查操作站数量、查看每台操作站工控机的型号及配置（包括显示器、显卡、声卡、网卡、硬盘、内存、电源等）情况，先打开机箱，查看所有硬件的型号，编码；再打开计算机，进入操作系统，记录硬盘的容量，内存大小等信息。

通过故障分析软件对控制回路的 PID 参数值、阀门的正反作用、工程设定值等参数进行记录，确认需要备份的组态文件、控制系统安装软件、计算机驱动程序或其他相关资料等，存放在工程师站的名为“点检”的文件夹中。

4. 网络通信状态检查

（1）首先检查主控卡和网络集线器（HUB/交换机）之间，操作站和网络集线器［HUB/交换机］之间的通信线缆布置与联结情况。

（2）线路检测

① 双绞线检测：在条件允许的情况下使用 FLUKE netTool 对系统的“网络负荷”、“联结通断”进行检测并联结 PC 导出报告。如无法使用 FLUKEnetTool 则使用常规网络测试仪对通信线通信状况进行测试。对双绞线的测试，网络测试仪上的 1，2，3，6 通道亮绿灯表示通信正常；

② 细缆的测试：网络测试仪的 BNC 端口亮绿灯表示通信正常；

③ 粗缆的测试：先查看粗缆收发器的状态灯的指示，再使用万用表检测两端匹配电阻值，例如：粗缆两端匹配电阻都为 50 Ω，在两端分别测量，结果应该一致，约 25 Ω 左右，再加上线阻，［正常范围（25～28）Ω］。

5. 系统接地情况检查

（1）检查控制室内外的接地点、接地方式（等电位接地、一点接地等）。

（2）检查机笼接地：用万用表测量机笼的接地端与汇流铜条之间的电阻值（正常范围 <1 Ω）。

（3）操作站接地：检查计算机的外壳是否用接地线联结到操作台的汇流铜条上。

（4）接地电阻测试：用摇表或钳形接地测试仪进行测量（正常范围 <4 Ω），并形成相应的文档记录。

6. 系统拆装及吹扫

（1）戴好防尘口罩及防静电手套，将控制站电源做好标签，并按顺序逐一拆卸下，注意电源线的接线布置，标准为：红色（L）、黑色（N）、黄绿（E）、黄色（5 V）、绿色（24 V）、蓝色（GND）。

（2）将机笼中的全部卡件拔出后，按顺序放在防静电的塑料布上，使用防静电刷子，吹风机，对控制站电源箱、控制柜的机笼及卡件进行整体吹扫；对腐蚀较严重的卡件，必要时用超声波清洗器，使用无水酒精清洗。

（3）操作站、工程师站计算机断电后，打开机箱进行吹扫；对操作台内进行吹扫；对UPS及打印机等外配设备外表面进行吹扫。最后对控制柜和操作台的外表面卫生进行清理。

7. 易耗品更换

（1）拆卸控制站电源箱单体上的螺丝，打开电源箱更换防护网、电源风扇，更换时按照拆除前的原样安装，即对电源风扇，应将有标签的正面朝上，将电源风扇正负（红黑线）端和接线端子红黑线分别相绞一起，并用电烙铁焊接，外面用绝缘胶布包好，用线扎扎好，外壳上螺丝复原。

（2）对控制柜上起毛的螺丝、损坏的SBUS线、操作员键盘膜等进行更换，对目前使用情况较好的物品，如工控机的主板电池、CPU风扇、通信线缆等，视情况更换。

8. 卡件升级

（1）对主控卡升级：先拔下备用主控卡，将底板和背板分离，并对其背板通信芯片，（注意不要改变原来的地址跳线）底板的控制程序芯片更换，用芯片起拔器将芯片卸下，将更换的芯片小心插回，此时要注意芯片的方向，芯片的凹槽和PCB板上的凹槽对准，芯片更换完毕后将底板和背板合上，再对主控卡的电池进行更换，更换上充好电的电池，注意电池的正负极要对准；将更换好的主控卡插回，让其自动从工作卡拷贝数据，待数据拷贝完全后，切换成工作卡，将另一块主控卡拔下，并用同样的方法进行升级。主控卡升级完成后，观察卡件面板上的指示灯工作情况，同时在监控画面的故障诊断中监视其状态。

（2）对数据转发卡及其他I/O卡件的升级也采取先升级备用卡芯片再升级工作卡芯片的方式进行，对于单卡工作的情况，直接将卡件拔出，更换其芯片。升级前做好完全的人体放电工作。

9. I/O 卡件测试

对I/O卡件精度测量，按照卡件设计的标准精度进行测量，对模拟量卡件分别选择测量范围的10%、90%两档测量；开关量卡件测量其通断情况即可。对检测中损坏或精度偏差的卡件记录处理方法。如果采取更换方式升级I/O卡件，对更换的卡件无需现场检测，如有特别要求，可提供重要信号清单，对重要信号点所在卡件进行检测。

10. 操作站检测

重点对硬盘进行磁盘扫描，如磁盘有坏道，则做好记录，并建议用户更换；如系统要重装，做好所有的资料备份，再格式化C盘重装系统，将其他的盘的资料进行整理；若操作系统要升级，则对系统按照安装规范重新分区，再安装操作系统及相应的组态软件。

11. 恢复系统

点检结束后，形成《点检作业记录》，恢复系统所有的硬件设施，检查系统软件运行情况，将组态重新编译下载到控制站，并核对系统的PID参数及设定值，8小时不间断运行，运行结果各项主要控制功能及响应动作正常，并无其他异常现象，如果有异常情况，则视现场的具体情况处理。

2.3.6 问题讨论

1. 在故障诊断画面的主控制卡诊断信息中，通常绿色表示什么？黄色表示什么？红色表示什么？

2. 如何分辨冗余工作的卡件中哪块处于工作状态？

3. 如何判定主控制卡的电池是否需要更换？

4. 在操作站的监控画面中出现显示数据不刷新，手自动切换无法操作等情况，在监控画面的右上角亮红灯，该如何处理？

5. 有一块电流信号输出卡的输出信号不准，该怎么处理？

6. UPS 在使用和维护中需要注意哪些问题？

项目 3

JX－300XP DCS 系统组态实训

【项目任务】

通过对浙江中控 JX－300XP DCS 系统控制站、操作站进行组态实训，学生应初步掌握 JX－300XP DCS 系统基本组态软件 SCKey 的使用方法和步骤，并且通过组态实训，使学生对组态有进一步的认识和理解，同时培养学生严谨的科学态度和工作作风。

【项目需求】

组态实训前应掌握组态窗口的基本操作、总体信息组态、控制站组态和操作站组态等基本知识。

经过前面两个项目的学习，本项目主要是针对两个典型工程进行组态实训。每个工程实训的内容包括控制站组态和操作站组态两大部分，

控制站的组态主要包括下面的几个方面的内容：

（1）主机设置。

（2）控制站数据转发卡组态。

（3）I/O 卡件组态、I/O 信号点组态。

（4）常规控制方案组态和自定义控制方案组态。

操作站的组态主要包括下面的几个方面的内容：

（1）操作小组的组态。

（2）标准操作画面的制作。

（3）流程图的绘制。

（4）报表的制作。

（5）自定义键的组态。

任务 3.1　工业锅炉 DCS 系统组态

3.1.1　任务简介

某造纸厂以生产扑克牌用纸为主。共有纸机六台，而且二期项目正在扩建，对电和蒸汽的需求量很大。近期缺电情况严重，外部电网无法满足三台纸机同时工作。而且厂里使用普通工业锅炉产汽，流量小，压力低，已无法满足对纸机的蒸汽供应。因此生产严重受阻，为恢复正常生产，提高经济效益。此次项目为新增热电厂，使用了蒸汽产量 35t/h 的链条炉，发电机组为单机同轴 3 000 kW/h 机组。热电厂在满足全厂用电的同时，还要给六台纸机提

供大量烘纸蒸汽。

3.1.2　系统配置（如表 3－1－1 所示）

表 3－1－1　系统配置

类型	数量	IP 地址	备注
控制站	1	02	主控卡和数据转发卡均冗余配置 主控卡注释：1#控制站 数据站发卡注释：1#数据转发卡、2#数据转发卡等
工程师站	1	130	注释：工程师站 130
操作站	2	131、132	注释：操作员站 131、操作员站 132
注：其他未作说明的均采用默认设置			

3.1.3　用户授权设置（如表 3－1－2 所示）

表 3－1－2　用户授权管理

权限	用户名	用户密码	相应权限
特权	系统维护	SUPCONDCS	PID 参数设置、报表打印、报表在线修改、报警查询、报警声音修改、报警使能、查看操作记录、查看故障诊断信息、查找位号、调节器正反作用设置、屏幕拷贝打印、手工置值、退出系统、系统热键屏蔽设置、修改趋势画面、重载组态、主操作站设置
工程师 +	工程师	1111	PID 参数设置、报表打印、报表在线修改、报警查询、报警声音修改、报警使能、查看操作记录、查看故障诊断信息、查找位号、调节器正反作用设置、屏幕拷贝打印、手工置值、退出系统、系统热键屏蔽设置、修改趋势画面、重载组态、主操作站设置
操作员	供蒸汽操作组	1111	重载组态、报表打印、查看故障诊断信息、屏幕拷贝打印、查看操作记录、修改趋势画面、报警查询
操作员	汽机发电机操作组	1111	重载组态、报表打印、查看故障诊断信息、屏幕拷贝打印、查看操作记录、修改趋势画面、报警查询
注：特权 + 等级用户不做修改			

3.1.4　测点清单（如表 3－1－3 所示）

说明：组态时卡件注释应写成所选卡件的名称，例：XP313I。

组态时报警描述应写成位号名称加报警类型，例：进炉燃料油压力指示高限报警，进常压炉燃料油流量高偏差报警，常顶油泵运行状态 ON 报警，闪底油泵运行状态频率报警。

如若组态时用到备用通道，位号的命名及注释必须遵守该规定，例：NAI2000005，备用，其中2表示主控卡地址、00表示数据转发卡地址、00表示卡件地址、05表示通道地址；备用通道的趋势、报警、区域组态必需取消。

表3－1－3　组态测点清单

序号	位号	描述	I/O	类型	量程/ON描述	单位/OFF描述	报警	趋势（均记录统计数据）
1	PI－112	双减后蒸汽压力	AI	配电（4～20）mA	0.0～1.6	MPa	HH1.5；HI1；LI0.5；LL0	低精度压缩，记录周期1 s
2	PI－218	汽包引出减压后蒸汽压	AI	配电（4～20）mA	0.0～1.0	MPa		低精度压缩，记录周期1 s
3	PI－201	汽机主气门前压力	AI	配电（4～20）mA	0.0～6.0	MPa	HH4；HI3；LI1；LL0	低精度压缩，记录周期1 s
4	PI－204	凝结器真空压力	AI	配电（4～20）mA	－100.0～150.0	kPa	HH－62；HI－68；LI－75；LL－100	低精度压缩，记录周期1 s
5	PI－206	润滑油压力	AI	配电（4～20）mA	0.0～250.0	kPa	HH200；HI180；LI55；LL0	低精度压缩，记录周期2 s
6	PI－202	主油泵出口油压	AI	配电（4～20）mA	0.0～1.0	MPa	HH1；HI0.7；LI0.5；LL0	低精度压缩，记录周期2 s
7	PI－207	轴位移油压	AI	配电（4～20）mA	0.0～1.0	MPa	HH1；HI0.7；LI0.5；LL0	低精度压缩，记录周期2 s
8	PI－203	抽气压力	AI	配电（4～20）mA	0.0～1.0	MPa	HH1；HI0.7；LI0.5；LL0	低精度压缩，记录周期2 s
9	PI－208	凝结母管压力	AI	配电（4～20）mA	0.0～1.0	MPa	HH1；HI0.7；LI0.5；LL0	低精度压缩，记录周期2 s
10	PI－209	一次脉冲油压	AI	配电（4～20）mA	0.0～1.0	MPa		低精度压缩，记录周期1 s
11	PI－210	二次脉冲油压	AI	配电（4～20）mA	0.0～1.0	MPa		低精度压缩，记录周期1 s
12	PI－403	2T自用蒸汽压力	AI	配电（4～20）mA	0.0～1.0	MPa		低精度压缩，记录周期1 s
13	FT－101	锅炉主蒸汽流量	AI	配电（4～20）mA	0.0～50.0	t/h	HH45；HI41；LI5；LL0	低精度压缩，记录周期1 s
14	FT－102	锅炉给水流量	AI	配电（4～20）mA	0.0～55.0	t/h		低精度压缩，记录周期1 s
15	FT－103	锅炉减温水流量	AI	配电（4～20）mA	0.0～35.0	t/h		低精度压缩，记录周期1 s
16	FT－201	进1#汽轮机蒸汽流量	AI	配电（4～20）mA	0.0～40.0	t/h		低精度压缩，记录周期1 s

续表

序号	位号	描述	I/O	类型	量程/ON描述	单位/OFF描述	报警	趋势（均记录统计数据）
17	FT-202	抽气流量	AI	配电（4~20）mA	0.0~30.0	t/h		低精度压缩，记录周期1 s
18	FT-403	工厂自用蒸汽流量	AI	配电（4~20）mA	0.0~30.0	t/h		低精度压缩，记录周期1 s
19	PI-110	给水阀前压力	AI	不配电（4~20）mA	0.0~10.0	MPa		低精度压缩，记录周期1 s
20	LT-301	除氧液位	AI	不配电（4~20）mA	-450.0~150.0	mmHg	HH150；HI130；LI-45；LL-400	低精度压缩，记录周期1 s
21	LT-202	热井液位800mm	AI	不配电（4~20）mA	0.0~800.0	mmHg	HH800；HI600；LI150；LL0	低精度压缩，记录周期1 s
22	LT-201	油箱液位400mm	AI	不配电（4~20）mA	-200.0~200.0	mmHg	HH200；HI100；LI-20；LL-100	低精度压缩，记录周期1 s
23	HZ-201	发电机频率	AI	不配电（4~20）mA	0.0~50.0	Hz		低精度压缩，记录周期2 s
24	FT-402	外销蒸汽B管道流量	AI	不配电（4~20）mA	0.0~10.0	t/h		
25	FT-401	外销蒸汽A管道流量	AI	不配电（4~20）mA	0.0~10.0	t/h		
26	FT-404	外销蒸汽C流量	AI	配电（4~20）mA	0.0~10.0	t/h		
27	LT-101-1	汽包液位A	AI	配电（4~20）mA	-100.0~100.0	mm	HH100；HI50；LI-50；LL-100	
28	LT-101-2	汽包液位B	AI	配电（4~20）mA	-100.0~100.0	mm	HH100；HI50；LI-50；LL-100	
29	TI-102-1	炉膛出口烟气温度左	TC	K	0.0~1400.0	℃		高精度压缩，记录周期1 s
30	TI-102-2	炉膛出口烟气温度右	TC	K	0.0~1400.0	℃		高精度压缩，记录周期1 s
31	TI-103	过热器低温出口烟气温	TC	K	0.0~1400.0	℃		高精度压缩，记录周期1 s
32	TI-106	主气后主蒸汽温度	TC	K	0.0~800.0	℃	HH800；HI455；LI425；LL0	高精度压缩，记录周期1 s

续表

序号	位号	描述	I/O	类型	量程/ON描述	单位/OFF描述	报警	趋势（均记录统计数据）
33	TI－107	过热集箱出口蒸汽温度	TC	K	0.0～1400.0	℃		高精度压缩，记录周期1 s
34	TI－111	过热器高温出口烟气温	TC	K	0.0～1400.0	℃		高精度压缩，记录周期1 s
35	TI－217	抽气温度	TC	E	0.0～400.0	℃		高精度压缩，记录周期1 s
36	TI－218	汽包引出蒸汽减后温度	TC	E	0.0～400.0	℃		高精度压缩，记录周期1 s
37	TI－401	调节级后温度	TC	E	0.0～400.0	℃		高精度压缩，记录周期1 s
38	TI－403	工厂自用蒸汽温度	TC	E	0.0～400.0	℃		高精度压缩，记录周期1 s
39	TI－110	双减后蒸汽温度	TC	E	0.0～400.0	℃	HH400；HI360；LI180；LL0	高精度压缩，记录周期1 s
40	TI－201	主汽门前蒸汽温度	TC	E	0.0～600.0	℃	HH600；HI445；LI420；LL0	高精度压缩，记录周期1 s
41	TI－101	减温器进水口温度	RTD	Pt100	0.0～500.0	℃		
42	TI－104	省煤器出口烟气温度	RTD	Pt100	0.0～400.0	℃		
43	TI－105	空预器出口烟气温度	RTD	Pt100	0.0～400.0	℃		
44	TI－108－1	空预器出口空气温度	RTD	pt100	0.0～200.0			
45	TI－108－2	空预器出口空气温度	RTD	Pt100	0.0～200.0	℃		
46	TI－109	减温器出水口温度	RTD	Pt100	0.0～500.0	℃		
47	TI－112	引风机进口烟气温度	RTD	Pt100	0.0～200.0	℃		
48	TI－113	省煤器出口水温度	RTD	Pt100	0.0～200.0	℃		
49	TI－114	锅炉给水温度	RTD	Pt100	0.0～200.0	℃		

续表

序号	位号	描述	I/O	类型	量程/ON 描述	单位/OFF 描述	报警	趋势（均记录统计数据）
50	TI-303	快速加热器出水口温度	RTD	Pt100	0.0~400.0	℃		
51	TI-204-1	推力轴承回油温度	RTD	Pt100	0.0~100.0	℃	HH70；HI65；LI10；LL0	
52	TI-204-2	汽机前轴承回油温度	RTD	Pt100	0.0~100.0	℃	HH70；HI65；LI10；LL0	
53	TI-204-3	汽机后轴承回油温度	RTD	Pt100	0.0~100.0	℃	HH70；HI65；LI10；LL0	
54	TI-204-4	发电机前轴承回油温度	RTD	Pt100	0.0~100.0	℃	HH70；HI65；LI10；LL0	
55	TI-207-1-A	主推力瓦温度 1	RTD	Pt100	0.0~150.0	℃	HH100；HI85；LI10；LL0	
56	TI-207-1-B	主推力瓦温度 2	RTD	Pt100	0.0~150.0	℃	HH100；HI85；LI10；LL0	
57	TI-207-2-A	主推力瓦温度 3	RTD	Pt100	0.0~150.0	℃	HH100；HI85；LI10；LL0	
58	TI-207-2-B	主推力瓦温度 4	RTD	Pt100	0.0~150.0	℃	HH100；HI85；LI10；LL0	
59	TI-207-3-A	汽轮机后轴承瓦温度 1	RTD	Pt100	0.0~150.0	℃	HH100；HI85；LI10；LL0	
60	TI-207-3-B	发电机前轴承瓦温度 1	RTD	Pt100	0.0~150.0	℃	HH100；HI85；LI10；LL0	
61	TI-207-4-A	汽机前轴承瓦温度 1	RTD	Pt100	0.0~150.0	℃	HH100；HI85；LI10；LL0	
62	TI-207-4-B	汽机前轴承瓦温度 2	RTD	Pt100	0.0~150.0	℃	HH100；HI85；LI10；LL0	
63	TI-204-5	发电机前轴承瓦温度 2	RTD	Pt100	0.0~150.0	℃	HH100；HI85；LI10；LL0	
64	TI-202	排汽室温度	RTD	Pt100	0.0~400.0	℃	HH380；HI370；LI40；LL0	
65	TI-210	凝汽器冷却水出口温度	RTD	Pt100	0.0~100.0	℃	HH100；HI42；LI10；LL0	
66	TI-211	凝汽器进汽温度	RTD	Pt100	0.0~100.0	℃		

续表

序号	位号	描述	I/O	类型	量程/ON描述	单位/OFF描述	报警	趋势（均记录统计数据）
67	TI－212	凝汽器冷却水进口温度	RTD	Pt100	0.0～100.0	℃	HH100；HI38；LI10；LL0	
68	TI－213	凝结水温度	RTD	Pt100	0.0～100.0	℃		
69	TI－216－1	冷油器出口温度1	RTD	Pt100	0.0～100.0	℃	HH100；HI45；LI35；LL0	
70	TI－216－2	冷油器出口温度2	RTD	Pt100	0.0～100.0	℃	HH100；HI45；LI35；LL0	
71	TI－203－A	发电机铁芯温度1	RTD	Pt100	0.0～150.0	℃	HH105；HI95；LI10；LL0	
72	TI－203－B	发电机铁芯温度2	RTD	Pt100	0.0～150.0	℃	HH105；HI95；LI10；LL0	
73	TI－203－C	发电机铁芯温度3	RTD	Pt100	0.0～150.0	℃	HH105；HI95；LI10；LL0	
74	TI－205－1	发电机绕组温度1	RTD	Pt100	0.0～150.0	℃	HH105；HI85；LI10；LL0	高精度压缩，记录周期1 s
75	TI－205－2	发电机绕组温度2	RTD	Pt100	0.0～150.0	℃	HH105；HI85；LI10；LL0	高精度压缩，记录周期1 s
76	TI－205－3	发电机绕组温度3	RTD	Pt100	0.0～150.0	℃	HH105；HI85；LI10；LL0	高精度压缩，记录周期1 s
77	TI－205－4	发电机绕组温度4	RTD	Pt100	0.0～150.0	℃	HH105；HI85；LI10；LL0	高精度压缩，记录周期1 s
78	TI－205－5	发电机绕组温度5	RTD	Pt100	0.0～150.0	℃	HH105；HI85；LI10；LL0	高精度压缩，记录周期1 s
79	TI－205－6	发电机绕组温度6	RTD	Pt100	0.0～150.0	℃	HH105；HI85；LI10；LL0	高精度压缩，记录周期1 s
80	TI－214－1	发电机后轴承回油温度	RTD	Pt100	0.0～100.0	℃	HH70；HI65；LI10；LL0	
81	LV－101	汽包液位调节阀	AO	Ⅲ型；正输出				
82	LV－301	除氧器液位调节阀	AO	Ⅲ型；正输出				
83	TV－106	主蒸汽温度调节阀	AO	Ⅲ型；正输出				

续表

序号	位号	描述	I/O	类型	量程/ON 描述	单位/OFF 描述	报警	趋势（均记录统计数据）
84	TV－110	双减后温度调节阀	AO	Ⅲ型；正输出				
85	TV－303	快速加热器温度调节阀	AO	Ⅲ型；正输出				
86	PV－301	除氧头压力调节阀	AO	Ⅲ型；正输出				
87	LV－202	二次给水调节阀	AO	Ⅲ型；正输出				
88	PV－112	双减压力调节阀	AO	Ⅲ型；正输出				
89	PV－218	汽包引出蒸汽减压调节	AO	Ⅲ型；正输出				
90	DO－101	炉排变频	DO	NO；触点型				高精度压缩，记录周期 1 s
91	DO－102	鼓风机变频	DO	NO；触点型				高精度压缩，记录周期 1 s
92	DO－103	引风机变频	DO	NO；触点型				高精度压缩，记录周期 1 s
93	DO－201－1	回油温度报警 65℃	DO	NO；触点型				高精度压缩，记录周期 1 s
94	DO－202－1	轴承温度报警 85℃	DO	NO；触点型				高精度压缩，记录周期 1 s
95	DO－203－1	发电机铁芯温度 85℃	DO	NO；触点型				高精度压缩，记录周期 1 s
96	DO－204－1	发电机绕组温度 85℃	DO	NO；触点型				高精度压缩，记录周期 1 s
97	DO－205－1	凝汽器真空报警－68kPa	DO	NO；触点型				高精度压缩，记录周期 1 s
98	DO－210－1	汽机超速 8% 报警	DO	NO；触点型				高精度压缩，记录周期 1 s
99	DO－201－2	回油温度大于 85℃停机	DO	NO；触点型				高精度压缩，记录周期 1 s
100	DO－202－2	轴承瓦温度 100℃停机	DO	NO；触点型				高精度压缩，记录周期 1 s

续表

序号	位号	描述	I/O	类型	量程/ON 描述	单位/ OFF 描述	报警	趋势（均记录统计数据）
101	DO－203－2	铁芯温度 105℃停机	DO	NO；触点型				高精度压缩，记录周期 1 s
102	DO－204－2	绕组温度 105℃停机	DO	NO；触点型				高精度压缩，记录周期 1 s
103	DO－205－2	凝汽器真空低停机－60	DO	NO；触点型				高精度压缩，记录周期 1 s
104	DO－210－2	汽机超速 12%停机	DO	NO；触点型				高精度压缩，记录周期 1 s

3.1.5　控制方案（如表 3－1－4 所示）

表 3－1－4　控制方案

序号	控制方案注释、回路注释	回路位号	控制方案	PV	MV
00	双减压力调节	PIC112	单回路	PI－112	PV－112
01	双减温度调节	TIC110	单回路	TI－110	TV－110
02	汽包引出蒸汽压力调节	PIC218	单回路	PI－218	PV－218

3.1.6　操作站设置

1. 操作小组

操作小组有 3 个，配置如表 3－1－5 所示。

表 3－1－5　操作小组配置

操作小组名称	切换等级	光字牌名称及对应分区
工程师	工程师	压力：对应压力数据分区 流量：对应流量数据分区 液位：对应液位数据分区 温度：对应温度数据分区
供蒸汽操作组	操作员	
汽机发电机操作组	操作员	

数据分组分区，如表 3－1－6 所示。

表 3-1-6 数据分组分区

<table>
<tr><th>数据分组</th><th>数据分区</th><th>位号</th></tr>
<tr><td rowspan="4">工程师</td><td>压力</td><td>PI-201、PI-204、PI-206、PI-202、PI-207、PI-203、PI-208、PI-209、PI-210</td></tr>
<tr><td>流量</td><td>FT-101、FT-102、FT-103、FT-201、FT-202、FT-403</td></tr>
<tr><td>温度</td><td>TI-103、TI-106、TI-107、TI-111、TI-217、TI-218、TI-401、TI-403、TI-110、TI-201、TI-101、TI-104、TI-105</td></tr>
<tr><td>液位</td><td>LT-101-1、LT-101-2</td></tr>
<tr><td>供蒸汽操作组</td><td></td><td></td></tr>
<tr><td>汽机发电机操作组</td><td></td><td></td></tr>
</table>

2. 操作画面

1）当工程师进行监控时：

（1）可浏览总貌画面，如表 3-1-7 所示。

表 3-1-7 总貌画面

页码	页标题	内容
1	索引画面	索引：工程师操作小组所有流程图、所有分组画面、所有趋势画面、所有一览画面
2	压力信号	PI-112、PI-218、PI-201、PI-204、PI-206、PI-202、PI-207、PI-203、PI-208、PI-209、PI-210、PI-403、PI-110

（2）可浏览分组画面，如表 3-1-8 所示。

表 3-1-8 分组画面

页码	页标题	内容
1	常规回路	PIC112、TIC110、PIC218
2	流量	FT-201、FT-401、FT-402、FT-403、FT-404

（3）可浏览一览画面，如表 3-1-9 所示。

表 3-1-9 一览画面

页码	页标题	内容
1	供蒸汽压力信号一览	PI-218、PI-201、PI-203、PI-112、PI-403
2	发电机信号一览	TI-204-1、TI-204-2、TI-204-3、TI-204-4、TI-204-5、TI-207-3-A、TI-207-3-B、TI-207-4-A、TI-207-4-B、TI-207-4-B、TI-214-1、TI-203-A、TI-203-B、TI-203-C、TI-205-1、TI-205-2、TI-205-3、TI-205-4、TI-205-5、TI-205-6

（4）可浏览趋势画面，如表 3－1－10 所示。

表 3－1－10　趋势画面

页码	页标题	内容
1	发电机绕组温度	TI－205－1、TI－205－2、TI－205－3、TI－205－4、TI－205－5、TI－205－6
2	凝结器压力	PI－204、PI－208

（5）可浏览流程图画面，如表 3－1－11 所示。

表 3－1－11　流程图画面

页码	页标题及文件名称	内容
1	供蒸汽工序	图 3－1－1
2	汽机发电机工序	图 3－1－2

（6）自定义键：

① 一览键；

② 翻到流程图第 2 页；

③ 将 DO－201－2 关闭。

3. 报表

要求：记录压力信号 PI－201、PI－202、PI－203、PI－204，要求每个半点记录一次数据，报表中的数据记录到其真实值后面两位小数，时间格式为 ××：××：××（时：分：秒），每天 0 点、8 点、16 点输出报表。

报表样板：报表名称及页标题均为班报表，如表 3－1－12 所示。

表 3－1－12　班报表

<table>
<tr><td colspan="10">班报表</td></tr>
<tr><td colspan="10">______班______组　　组长______记录员______　　　　______年______月______日</td></tr>
<tr><td colspan="2">时间</td><td></td><td></td><td></td><td></td><td></td><td></td><td></td><td></td></tr>
<tr><td>内容</td><td>描述</td><td colspan="8">数据</td></tr>
<tr><td>PI－201</td><td>####</td><td></td><td></td><td></td><td></td><td></td><td></td><td></td><td></td></tr>
<tr><td>PI－202</td><td>####</td><td></td><td></td><td></td><td></td><td></td><td></td><td></td><td></td></tr>
<tr><td>PI－203</td><td>####</td><td></td><td></td><td></td><td></td><td></td><td></td><td></td><td></td></tr>
<tr><td>PI－204</td><td>####</td><td></td><td></td><td></td><td></td><td></td><td></td><td></td><td></td></tr>
<tr><td colspan="10">注：定义事件时不允许使用死区</td></tr>
</table>

4. 流程图

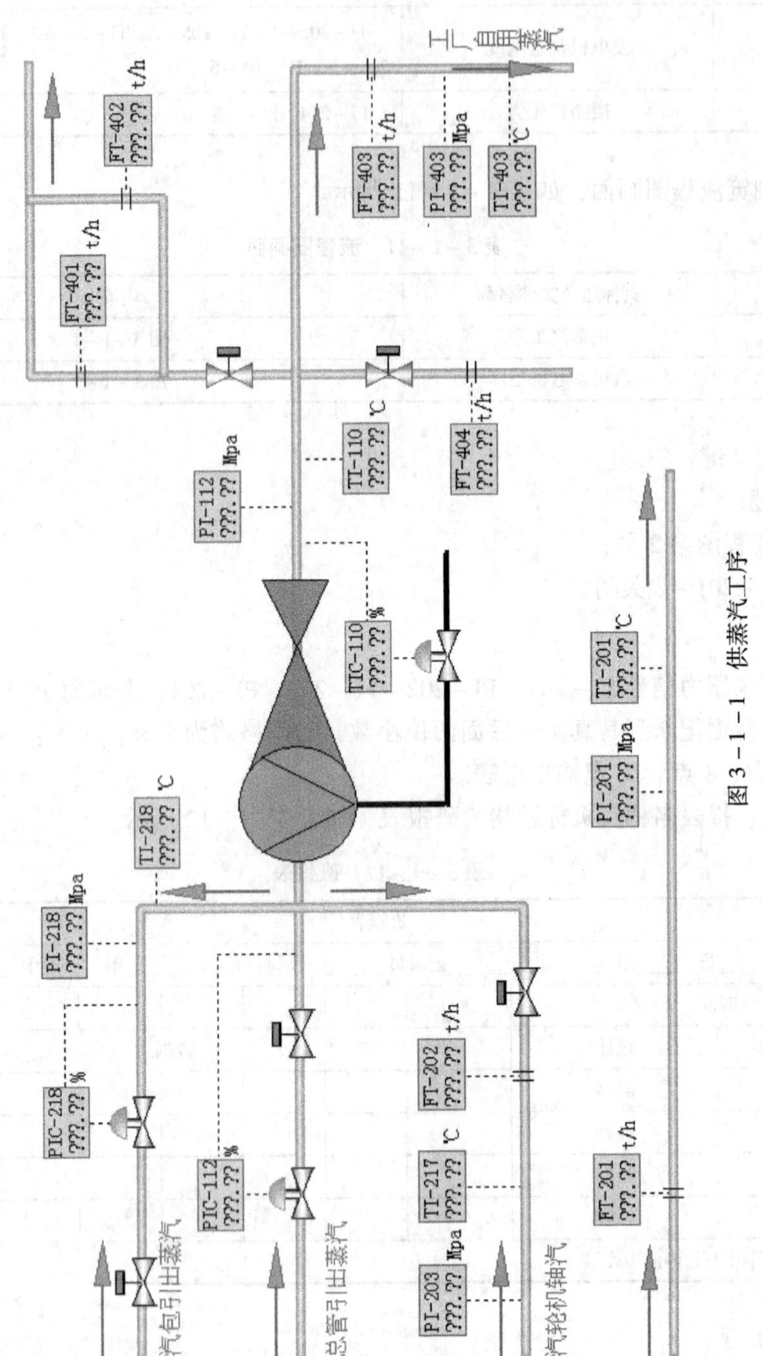

FT-402 ???.?? t/h
FT-401 ???.?? t/h
FT-403 ???.?? t/h
PI-403 ???.?? Mpa
TI-403 ???.?? ℃
工厂自用蒸汽
PI-112 ???.?? Mpa
TI-110 ???.?? ℃
FT-404 ???.?? t/h
TIC-110 ???.?? %
TI-218 ???.?? ℃
PI-218 ???.?? Mpa
PIC-218 ???.?? %
PIC-112 ???.?? %
FT-202 ???.?? t/h
TI-217 ???.?? ℃
PI-203 ???.?? Mpa
FT-201 ???.?? t/h
PI-201 ???.?? Mpa
TI-201 ???.?? ℃
汽包引出蒸汽
总管引出蒸汽
汽轮机轴汽

图 3-1-1 供蒸汽工序

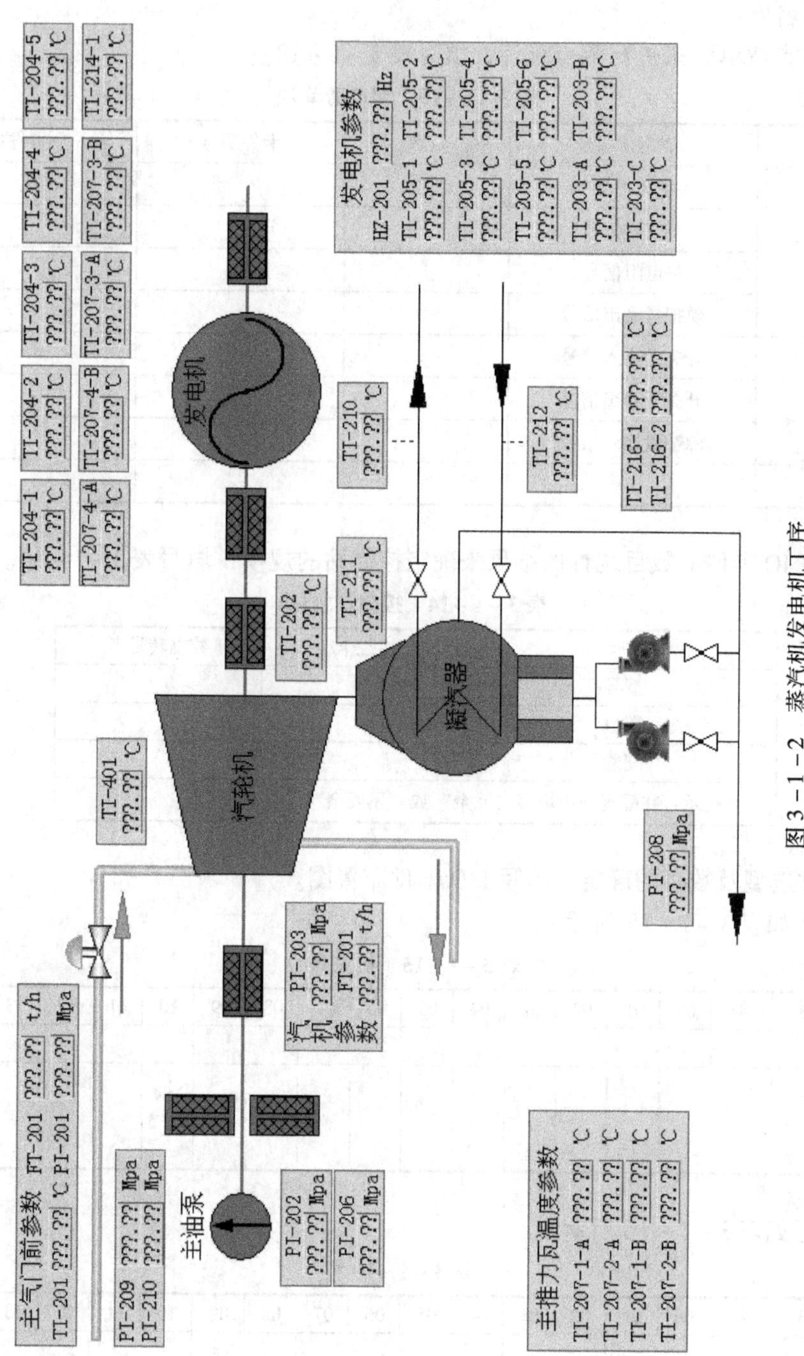

图3-1-2 蒸汽机发电机工序

3.1.7 实训报告表格

工程项目名称：

根据《测点清单》来进行测点统计，填写表 3－1－13。

表 3－1－13 测点清单

	信号类型	点数	卡件型号	卡件数目
模拟量信号	电流信号			
	热电偶信号			
	热电阻信号			
	模拟量输出信号			
开关量信号	开关量输入信号			
	开关量输出信号			
	脉冲量输入信号			
总计				

根据上表 IO 卡件的数目统计的结果来确定控制站的规模，填写表 3－1－14。

表 3－1－14 控制站规模

	主控卡	数据转发卡
型号		
数量		
配置		
提示：在配置项中填写“冗余”或“不冗余”		

根据硬件选型及数目的确定，填写 I/O 卡件布置图。

机笼号（如表 3－1－15 所示）。

表 3－1－15 机笼号

1	2	3	4	00	01	02	03	04	05	06	07	08	09	10	11	12	13	14	15

机笼号（如表 3－1－16 所示）。

表 3－1－16

1	2	3	4	00	01	02	03	04	05	06	07	08	09	10	11	12	13	14	15

卡件测点分配图（如表3－1－17，表3－1－18 所示）。

机笼号：

表3－1－17

	序号	卡件型号	卡件通道					
			00	01	02	03	04	05
测点分配表	00							
	01							
	02							
	03							
	04							
	05							
	06							
	07							
	08							
	09							
	10							
	11							
	12							
	13							
	14							
	15							

机笼号（如表3－1－18 所示）。

机笼号：

表3－1－18

	序号	卡件型号	卡件通道					
			00	01	02	03	04	05
测点分配表	00							
	01							
	02							
	03							
	04							
	05							
	06							
	07							
	08							
	09							
	10							
	11							
	12							
	13							
	14							
	15							

任务 3.2　甲醛工段 DCS 系统组态

3.2.1　工艺简介

甲醛是重要的有机化工原料，广泛应用于树脂合成、工程塑料聚甲醛、农药、医药、染料等行业。含甲醛 35% ~55% 的水溶液，商品名为福尔马林，主要用于生产聚甲醛、酚醛树脂、乌洛托品、季戊四醇、合成橡胶、粘胶剂等产品，在农业和医药部门也可用于杀虫剂或消毒剂。按所使用的催化剂类型，分为两种生产方法：一种以金属银为催化剂；另一种以铁、钼、钒等金属氧化物为催化剂，简称铁钼法。目前，国内主要采用银法，大多采用电解银作为催化剂，在爆炸上限以外（甲醇浓度大于 36%）进行生产，催化剂寿命约为 2 ~8 个月；此外，还要求甲醛纯度较高，由于甲醇过量，脱氢过程生成的氢不能完全氧化，尾气中常含 20% 左右的 H_2。另外还有一些副反应产物，如：CO、CO_2、甲酸、甲烷等。甲醇氧化法生产，反应式如下：

$$CH_3OH = HCHO + H_2 - 84kJ/mol$$

$$H_2 + 1/2O_2 = H_2O + 243kJ/mol$$

$$CH_3OH + 1/2O_2 = HCHO + H_2O + 159kJ/mol$$

甲醛生产过程：原料甲醇由高位槽进入蒸发器加热，水洗后经过加热到蒸发器的甲醇层（约 50℃），为甲醇蒸汽所饱和，并与水蒸气混合；然后通过加热器加热到（100 ~120）℃，经阻火器和加热器进入氧化反应器；反应器的温度一般控制在（600 ~650）℃，在催化剂的作用下，大部分甲醇即转化为甲醛。为控制副反应产生并防止甲酸分解，转化后气体冷却到（100 ~120）℃，进入吸收塔，先用 37% 左右的甲醛水溶液吸收，再用稀甲醛或水吸收未被吸收的气体从塔顶排出，送到尾气锅炉燃烧，提供热能。

3.2.2　系统配置（如表 3 –2 –1 所示）

表 3 –2 –1　系统配置

类型	数量	IP 地址	备注
控制站	1	02	主控卡和数据转发卡均冗余配置 主控卡注释：1#控制站 数据站发卡注释：1#数据转发卡、2#数据转发卡等
工程师站	1	130	注释：工程师站 130
操作站	2	131、132	注释：操作员站 131、操作员站 132
注：其他未作说明的均采用默认设置			

3.2.3 用户授权设置（如表3－2－2所示）

表3－2－2 用户授权管理

权限	用户名	用户密码	相应权限
特权	系统维护	SUPCONDCS	PID参数设置、报表打印、报表在线修改、报警查询、报警声音修改、报警使能、查看操作记录、查看故障诊断信息、查找位号、调节器正反作用设置、屏幕拷贝打印、手工置值、退出系统、系统热键屏蔽设置、修改趋势画面、重载组态、主操作站设置
工程师＋	工程师	1111	PID参数设置、报表打印、报表在线修改、报警查询、报警声音修改、报警使能、查看操作记录、查看故障诊断信息、查找位号、调节器正反作用设置、屏幕拷贝打印、手工置值、退出系统、系统热键屏蔽设置、修改趋势画面、重载组态、主操作站设置
操作员	蒸发氧化操作组	1111	重载组态、报表打印、查看故障诊断信息、屏幕拷贝打印、查看操作记录、修改趋势画面、报警查询
操作员	吸收操作组	1111	重载组态、报表打印、查看故障诊断信息、屏幕拷贝打印、查看操作记录、修改趋势画面、报警查询
注：特权＋等级用户不做修改			

3.2.4 测点清单（如表3－2－3所示）

说明：组态时卡件注释应写成所选卡件的名称，例：XP313I。

组态时报警描述应写成位号名称加报警类型，例：进炉区燃料油压力指示高限报警，进常压炉燃料油流量高偏差报警，常顶油泵运行状态ON报警，闪底油泵运行状态频率报警。

如若组态时用到备用通道，位号的命名及注释必须遵守该规定，例：NAI2000005，备用，其中2表示主控卡地址、00表示数据转发卡地址、00表示卡件地址、05表示通道地址；备用通道的趋势、报警、区域组态必需取消。

表3－2－3 测点清单

序号	位号	描述	I/O	类型	量程/ON描述	单位/OFF描述	报警要求	趋势要求（均记录统计数据）
1	PIA－203	系统压力	AI	配电（4～20）mA	0.0～60.0	kPa	HH60；HI54；LI6；LL0	低精度压缩，记录周期1 s
2	PI－201	蒸发器压力	AI	配电（4～20）mA	0.0～120.0	kPa	HH120；HI108；LI12；LL0	低精度压缩，记录周期1 s
3	PIA－202	尾气压力	AI	配电（4～20）mA	0.0～60.0	kPa	HH60；HI54；LI6；LL0	低精度压缩，记录周期1 s

续表

序号	位号	描述	I/O	类型	量程/ON 描述	单位/OFF 描述	报警要求	趋势要求（均记录统计数据）
4	PI－202R101	蒸汽压力	AI	配电（4～20）mA	0.0～3.0	MPa	HH3；HI2；LI1；LL0	低精度压缩，记录周期 1 s
5	PI－213	二塔顶压力	AI	配电（4～20）mA	0.0～10.0	kPa	HH10；HI9；LI1；LL0	低精度压缩，记录周期 1 s
6	FR－203	风量	AI	配电（4～20）mA	0.0～4 500.0	NM3/h	HH4500；HI4050；LI450；LL0	低精度压缩，记录周期 1 s
7	FI－201	甲醇气流量	AI	配电（4～20）mA	0.0～2 000.0	NM3/h	HH2000；HI1800；LI200；LL0	低精度压缩，记录周期 1 s
8	FI－204	配料蒸汽流量	AI	配电（4～20）mA	0.0～2 000.0	NM3/h	HH2000；HI1800；LI200；LL0	低精度压缩，记录周期 1 s
9	FIA－202	尾气流量	AI	配电（4～20）mA	0.0～3 500.0	NM3/h	HH3500；HI3150；LI350；LL0	低精度压缩，记录周期 1 s
10	LI－201	蒸发器液位	AI	配电（4～20）mA	0.0～100.0	%	HH100；HI90；LI10；LL0	低精度压缩，记录周期 1 s
11	LI－202	废锅液位	AI	配电（4～20）mA	0.0～100.0	%	HH100；HI90；LI5；LL0	低精度压缩，记录周期 1 s
12	LI－205	V201 液位	AI	配电（4～20）mA	0.0～100.0	%	HH100；HI90；LI10；LL0	低精度压缩，记录周期 1 s
13	LI－203	一塔底液位	AI	配电（4～20）mA	0.0～100.0	%	HH100；HI90；LI10；LL0	低精度压缩，记录周期 1 s
14	LI－204	二塔底液位	AI	配电（4～20）mA	0.0～100.0	%	HH100；HI90；LI10；LL0	低精度压缩，记录周期 1 s
15	LI－206	汽包液位	AI	配电（4～20）mA	0.0～100.0	%	HH100；HI90；LI10；LL0	低精度压缩，记录周期 1 s
16	I－101	空气风机电流	AI	不配电（4～20）mA	0.0～312.0	A	HH180；HI150；LI50；LL0	低精度压缩，记录周期 2 s
17	I－102	尾气风机电流	AI	不配电（4～20）mA	0.0～250.0	A	HH150；HI125；LI25；LL0	低精度压缩，记录周期 2 s
18	I－103A	甲醇上料泵电流 A	AI	不配电（4～20）mA	0.0～10.0	A	HH10；HI9；LI3；LL0	低精度压缩，记录周期 2 s
19	I－103B	甲醇上料泵电流 B	AI	不配电（4～20）mA	0.0～10.0	A	HH10；HI9；LI3；LL0	低精度压缩，记录周期 2 s
20	I－201A	一塔循环泵电流 A	AI	不配电（4～20）mA	0.0～100.0	A	HH50；HI45；LI15；LL0	低精度压缩，记录周期 2 s

续表

序号	位号	描述	I/O	类型	量程/ON 描述	单位/OFF 描述	报警要求	趋势要求（均记录统计数据）
21	I－201B	一塔循环泵电流 B	AI	不配电（4～20）mA	0.0～100.0	A	HH50；HI45；LI15；LL0	低精度压缩，记录周期 2 s
22	I－202A	二塔循环泵电流 A	AI	不配电（4～20）mA	0.0～140.0	A	HH35；HI32；LI10；LL0	低精度压缩，记录周期 2 s
23	I－202B	二塔循环泵电流 B	AI	不配电（4～20）mA	0.0～140.0	A	HH35；HI32；LI10；LL0	低精度压缩，记录周期 2 s
24	I－104A	软水泵电流 A	AI	不配电（4～20）mA	0.0～400.0	A	HH10；HI9；LI3；LL0	低精度压缩，记录周期 2 s
25	I－104B	软水泵电流 B	AI	不配电（4～20）mA	0.0～400.0	A	HH10；HI9；LI3；LL0	低精度压缩，记录周期 2 s
26	I－203	二塔中循环泵电流	AI	不配电（4～20）mA	0.0～100.0	A	HH20；HI18；LI3；LL0	低精度压缩，记录周期 2 s
27	I－204A	汽包给水泵电流 A	AI	不配电（4～20）mA	0.0～150.0	A	HH20；HI18；LI3；LL0	低精度压缩，记录周期 2 s
28	I－204B	汽包给水泵电流 B	AI	不配电（4～20）mA	0.0～150.0	A	HH20；HI18；LI3；LL0	低精度压缩，记录周期 2 s
29	I－111A	点火电流 A	AI	不配电（4～20）mA	0.0～30.0	A	HH30；HI27；LI5；LL0	低精度压缩，记录周期 2 s
30	I－111B	点火电流 B	AI	不配电（4～20）mA	0.0～30.0	A	HH30；HI27；LI5；LL0	低精度压缩，记录周期 2 s
31	I－111C	点火电流 C	AI	不配电（4～20）mA	0.0～30.0	A		低精度压缩，记录周期 2 s
32	TI－210	氧化温度 1	TC	K	0.0～800.0	℃	HH720；HI690；LI610；LL0	
33	TI－211	氧化温度 2	TC	K	0.0～800.0	℃	HH700；HI695；LI600；LL550	
34	TI－212	氧化温度 3	TC	K	0.0～800.0	℃	HH710；HI685；LI615；LL545	
35	TI－213	氧化温度 4	TC	K	0.0～800.0	℃	HH720；HI690；LI605；LL540	
36	TI－214	氧化温度 5	TC	K	0.0～800.0	℃	HH700；HI685；LI600；LL555	
37	TI－227	尾气锅炉温度	TC	K	0.0～800.0	℃	HH800；HI720；LI80；LL0	

续表

序号	位号	描述	I/O	类型	量程/ON 描述	单位/OFF 描述	报警要求	趋势要求（均记录统计数据）
38	FQ－201	甲醇流量	TC	1～5V	0.0～4000.0	公斤	HH4000；HI3600；LI400；LL0	
39	TE－203	空气过热温度	RTD	Pt100	0.0～150.0	℃	HH150；HI135；LI15；LL0	高精度压缩，记录周期 1 s
40	TE－205	混合气温	RTD	Pt100	0.0～150.0	℃	HH150；HI135；LI15；LL0	高精度压缩，记录周期 1 s
41	TI－209	废锅温度	RTD	Pt100	0.0～150.0	℃	HH150；HI135；LI15；LL0	高精度压缩，记录周期 1 s
42	TI－215	R201 出口温度	RTD	Pt100	0.0～150.0	℃	HH150；HI135；LI15；LL0	高精度压缩，记录周期 1 s
43	TI－216	A201 温度	RTD	Pt100	0.0～150.0	℃	HH150；HI135；LI15；LL0	高精度压缩，记录周期 1 s
44	TI－217	A201 顶温	RTD	Pt100	0.0～150.0	℃	HH150；HI135；LI15；LL0	高精度压缩，记录周期 1 s
45	LV－201	蒸发器液位调节	AO	Ⅲ型；正输出				
46	PV－201	蒸发器压力调节	AO	Ⅲ型；正输出				
47	FV－201	甲醇气流量调节	AO	Ⅲ型；正输出				
48	FV－204	配料蒸汽流量调节	AO	Ⅲ型；正输出				
49	TV－210	氧温自动调节阀	AO	Ⅲ型；正输出				
50	HV－101	空气放空调节阀 A	AO	Ⅲ型；正输出				
51	HV－102	空气放空调节阀 B	AO	Ⅲ型；正输出				
52	TV－214	氧化温度 5 调节	AO	Ⅲ型；正输出				
53	HV－103	尾气流量手操	AO	Ⅲ型；正输出				
54	LV－202	废锅液位调节	AO	Ⅲ型；正输出				
55	LV－205	V201 液位	AO	Ⅲ型；正输出				
56	LV－203	一塔底液位调节	AO	Ⅲ型；正输出				
57	LV－204	二塔底液位调节	AO	Ⅲ型；正输出				
58	LV－206	汽包液位控制	AO	Ⅲ型；正输出				
59	WQV－202	尾气流量压力控制	AO	Ⅲ型；正输出				
60	PV－203A	高压补低压	AO	Ⅲ型；正输出				
61	PV－203B	蒸汽放空	AO	Ⅲ型；正输出				
62	B－101	空气风机运行状态	DI	NO；触点型	启动	停止		高精度压缩，记录周期 2 s
63	B－102	尾气风机运行状态	DI	NO；触点型	启动	停止		高精度压缩，记录周期 2 s
64	P－103A	甲醇上料泵运行状态 A	DI	NO；触点型	启动	停止		高精度压缩，记录周期 2 s

续表

序号	位号	描述	I/O	类型	量程/ON 描述	单位/OFF 描述	报警要求	趋势要求（均记录统计数据）
65	P－103B	甲醇上料泵运行状态 B	DI	NO；触点型	启动	停止		高精度压缩，记录周期 2 s
66	P－104A	软水泵运行状态 A	DI	NO；触点型	启动	停止		高精度压缩，记录周期 2 s
67	P－104B	软水泵运行状态 B	DI	NO；触点型	启动	停止		高精度压缩，记录周期 2 s
68	P－201A	一塔循环泵运行状态 A	DI	NO；触点型	启动	停止		高精度压缩，记录周期 2 s
69	P－201B	一塔循环泵运行状态 B	DI	NO；触点型	启动	停止		高精度压缩，记录周期 2 s
70	P－202A	二塔循环泵运行状态 A	DI	NO；触点型	启动	停止		高精度压缩，记录周期 2 s
71	P－202B	二塔循环泵运行状态 B	DI	NO；触点型	启动	停止		高精度压缩，记录周期 2 s
72	P－203	二塔中循环泵运行状态	DI	NO；触点型	启动	停止		高精度压缩，记录周期 2 s
73	P－204A	汽包给水泵运行状态 A	DI	NO；触点型	启动	停止		高精度压缩，记录周期 2 s
74	P－204B	汽包给水泵运行状态 B	DI	NO；触点型	启动	停止		高精度压缩，记录周期 2 s
75	LAH206	汽包水位高报	DI	NO；触点型	水位高		ON 报警	高精度压缩，记录周期 2 s
76	LAL206	汽包水位低报	DI	NO；触点型	水位低		ON 报警	高精度压缩，记录周期 2 s
77	Q－101	空气风机切换	DO	NO；触点型	开	关		
78	Q－102	尾气风机切换	DO	NO；触点型	开	关		
79	Q－103A	甲醇上料泵切换 A	DO	NO；触点型	开	关		
80	Q－103B	甲醇上料泵切换 B	DO	NO；触点型	开	关		
81	Q－104A	软水泵切换 A	DO	NO；触点型	开	关		
82	Q－104B	软水泵切换 B	DO	NO；触点型	开	关		
83	ZV－01	二塔顶放空	DO	NO；触点型	开	关		
84	Q－201A	一塔循环泵切换 A	DO	NO；触点型	开	关		
85	Q－201B	一塔循环泵切换 B	DO	NO；触点型	开	关		
86	Q－202A	二塔循环泵切换 A	DO	NO；触点型	开	关		
87	Q－202B	二塔循环泵切换 B	DO	NO；触点型	开	关		
88	Q－204A	汽包给水泵切换 A	DO	NO；触点型	开	关		
89	Q－204B	汽包给水泵切换 B	DO	NO；触点型	开	关		

3.2.5 控制方案（如表3－2－4所示）

表3－2－4 控制方案

序号	控制方案注释、回路注释	回路位号	控制方案	PV	MV
00	蒸发器压力控制	PIC－201	单回路	PI－201	PV－201
01	蒸发器液位控制	LIC－201	单回路	LI－201	LV－201
02	甲醇气流量控制	FIC－201	单回路	FI－201	FV－201

3.2.6 操作站设置

1. 操作小组

操作小组有3个，配置（如表3－2－5所示）。

表3－2－5 操作小组配置

操作小组名称	切换等级	光字牌名称及对应分区
工程师	工程师	压力：对应压力数据分区 流量：对应流量数据分区 液位：对应液位数据分区 温度：对应温度数据分区
蒸发氧化	操作员	
吸收	操作员	

数据分组分区（如表3－2－6所示）。

表3－2－6 数据分组分区

数据分组	数据分区	位号
工程师数据分组	压力	PIA－203、PI－201、PI－213
	流量	FI－201、FI－204
	液位	LI－201、LI－202、LI－205
	温度	TI－211、TI－212、TI－213、TI－214
蒸发氧化数据分组		
吸收数据分组		

2. 操作画面

1）当工程师进行监控时：

（1）可浏览总貌画面（如表3－2－7所示）

表3－2－7 总貌画面

页码	页标题	内容
1	索引画面	索引：工程师操作小组所有流程图、所有分组画面、所有趋势画面、所有一览画面
2	液位	LI－201、LI－202、LI－205、LI－203、LI－204、LI－206

（2）可浏览分组画面（如表3－2－8所示）

表3－2－8 分组画面

页码	页标题	内容
1	常规回路	PIC－201、LIC－201、FIC－201
2	开出量	Q－201A、Q－201B、Q－202A、Q－202B、Q－204A、Q－204B

（3）可浏览一览画面（如表3－2－9所示）

表3－2－9 一览画面

页码	页标题	内容
1	热电偶信号一览	TI－210、TI－211、TI－212、TI－213、TI－214、TI－227
2	电流信号一览	所有电流量（不包括备用）

（4）可浏览趋势画面（如表3－2－10所示）

表3－2－10 趋势画面

页码	页标题	内容
1	热电阻温度	TE－203、TE－205、TI－209、TI－215、TI－216、TI－217
2	流量	FR－203、FI－201、FI－204、FIA－202

（5）可浏览流程图画面（如表3－2－11所示）

表3－2－11 流程图画面

页码	页标题及文件名称	内容
1	蒸发氧化工序流程图	图3－2－1
2	吸收工序流程图	图3－2－2

（6）自定义键：

① 总貌键；

② 翻到控制分组第 2 页；

③ 将 ZV－01 关闭。

3. 报表

要求：记录流量信号 PI－201、LI－201、FI－201、TI－210，要求整点记录一次数据，报表中的数据记录到其真实值后面两位小数，时间格式为××：××：××（时：分：秒），每天 0 点，8 点，16 点输出报表。

报表样板：报表名称及页标题均为班报表（如表 3－2－12 所示）。

表 3－2－12　班报表

班报表									
____班____组　组长____记录员____　　____年____月____日									
时间									
内容	描述	数据							
PI－201	####								
LI－201	####								
FI－201	####								
TI－210	####								
注：定义事件时不允许使用死区									

4. 流程图

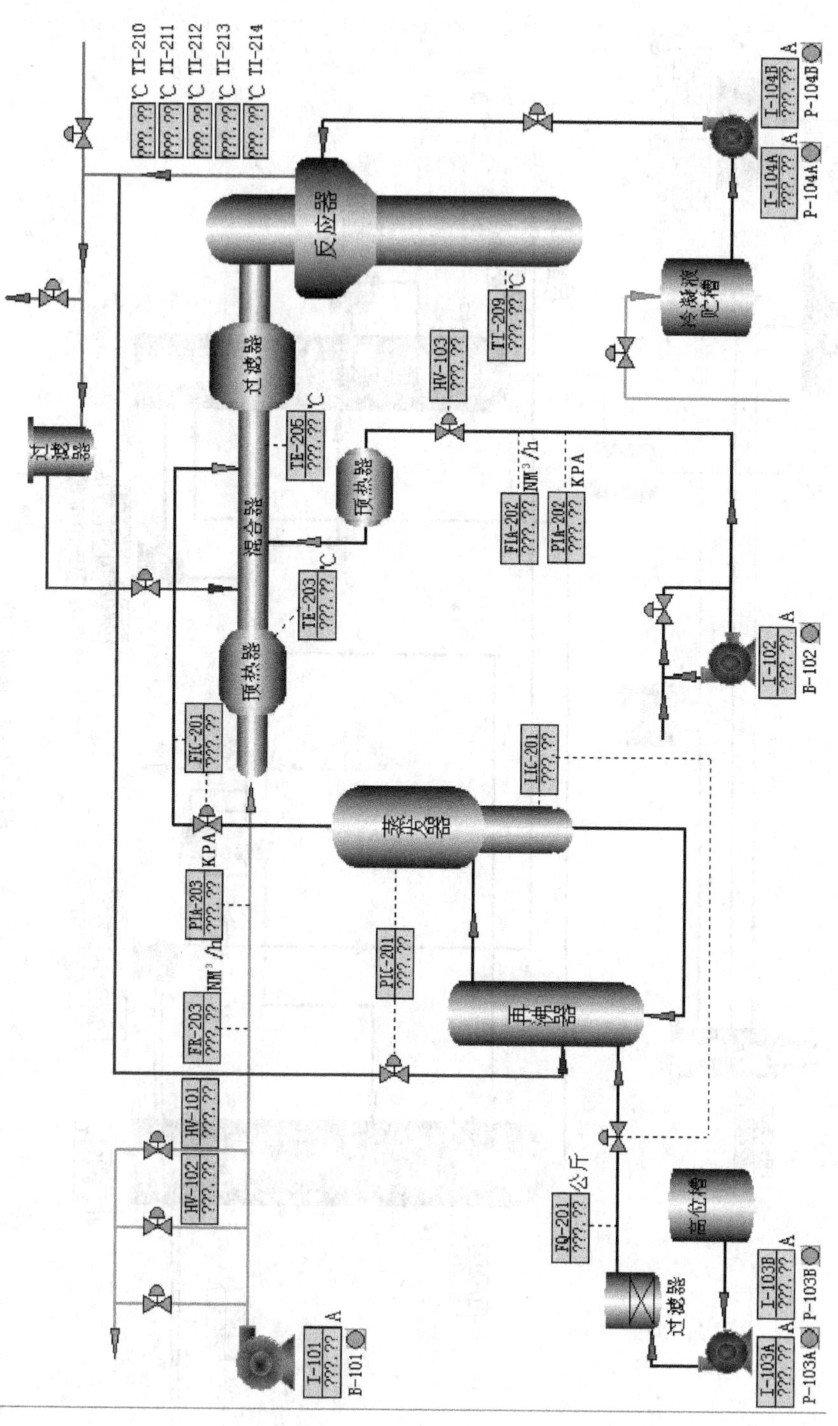

反应器
过滤器
混合器
预热器
蒸发器
再沸器
冷凝液贮槽
高位槽
TI-210
TI-211
TI-212
TI-213
TI-214
TE-205
TE-203
TI-209
HV-103
FIA-202
PIA-202
FIC-201
LIC-201
PIA-203
FR-203
PIC-201
HV-101
HV-102
FQ-201
公斤
KPA
NM³/h
I-101
B-101
I-102
B-102
I-103A
I-103B
P-103A
P-103B
I-104A
I-104B
P-104A
P-104B

图3-2-1 蒸发氧化工序

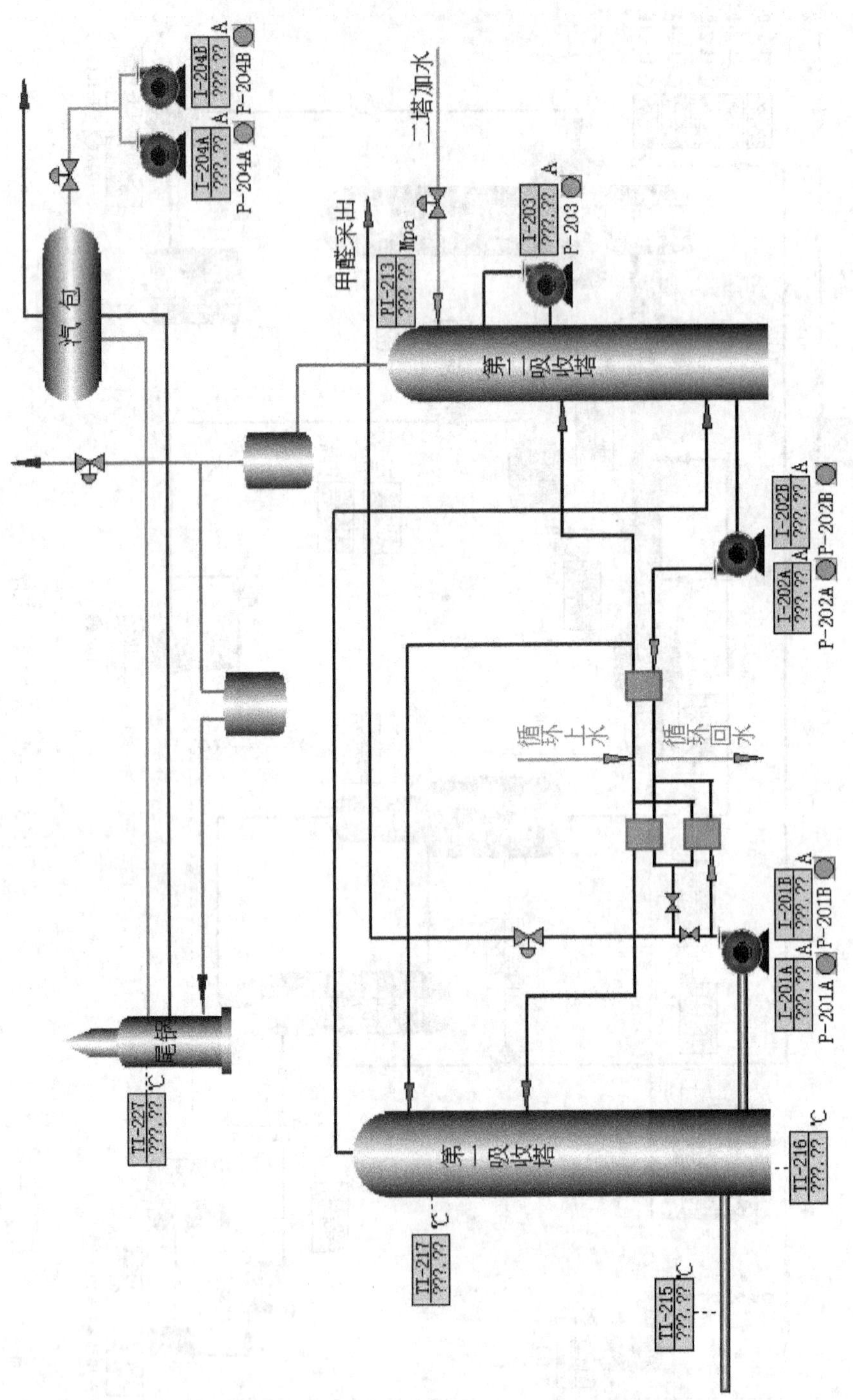
汽包
I-204A
???.??
I-204B
???.??
P-204A
P-204B
A
二塔加水
甲醛采出
PI-213
???.??
Mpa
I-203
???.??
P-203
第二吸收塔
I-202A
???.??
I-202B
???.??
P-202A
P-202B
循环上水
循环回水
I-201A
???.??
I-201B
???.??
P-201A
P-201B
TI-227
???.??
℃
第一吸收塔
TI-216
???.??
TI-217
???.??
TI-215
???.??

图 3-2-2 吸收工序